U0160806

元宴

Delicacies *of the* Yuan Dynasty

徐鲤 —— 著

中信出版集团 | 北京

北宴

目录

南席

自序

　　回想在编写《宋宴》时，我们试验了一百多道菜品，其中有"杨梅渴水"。这种取杨梅果汁熬作稠膏，然后掺入蜜糖来冲泡的甜饮，冰镇着饮用十分香甜可口，加之其名字亦足够陌生，我认为值得推荐。但最后，我又不得不将之撤下，因为此食方在两宋并未见诸记载，很可能诞生于元朝。〔种种迹象显示，它是由古老的西亚饮料果子露"摄里白"（şherbet，一种果子露）衍生而来的。〕

　　于是，《宋宴》书稿完成后，基于手边已收集了一些元朝饮食文献，况且我对此十分好奇，故决定着手编撰《元宴》一书。首先要说，我发现自己根本不了解这个朝代，必须先从阅读元朝史开始，至少得搞清楚它的基本面貌，比如它何时建立及由谁建立、首都设在哪儿、其疆域范围与民族构成、国家政策以及重大历史事件等，毕竟我们无法将饮食与社会背景完全割裂开来看待。除了正史和文人笔记，我们还能从地方志书中窥见当时的社会风俗，譬如《析津志辑佚》，此书描述了元大都的城建、物产及节庆活动的种种细节；还有一类如《马可·波罗行纪》《鲁布鲁克东行纪》《鄂多立克东游录》等，这些出自外国使者或冒险家口中，绘声绘色的亲身经历，对于我们了解宫廷文化及各城镇风貌大有助益。

　　至于饮食类文献，我主要参考《饮膳正要》、《居家必用事类全集》（辅以《事林广记》）、《云林堂饮食制度集》与《易牙遗意》（辅以《吴氏中馈录》）。当然了，就疆域如此庞大的王朝而言，上述食谱远无法涵盖所有地区风味。经整理，最终集结饮食方子约七百道，本书共选定三十五道。我的构想是，以展现朝代特色及美味为主要选取标准，既包含宫廷膳食，也兼顾北方风味与江南风味的市民菜，更有外国人传入中国而为中国人所接受的食品，涉及冷盘、热荤、蔬菜、羹汤、面食、糕点、饮料。（如果你感觉《宋宴》和《元宴》两书之间存在不小差异，原因很简单，前者以介绍东南沿海饮食为主，而后者除了江南，还包括以元大都为中心的北方多民族饮食。）每一章节，不但会介绍食物背景，还会提及皇家狩猎、保暖面料、饮酒文化、贝类养殖、文人逸事诸多种种，希望读者能从中略窥元朝人的社会生活风貌。

在发掘食谱的过程中，还有一些难忘的时刻。一天，我在网络上无意间看到伊朗的甜面圈"Zulbia"，我灵光一闪，由此联想起《居家必用事类全集》所载"即你疋牙"，我直觉认为两者也许就是同一类食品，随后我又留意到土耳其的哈尔瓦（Halva）、迪拜的哈里斯（Harees），竟然也能与《居家必用事类全集》里面的"哈耳尾""哈里撒"逐一对应——无论是从读音还是从做法上来看，它们都极为相似，这让人感觉很有趣。这些昙花一现的异国风味，对本土饮食造成的影响相当有限，故后世食谱甚少提及，多亏了元朝某位作者将之用汉字音译记录下来，并幸运地保留至今。

如有条件，尽可能使用恰当的烹饪材料，例如乳饼、乳团可按法自制；如果想要新鲜又量足的辣蓼叶，可网购一箱带根辣蓼，并种在花盆里；小白茄很不常见，亦可从网上订购，并与店主商定所需的个头大小与老嫩度。由于古代食谱比较简短，一般就用几句话概括关键性的步骤，往往出现操作细节含糊不清、某些烹饪步骤被遗漏的状况；同时，只有部分食谱列出食材用量，我不得不经常使用"也许""可能""猜测"这些带个人判断的字眼，兼通过实操试验，试吃然后斟酌，在参考当时类似菜品的同时，按照怎样做最好吃的准则，来确定需要用多少食材、该放多少调料，还有详细的操作步骤以及火候。一路跌跌撞撞，我希望能交出一张食谱，既尽量贴近古文所载，亦较为符合现代人胃口，烹饪步骤清晰明了，使读者亦可轻松如法操作。

由于个人认知不可避免有局限性，若书中有谬误、不实之处，亦请各位指正。

徐鲤

2024 年 5 月 13 日

前言

元朝饮食中的特别风貌

人们盘中的食物并不会跟随朝代更迭而翻天覆地变化，换句话说，他们在宋金时吃什么，到了元朝也会继续这么吃，并不存在一条分明的界限。

还有一点需要强调，元朝幅员辽阔且民族多样，这意味着不同地区在自然物产、烹饪技艺及口味习惯方面的表现千差万别，蒙古人在东征西战中接触并融合了亚洲中西部的饮食文化，这在皇室口味喜好上表现尤为明显；此外，伴随大量外国人来华，进入官场或传教、经商，又会为民间带来域外饮食，它们与本土饮食之间或许正发生着某些交融。

当我们把目光投向元朝出现在中国人餐桌上的食物，不应忽略，那些合乎胃口的饭菜，其中某些是几十年甚至好几百年前就已创造的古老口味，元朝人沿用而已，但又有不少是在当朝才出现的新式菜（但谁又能确定其名单呢）。在往后数个世纪中，有的菜肴逐渐湮没在历史里，而有的至今仍被普遍食用。但无论如何，在试图总结出一本"元朝食谱"前，我们最好先来对元朝作一个简单的了解。

自1271年起，自1368年止，元朝共存在九十八年，长期分峙的南北实现统一。这是一个疆域空前辽阔、行省众多的国度，全盛时期面积可达北宋的四倍有余，南宋的七倍以上，相当于将南宋、女真金朝、契丹人西迁建立的西辽、党项人建立的西夏、西南大理、吐蕃诸部（青藏高原），以及蒙古汗国（蒙古高原以北可达贝加尔湖）、朝鲜半岛东北部等，都纳入行政管理范围，比今天中国多出约四百万平方千米。

元朝实行两都巡幸制，即拥有双首都。大都，设在燕京（突

3

《元代帝半身像册》元世祖忽必烈
像（局部）
元 佚名
台北故宫博物院藏

《元代后半身像册》元帝后纳罕像
（局部）
元 佚名
台北故宫博物院藏

——

罟罟冠是蒙古族妇女的传统冠帽，
由胎骨与外部饰物两部分组成。胎
骨，通常用轻便的竹篾、细铁丝编
成，或由整块桦树皮挺造，做成中
空的圆柱形，顶端则呈正方形或椭
圆形，通高在三十厘米至四十厘米
间。胎骨表面会糊贴一层贵重的丝
织物，再缀饰彰显身份的珠宝，比
如以珍珠穿就的方胜、叠胜葵花，或
是黄金花片、松石、琥珀以及稀有的
彩色宝石。其顶部有一根翎管，管
内插孔雀尾羽或鹁鸡尾羽。

厥语称汗八里，今北京），最豪华的汉式宫
殿、完善的宫廷班子、中央统治机构均在大
都，政府架构延续传统中原王朝模式，汉化
程度较深。上都，在大都以北约三百千米的
开平府，今内蒙古自治区锡林郭勒盟正蓝旗
东部，是地位略次的陪都，城市规模远不及
大都。此处也建造了一座小型宫殿，在城外
西面还有离宫，内有一所能容纳千人的"棕
殿"，这是传统蒙古式皇家宫帐"昔剌斡耳
朵"（昔剌，蒙古语指黄色）。元统治者在上
都用萨满教仪式祭祀、举行诈马宴、颁赐蒙
古宗王、开展一系列射猎消遣活动，更多保
持着蒙古旧俗。

皇帝每年在两个首都间往返——通常春
夏季在上都（避暑），秋冬季在大都，分别居
住好几个月，这套制度几乎贯穿了整个元朝。
巡幸时间并不是固定的，元世祖忽必烈习惯
了传统游牧生活，他二月份就出发北上，南
返时间多在九月前后，在上都逗留足有半年。
而到了末代顺帝，则似乎已经不太适应过于
寒冷的草原气候，他通常要拖到四月、五月
才出发，八月份即启程返回大都。

一、宫廷饮食

《饮膳正要》犹如一扇窗，使我们得以
窥见元朝皇帝餐盘中的食物。这本由忽思慧
主持编撰的营养学专著，于天历三年（1330）
问世。忽思慧是元中期文宗的营养师，民族
不明，可能是色目人。书中给皇帝推荐的日
用滋补食品，包括饮料在内共有二百余种，
每一种都有简略的制作描述。

只要细看此书介绍的食物，便会明白，元朝皇室的口味喜好与其漠北祖先并无根本性区别。至少一大半菜肴都使用了肥美的羊，或水煮或炙烤或煎炸，有一类羊肉浓汤似乎很对他们的胃口——汤内放入切碎的熟羊肉、羊杂、蔬菜茎块、鹰嘴豆，还有面条、面片、面棋子。至于那些零碎配料，如羊舌、羊腰、羊肚、羊肺、羊心、羊肝、羊肠、羊血、羊脂肪也被精心烹调——羊肺被灌满面糊煮作面肺子；羊肠内也灌了羊血或羊肉馅；羊心、羊腰整个儿穿着烤，边烤边涂抹玫瑰水和番红花汁。须知皇帝每日膳食的配额是羊五只，末代顺帝自即位以来，主动要求日减一羊，以显示节俭。

丰美的草原养活了很多羊、牛、马、骆驼，这些牲畜为奶酒、白酥油（酸奶油）、酥油、醍醐、酸酪、乳饼和乳团的制造提供了充足的原料。乳制品，是蒙古人必不可少的副食补充，皇室也经常享用这些白色的美妙食品，他们用牛奶、白酥油和茶芽来炒奶茶，也用牛奶、酥油和面烘制烧饼。

皇帝仍然保持着对野味的喜好。鹿类中的獐、鹿较为常见，一种俗称"黄羊"的对角羚亦是餐桌常客，据说十分美味；凶猛的虎、豹腥膻味特重，他们更喜欢的是熊，熊肉、熊掌被视为上等御宴食材。此外，皇室还享用很多种野禽，其中最尊贵者无疑是天鹅，皇帝禁止民间随意捕食这种肥美的大鸟，最好做成"天鹅炙"，此为"行厨八珍"之一。元朝皇室还食用一些短尾鼠，比如黄鼠、土拨鼠，很可能将之烤得皮脆肉香、吱吱冒油，然后端上御膳餐桌。

《元人戏婴图》（局部）
元 佚名
台北故宫博物院藏

相对而言，皇帝对猪肉和水产都缺乏兴趣，前者的主要豢养与食用地区在南方，而后者的地域因素也很明显，元大都所产的鱼虾蟹贝本来就乏善可陈，更何况对于不惯刮肉剔刺的蒙古人而言，吃它们实在太过麻烦。

由于气候苦寒，蒙古人原先并不怎么耕种，蔬菜多是野外采集的野韭、沙葱、蘑菇；谷物属于珍贵的口粮，人们有时用小米熬点稀薄的粥或做成饭。而元朝宫廷所食蔬菜与谷米的比例显然大有增加，他们偏好食用蘑菇、萝卜、胡萝卜和山药、蔓菁等耐煮类型，宜做羊汤的配菜。蒙古人所称"沙乞某儿"其实是蔓菁的根茎，味似白萝卜；"出莙荙儿"指甜菜根，根上的叶茎亦堪食用，名曰"莙荙"；"瓜哈孙"即百合科植物山丹的根，御厨在制作"酥皮奄子"（酥皮馅饼）时，会在羊肉馅里放点切碎的山丹根。谷物，包括从江南远道运来的香粳米、匾子米，华北及西北地区多产的小米、黄米、大麦、荞麦、小麦。小米和稻米通常添加肉类或药材来熬粥，用干米饭来配菜进食较为少见，但偶尔也会这样吃。小麦面粉可做煎饼、带馅馒头、薄皮包子、花卷、烧饼、角儿，以及面条、面片、麻食、馄饨等，花样不少。

宫廷厨房的工作人员，既有蒙古人、色目人，也有汉人。在口味风格上，以蒙古风味为主，也融入了其他民族特色："搠罗脱因"是畏兀儿（今维吾尔族）茶饭；"撒速汤"和"八儿不汤"属西天茶饭（西天指古天竺），这类印度传统菜肴巧妙使用浓郁的混合香料；河西（西夏地区）茶饭中的"河西肺"也不时端上餐桌，这是加了韭菜汁和酥油的熟面肺子。

"舍儿别"源自西亚，宫廷设有专门的督造官员，地方部门也需按当地特产上贡这些果子露，好让皇帝能喝上由柠檬、葡萄、香橙、木瓜、樱桃、桃子、酸刺、金樱熬制的果香甜饮。今天到土耳其，仍能找到被称为"摄里白"的传统饮料，其诞生除了为消暑解渴，更是由于药用价值而衍生出丰富品种。

元朝宫廷对异域食材的接受度很高，其中某些是进贡的，某些来自贸易，还有的则已实现本土种植。有产自地中海的马思答吉（乳香）、伊朗和地中海沿岸盛产的咱夫兰（番红花）、来自西域戈壁的哈昔泥（阿魏）、产自高丽的新罗参、从中亚引种的洋葱和鹰嘴豆

（当时在华北普遍种植），还有八担仁（巴旦木）、必思答（开心果）等甘香的坚果。

汉文化对宫廷膳食的影响，主要体现在中医药方面，而这正是《饮膳正要》一书编撰的核心理念。"诸般汤煎"一章有介绍对健康有益的香药汤剂，而"食疗诸病"收录了很多调理身体的药膳粥或羹汤，"神仙服食"提及被认为能够延年益寿的"神仙之法"，上述食方大多抄录自唐宋医药典籍。人们确信，用熟羊脂、羊髓、白沙蜜、生姜汁、生地黄汁混合煎熬的"羊蜜膏"，颇能治疗虚劳、腰痛、咳嗽、肺痿、骨蒸；"枸杞羊肾粥"被用于调理阳气衰败、腰脚疼痛和五劳七伤。忽思慧团队希望能通过这些药膳，延长皇帝的寿命。

二、宫廷盛宴

元朝统治者热爱宴飨。据意大利人马可·波罗了解，忽必烈时期的宫廷每年至少举办十三场大盛宴。除新年、端午、冬至等传统节日，皇帝生辰（天寿节）、新帝登基，都离不开宴会，此外还有"诈马宴"。

所谓"诈马"，是波斯文"Jamah"的音译，意思是衣服。诈马宴亦别称"质孙宴"，是蒙古人最为重视的传统盛宴。在元朝建立之前的大蒙古国时期，重要政务比如汗位的选举，都会在诈马宴上决定，而到元朝，统治者也借由宴会颁赐宗王，加强蒙古各部首领的凝聚力。诈马宴在上都举行，通常定于农历六月吉日，每场宴会长达三四日。

这些宫宴对着装有特殊要求。所有与会者，上至皇帝下及乐工，将穿着颜色相同的衣服出席，谓之"质孙服"（质孙，汉语意指一色衣），而通过衣料的质地、剪裁的精粗程度以及缝缀的饰物，来区分身份的贵贱。《元史》对皇帝和百官的质孙服有详细介绍。

皇帝的冬服有十一套，夏服十五套，材质用名贵的纳石失、怯绵里（翦茸）、银鼠皮毛、驼褐色毛料、以金丝绣龙的五色罗，某些衣料上镶嵌着华丽的珍珠和彩色宝石，比如"答纳都纳石失"意指缝缀了大珠的金锦，"速不都纳石失"是缝缀了小珠的金锦。一袭质孙衣，也包括冠帽和腰带、皮靴，均有搭配定式，"服银鼠，则冠银鼠暖帽，其上并加银鼠比肩"，"服白毛子金丝宝里，则冠白藤宝贝帽"，以上两套，均为白色质孙服。

百官的冬服有九套，夏服十四套，富丽程度只比皇帝的稍逊一些，制作也是极为精巧。"质孙服"是元朝特有的盛会服装，只能由皇帝统一颁赐，只为宴会诞生，其他场合不允许随意穿戴。马可·波罗没记错的话，忽必烈曾给一万二千名官员赏赐了质孙服，每人赐予十三套，每套价格不菲，所费银钱难以计数。至于乐工、侍卫的服饰，工料更为粗糙而已。

元旦（新正），依俗要穿白色质孙服，蒙古人认为白色代表着福气与好运。在某次寿宴上，马可·波罗看到忽必烈和官员们都穿了织金锦的质孙服，并系上金腰带。如果宴会连着举行几日，那么每天都得更换服装，每日颜色不同。1246年，意大利人柏朗嘉宾（Plan Carpin）在哈剌和林参加贵由汗的登基大典，从选举到登基一共四天，据他描述，"第一天，大家都穿着紫红缎子服装；第二天，换成红色绸缎，贵由就在这个时候来到了帐篷；第三天，他们都穿绣紫缎的蓝色衣服；第四天，大家都穿着特别漂亮的华盖布服装"。

宫宴还安排一些特别的活动，比方说"盛陈奇兽"。把外国使者和地方官员所进献的那些稀见且凶猛的野兽，如亚洲狮、老虎、金钱豹、亚洲象、熊，一一牵入大殿展示。这些猛兽经过长期驯化，能根据指令，在皇帝跟前表现出让人难以置信的臣服与温顺。马可·波罗亲眼所见，"引一大狮子至君主前，此狮见主即俯伏于前，似识其主而为作礼之状，狮无链紖"。其意义在于展示皇帝的威严与权势，具有政治宣传效果。为了达到此种温顺，元末熊梦祥的《析津志辑佚》提及一种饲养法，可常用水银拌肉喂给老虎，使之筋力软绵。

至于宴会上的人都吃了什么，很遗憾至今找不到一张完整的元廷大宴菜单。但根据零星的记载，可以知晓他们大概会享用以下内容。

羊是席上不可或缺的主菜，一场诈马宴就需要消耗数千头羊。烧羊，有时是整头烤，有时是切成商用签子穿着来烤，或切成大块用白汤煮熟（配盐水蘸料），人们大口享用羊肉。只有在重要宴会，才会宰杀一匹到三匹马，塞满了碎肉后煮熟的马盘肠，是比马肉更

《番骑图卷》（又名《东丹王出行图》）（局部）
（传）五代十国　李赞华
波士顿美术馆藏

在上都诈马宴，马匹亦被隆重装扮：马额贴金银当卢，
彩绳簇成辔头，胸前垂朱缨，镂金马鞍镶着文犀或珠
玉，铁马镫上也嵌了金丝，马尾插以闪烁着美丽彩光
的野雉尾羽。

《元人画贡獒图轴》（局部）
元　佚名
台北故宫博物院藏

胡人用铁链牵着一头猛狮。

受欢迎的佳肴美馔。此外也会准备少量牛肉，有时会吃比绵羊还大
的鲟鳇鱼。

　　在南宋朝廷投降后，皇室一行人被押送至大都面见元世祖。而
从忽必烈招待故宋三宫的宴会中，可见餐桌上还有野麋、鹌鹑、野
雉鸡所制菜肴，并有一盘蒸麋、烧麀，一大盘淋了杏仁浆的烧熊肉，
玉盘里的是熊掌和天鹅肉，大金盘中堆着大块的胡羊肉（黄羊）；
待驼峰分割完毕，便端上酥酪和嫩葱韭，辛辣酸爽有助开胃。至于
说"割马烧羊熬解粥"中的解粥，则是指熬得稀薄的粥，热腾腾的，
适合缓解暴饮暴食后的不适。

　　其筵席菜品似乎加工粗简，风格豪迈，并不过分追求食材多样，
但分量都较大。想象一下，整只烤熟的羊、天鹅或者灌羊肺被抬上
筵席，在给宾客展示后才分给众人。蒙古人进食多用匙少用箸，习
惯随身携带镔铁（一种带螺旋花纹或芝麻花纹的钢铁）小刀，亲自
动手割食。

　　元朝皇帝大多善饮。在忽必烈的豪华宫殿里，巨型酒瓮就摆在
大殿中央，它们往往制作精美，或木胎涂漆并裹以银，或由整块玉
料雕成，或以合金铸造。酒瓮内盛满各种美酒，有用糯米与香料酿
造的汉族传统米酒；由鲜马奶发酵的草原低度饮料马奶子；有"紫
玉浆"，指用西亚工艺酝酿的甜口葡萄酒，其受欢迎程度仅次于马

青花飞凤麒麟纹盘
元代
北京故宫博物院藏
—
此盘口径46.1厘米，
十分巨大。

奶酒，在某次诈马宴上备有"万瓮蒲萄凝紫玉"；有称为"阿剌吉"
的蒸馏烧酒，透净如水但酒精度高得惊人，入口辣喉。

此外，后宫也会不时举办一些私宴。从记载了元宫掖之事的《元
氏掖庭记》（陶宗仪撰）来看，由于宫苑中广植名花异草，如绕罗
亭栽种了红梅百株，探芳径一旁有垂梅、海棠和指甲花等。每逢花
季，帝后妃嫔们便在该处设宴赏玩，且宴会各具美名：

碧桃盛开，举杯相赏，名曰"爱娇之宴"。红梅初发，携尊对酌，
名曰"浇红之宴"。海棠谓之"暖妆"，瑞香谓之"拨寒"，牡丹谓
之"惜香"。至于落花之饮，名为"恋春"。催花之设，名为"夺秀"。

渎山大玉海
元代
北京市北海公园藏
—
在宫殿中央摆设大酒海，属元朝特色。渎
山大玉海曾为元朝宫廷使用，用整块独山
黑玉石雕刻成，外部刻画了水纹和异兽，
据研究，此酒器能贮存多达七百二十二升
酒水。元中期来华的意大利人鄂多立克，
亦提及一件元廷的玉石大酒瓮，瓮身装饰
了黄金和珠网。

在巳酉中秋之夜，武宗与诸嫔妃于禁苑太液池（今北海和中海）中泛舟赏月。彼时开宴张乐，"荐蜻翅之脯，进秋风之鲙，酌玄霜之酒，啖华月之糕"。饮至酒半酣，菱舟进呈刚从池中采来的紫菱角肉，莲艇也奉上此池所产莲蓬里的嫩莲子，为助酒兴。

三、民间饮食

幅员辽阔使元朝的饮食显得多彩多样，不同地区具有迥然不同的口味偏好，无法简单以一言概括"元朝人吃什么"。再加上元朝留存的饮食史料并不多，只能通过有限几本饮食著作，浅解某些地区的饮食面貌，难以认知全局。

白塔
—
白塔为供奉佛舍利的喇嘛佛塔，建成于至元十六年（1279）。配套修建的大圣寿万安寺（今名"白塔寺"）则于至元二十五年（1288）落成，1368年为雷火焚毁，后经重建及多次修缮。

（一）华北风味

如同盛唐时代的长安城，在大都这座国际大都市中也生活着许多汉族之外的民族，他们中的大多数来自西北方向，主要包括中国西部地区以及中、西、南亚的某些民族，比如畏兀儿、哈剌鲁、钦察、汪古、克烈、乃蛮，以及唐兀、康里、阿速、斡罗思、阿尔浑、吐蕃等，其中也有少数欧洲人，最知名者莫过于来自意大利威尼斯小镇的马可·波罗，传闻他跟随父亲和叔父跋山涉水，于1275年到达中国，侨居十七年间，极可能服务于忽必烈朝廷。他在热那亚监狱中口述而成的《马可·波罗行纪》，详细描述了当时中国的诸多城镇面貌及民俗风情。又比如，元大都大圣寿万安寺的白塔，便是由尼波罗国（今尼泊尔）工匠阿尼哥主持兴建，1273年忽必烈提升他为诸色人匠总管，负责管理手工业者。

这些或本国或外国的"少数"民族，被笼统地划归为"色目人"——并非指其瞳孔呈彩色，而是各色名目（种类繁多）之意。当然，他们中很多人确实拥有一副与汉人颇为不同的面孔，使之很容易在人群中被辨认出来。畏兀儿人的肤色较白、高鼻深目，而钦察人则"高鼻黄髯",阿速人的瞳孔是绿色的,斡罗思即指俄罗斯,佛郎国(西欧拉丁天主教势力范围,包括德意英法等国,即查理曼所建大帝国)人看起来黄须碧眼。

而在民间,由于连通中西的陆路交通又重新畅通,这吸引很多追逐利润的冒险家来华贸易,其中不乏波斯、阿拉伯商旅,还有来自朝鲜半岛的高丽商人,高丽出版的《老乞大》就是一部以高丽商人前往大都贩卖货物为主题创作的汉语教科书。总而言之,在商业交流的同时,也促进了各民族饮食文化的碰撞与交融。

1. 华北饮食市场

大都有很多食品市场,这些大型市场通常只专营特定的货物。米市、面市位于城市中心的钟楼前十字街西南角,是粟、稻米、荞麦、大麦、小麦面粉等粮食交易处。江南的谷米通过运河和海路输送进京,有时每年会高达三百余万石,其中一部分供居民消费。人们既食用小米粥,也吃各种面点、面条以及米饭。

羊角市(今西四一带)乃牲畜交易之所,聚集了羊市、马市、骆驼市、驴骡市,人们可在此处选购用于劳作的牲畜(牛、马偶尔也会被宰杀食用)和餐桌上受欢迎的肥美的山羊和绵羊。猪肉亦是当地较为常见的肉食,生猪市场设在城南文明门(今东单南)外一里处,鱼市也在这一带,位于文明门外桥南一里。又有专售家禽的鹅鸭市,在钟楼西。此外,应会有贩售野猪、獐子、麂子、雉鸡等的野味市,每当九月、十月份,辽东人就将他们放养的山鸡(出生十日便赶入山里散养)捕捉回来,一一扭死,带毛贩运至京城,据称此种黑色的野鸡味如家鸡。

专供新鲜蔬菜的菜市至少有三处,分别在丽正门(今天安门南)三桥、哈达门(即文明门)丁字街及和义门(今西直门)外。通常会有菜商在城郊承包一大片菜地,雇人种植四季鲜蔬;也有小菜农进行小范围生产,然后自行销售;很多人还会买些菜籽在自家后园种植,自给自足,无疑十分经济。在和义门外、顺承门(今西单南)外和安贞门(今安定门外小关)外均有果市,供应各式水果、干果。当地多产石榴、甜瓜、西瓜、枣、梨、频婆、奈子、拳桃、葡萄、御桃、御黄子(此李子核小、色黄,如江西苏山李),估计也会有远道而来的南货，比如闽中的干荔枝、干圆眼，江南的橘、柑、橙。蒸饼市位于大悲阁后，此处应是馒头、包子、黄米糕或烧饼、油炸馓果等点心的作坊聚集处。

当然，人们并不需要走那么远的路去各大市场采买货品。在城中许多街区，应有诸种零售食材生料、熟食、果子、酱醋油料的店铺，更有流动小商贩沿门兜售这些生活饮食所需。每逢节日，繁荣的街角还会搭建起芦苇夹棚，这些临时摊位除了销售应节的彩灯、烟花爆竹、摩诃罗塑像等物外，还供应节庆必备的黄米枣糕、凉糕、香粽和重阳糕。

在皇后酒坊前都是酒糟坊，酿制诸色酒。到了夏天，酒糟坊将头年冬天从河里挖取藏在冰窖中的大冰块抬进长石筧中，待融化后，用此消融之水来酿酒。这些酒糟坊主要用糯米、黍米酿制粮食酒，亦有生产葡萄酒的，大都人饮用烧酒和葡萄酒比南方更为普遍。

酒糟坊的产品主要面向平民，而皇室和政府机构消费的官酒，则是由光禄寺系统负责督造，官酒选料精、用料足，所造之酒品质较高，故常有官员从光禄寺强索官酒，甚至有人以诈称领取赏赐的办法来骗取官酒。

你会在城中发现诸种南方很少见的新奇食品，比如有洋葱、"树妳子"，后者即俄罗斯传统饮料白桦树汁。初春时，用铜铁小管子插入桦树的树干中，透明如水的汁液便从管中流出，其味微甜，带木质香。人们认为此汁液"辛稠可爱"，可代酒饮用。

城中应会有许多食店，可惜缺乏史文记载，难以详解。在高丽汉语教科书《朴通事》中，列举了午门外好饭店有卖羊肉馅馒头、素酸馅稍麦（今作烧卖）、匾食（今作扁食）、水晶角儿、麻尼汁经卷儿、软肉薄饼、饼𥻗、煎饼、水滑经带面、挂面、象眼棋子、芝麻烧饼、黄烧饼、酥烧饼、硬面烧饼，只是均为面食。话说回来，大都人确实爱吃面饼，城中的"经济生活人等"习惯以蒸饼、烧饼、馇饼、软糁子饼（用荞麦面制）充当午餐。《老乞大》也描述了几位商贩在大都附近的客店里就餐，其便饭是"四个人爨着一两半羊肉，将二两烧饼来"。总之，吃烧饼、薄煎饼这些主食，通常会搭配熟肉或热汤，或佐以瓜蔬蘸酱。

最热闹的商业区在城北，钟鼓楼至积水潭一带，由于大都集中

山西朔州官地元墓壁画（局部）
马邑博物馆藏
—
桌上放着酒盏、装满酒的盆和一只长柄勺、玉壶春瓶、三瓶酒（其中两瓶未开封）、一只匜，均为饮酒常备之物。

《备茶图》（局部）
北京市石景山区八角村金墓壁画
首都博物馆藏
—
左侧一人正在向茶盏内注入沸水点茶，中后一人捧着带罩子的大食盘，内置茶食若干。

了很多高官权贵，此处估计开设了不少高档酒楼，在西斜街靠临海子（积水潭）处就多有歌台酒馆。街区各处，还有丰俭由人的茶坊，无论士庶，南来北往的客商都喜欢光顾，既可消闲解渴，也是交换信息、洽谈生意的理想场所。茶坊销售各色茶汤，其茶常加核桃、松实、芝麻、杏仁、栗子、酥油和面粉调制；兼售一些以香药、果子制成的汤饮，或甜或咸。

2. 北方特色食谱

《居家必用事类全集》是元朝问世的生活百科类书，内含丰富的饮食内容，教人如何制作餐厨常备之品，如茶、香药汤、渴水、熟水等诸饮料，酒、醋、酱和豆豉，咸菜渍瓜、腊肉、肉脯、腌鱼、鱼鲊、烤肉、下酒荤菜、下饭荤菜、肉羹菜、素斋、面条、面点、糕饼、蜜糖果品等，不一而足，共三四百种配方。从地域风味来看，应是收录了相当一部分东南地区饮食，也明显带有不少北方饮食。我想简单谈谈其中具有北方特色的部分。

渴水，番名"摄里白"，这种用水果或香药熬制的西亚甜饮，除了颇受宫廷重视，在元大都民间也流行一时。书中介绍了七种渴水。

酥签、兰膏茶、枸杞茶是一类添加酥油来搅打的末茶，似乎多流行于北方，它们也在元宫廷中现身。书中还有不少乳品食方，比如，如何制造酥、酪、乳饼、乳团，以及使用这些乳品烹饪菜肴。

羊肉菜品的数量至少是猪肉菜的四倍。北方居民偏好羊肉，大都中许多外国人也惯食羊肉。无论是蒸、炒、煮、炸、烤、拌都可使用羊肉，就连酿茄、包子、馒头、角儿、卷煎饼馅也均见羊肉的参与，羊肉还可以充当面条的浇头。此书还有一些关于鹿、牛、马、獐、驴、骆驼、熊的食方。

生灌肺（三种）、肝肚生和曹家生红，是生食的冷盘，使用羊肉、羊肝、羊百叶和獐肺、兔肺或羊肺制作。尽管江南人也嗜好生食，但多半选择鲜活的鱼类或海产的蟹贝之类；由于北方气候寒冷，他们会生食肉类和一些动物内脏，以补充某些营养物质。在《辽史》中就有记载一种契丹人的重阳食俗——将兔肝生切，拌鹿舌酱食之。另外，元宫廷食谱中亦有"肝生"，做法是将羊肝切丝，加辛辣菜丝、芥末醋等拌和。

筵上烧肉事件，介绍适用于大户人家宴请场合的烤肉菜单。有烤羊膊、羊肋排、羊蹄子、腰子、羊舌、羊肝、羊脊肉、羊耳，以及如何用地炉烤制一只全羊。除此之外，还有烤鹿肉、黄鼠、沙鼠、土拨鼠、灰雁，这都是北方容易捕捉的野味。相比南方，炙烤类菜肴在北方地区更流行。

面食品，有拨鱼、经带阔面、索面、面片、卷煎饼、羊杂馅大馒头、胡饼、角儿（烤制或油炸的大饺子）、烧饼、圆焦油（带馅油炸面球）等。

元朝人也会使用类似"五香粉"的综合香料。书中记载了两张方子："调和省力物料"是基础款，只用马芹、胡椒、茴香、干姜、

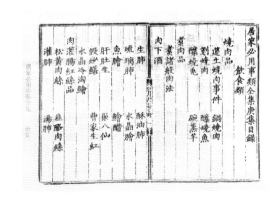

《居家必用事类全集》
北京图书馆古籍珍本
丛刊影印本书影

官桂、花椒这六种常用香料，其味兼顾辛辣和芳香；"天厨大料物"之"天厨"二字，暗示这张配方可能来自宫廷，所用料物品种翻倍，含有砂仁、莳萝、橘皮、杏仁、良姜、芫荽仁、荜拨、红豆等。人们把这些香料磨成粉末，加水调湿，搓成弹珠丸子。炖肉时不必费事配料，将香料丸捻破入锅便可，且便于远行携带。

书中一个章节，介绍"女真食品"六道，"回回食品"十二道：厮剌葵菜冷羹、蒸羊眉突、塔不剌鸭子、野鸡撒孙、设克儿匹剌、秃秃麻失、八答耳、哈里撒、哈耳尾、即你疋牙、古剌赤……从拗口的汉语音译菜名，到某些少见的口味，都在展现北方地区饮食的多民族色彩。大都曾是由女真族建立的金朝之中都，故肯定普遍存在女真风味，而当时将来自中亚和西亚信奉伊斯兰教的各民族称为"回回"。耐人寻味的是，如今在欧亚之路上，还能吃到哈里撒（一种肉麦粥，今译为"哈里斯"）、哈耳尾（一种甜味切糕，今译为"哈尔瓦"）、即你疋牙（一种油炸的糖面圈）等至少流传了七百年的传统食品。

此外，书中还介绍了一种称为"蒜酪"的稠酱，可作为油肉酿茄、熟羊肉和河西灌肺的蘸料。它也是今天欧亚之路上最为常见的蘸酱，比如土耳其人的烤肉串上，就蘸了这款蒜香咸酸奶酱。

3. 民间筵席

在高丽汉语教科书《朴通事》中，对筹办一桌"赏花筵席"有生动的描述：

着张三买羊去。买二十个好肥羊，休买母的，都要羯的。又买一只好肥牛，买五十斤猪肉。着李四买果子、拖炉、随食去。

酒京城糟房虽多，街市酒打将来怎么吃？咱们问那光禄寺里，讨南方来的蜜林檎烧酒一桶、长春酒一桶、苦酒一桶、豆酒一桶，又内府管酒的官人们造的好酒，讨十来瓶如何？……官人们文书分付管酒的署官根底：支与竹叶青酒十五瓶、脑儿酒五桶。……

一边摆卓儿。

怎么摆？外手一遭儿十六碟，菜蔬；

第二遭十六碟，榛子、松子、干葡萄、栗子、龙眼、核桃、荔子；

第三遭十六碟，柑子、石榴、香水梨、樱桃、杏子、蘋婆果、玉黄子、虎刺宾。

当中间里，放象生缠糖，或是狮仙糖；

前面一遭，烧鹅、白炸鸡、川炒猪肉、火燎鸽子弹、燍烂蹄蹄、蒸鲜鱼、㸆牛肉、炮炒猪肚。

席面上，宝妆高顶插花。

着张三去，叫教坊司十数个乐工和做院本诸般杂技的来。

那冰盘上放一块冰。杏儿、樱桃诸般鲜果，浸在冰盘里好生好看。

如今却早有卖的拳杏么？

黄杏未有里，大水杏半黄半生的有。

官人们都来了。将些干按酒来。就将那烧肉来，我们先吃两巡酒，后头抬卓儿。

弹的们动乐器，叫将唱的根前来，着他唱。

如今抬卓儿上汤着。捧汤的都来。第一道燍羊蒸卷[1]，第二道金银豆腐汤，第三道鲜笋灯笼汤，第四道三鲜汤，第五道五软三下锅[2]，第六道鸡脆芙蓉汤，都着些细料物，第七道粉汤馒头[3]。

官人们待散也，疾快旋将酒来，把上马杯儿。

做宴席前，首先需要进行物料采购。在元杂剧《东堂老劝破家子弟》也有"先去买十只大羊，五果五菜、响糖狮子"之句。果子包括鲜果、干果、茶果之物，拖炉、随食是酥脆的糖饼、咸酥饼等点心。此外一定要准备充足的酒水。

在席面上通常会有以下物品。

看盘——席面的装饰物，放置在看桌或食桌上。可能用果子粘成圆柱形或高塔形，装簇着五色彩带、假花；又或用时新鲜果整齐堆垒成小塔。如《北行日录》记载金朝在新年的宫宴上，"看果用金垒子高叠七层，皆梨瓜之属"。有时还会在桌面上摆放花台。

象生缠糖、狮仙糖——为华筵所制的糖塑，主要用于观赏，一般不会当面吃掉。"象生"意思是仿生，"缠糖"则是一种裹糖加工法。象生缠糖，可能是先把坯子塑成逼真的花果鸟兽形，将之浸入热糖浆中，迅速提出，糖浆降温后形成一层糖膜。狮仙糖，将糖煎化，注入一副两合的模具中，凝固后脱模，就做成仙人骑狮子糖塑。

[1] 燍羊，即熟羊肉，蒸卷是花卷。

[2] 可参考《饮膳正要》"三下锅"，在羊肉汤中，加羊后腿做的肉丸子、丁头棋子（小面丁）、羊肉指甲匾食（用面片裹羊肉馅捏成微型饺子）烩煮，以胡椒、盐、醋调味。

[3] 粉汤亦名粉羹，类似于粉条汤，汤内有用豆粉漏制的粉条，配以蔬菜、肉类或猪羊杂碎。这种食品在宋元很常见，人们能在杭州食肆买到"羊血粉羹"和"香辣素粉羹"。吃粉羹，通常搭配馒头。

早在唐宋时期已流行狮糖，比如猊糖（狻猊即狮子）、乳糖狮子（乳糖以石蜜、牛乳和酥酪混合而成）。用砂糖制作的狮仙糖呈黄褐色，似暗金色，故《西游记》有"排桌堆金，狮仙糖齐齐摆列"之句；乳糖狮子则呈白色。

菜蔬、果子与按酒——这是宴会前菜，用饾饤果盘装起，整齐摆列在桌面。碟数不拘，一般标准是五蔬、五果、五按酒。

菜蔬，常选莲藕、黄瓜、茄子、萝卜、冬瓜、葫芦、蔓菁、赤根、海带、木耳、蘑菇、鲜笋、山药等，可炒熟，或凉拌。

果子，包括鲜果与干果。鲜果用当季水果，若有难得一见的外地水果则更妙。干果有剥壳的榛子、松子、核桃、砂糖栗子、龙眼干、荔枝干、枣儿、柿饼、杏干、葡萄干（见上"第二遭十六碟"和"第三遭十六碟"）。在炎夏，如有条件可准备冰盘，大盘中堆满冰块，放置樱桃、桃子、杏、瓜、鲜菱、藕、莲子诸般鲜果，同时还可将酒壶、饮料壶插在冰块堆里，镇得沁脾冰齿。

按酒，宜用熟肉冷盘。如《老乞大》提到的煎鱼儿，熟制的羊肝、羊双肠、羊头蹄、羊肚儿、羊脑子、羊眼睛、羊脆骨、羊耳朵。也有用蒸炒的热菜（如前"前面一遭"八碟）。

此外，还会用到蜜煎（古代版蜜饯）、咸酸口的凉果、干肉脯、油果、酥蜜食、拖炉饼之类茶食。睢玄明在【般涉调·耍孩儿】《咏西湖》中夸张地写道："排果桌随时置，有百十等异名按酒，数千般官样茶食。"

人们通常按巡吃酒，即从尊长到卑幼轮流进饮，前一人饮尽，后一人再饮，轮番饮遍，即为一巡（很多情况下，主人需为客人把盏劝酒，礼仪极为烦琐，在此略过）。先吃过数巡酒，才进入上热汤菜环节，吃汤菜期间，也会继续行酒。《草木子》有记，"汤食非五则七"，即通常有五道或七道。

上文宴席有汤食七道，《老乞大》那一席汉式茶饭，汤食也有七道：头一道细粉，第二道鱼汤，第三道鸡儿汤，第四道三下锅，第五道干按酒，第六道灌肺、蒸饼，第七道粉羹、馒头。

此外，《事林广记》"大茶饭仪"的汤食只上三巡：

初巡则用粉羹，各位一大满碗，主人以两手高捧至面前，安在卓上。

次巡或鱼羹，或鸡、鹅、羊等羹。

三巡或灌浆馒头，或烧卖，用酸羹或群仙羹同上。

规模较大的酒席，通常会有一道压轴大菜"体荐"〔胡语称"挈设"，指整只或半边或大块煮熟（或烤熟）的牲禽，通常用羊、猪、鸡、鹅，更高级宴会则选牛、马〕。将肉置于大桌，两人抬到宴厅，再由厨役（或亲信）给在座宾客分割肉块。按照客人的身份与辈分，各人得到相应的食用部位。"大茶饭仪"末巡的规矩是，"头、尾、胸、肤献于长者，腿、翼净肉献于中者，以剩者并散与只应等人"；另有说法为，上宾享用羊背皮和马背皮，其余宾客分食前膊、后腿和胸，若吃鹅，则将鹅胸献与上宾。

散席——主人再行劝酒，令宾客熟醉方罢。末了，再上一些解酒醒神的稀粥或水饭，宴会正式结束，主人送客至门外。

（二）江南风味

江南素称"鱼米之乡"，这里是稻米产区，居民以米饭为主食，也用糯米加香料酿制低度米酒，吃糯米和米粉蒸制的糕点。其屠宰场中的牲畜多为生猪，其次才是羊，还有一些獐、鹿。鸡、鸭、鹅亦是餐桌常见之物，还有许多养殖的淡水鲜鱼，虾、蟹、螺蛳也十分充足。由于明州、越州、温州、台州收获的海鲜和鲞腊等货，通过水路被运到江浙各

《停琴摘阮图》（局部）
（传）宋 赵伯驹
台北故宫博物院藏
—

四方冰盘里盛满了冰块，还有数只桃子与甜瓜。

《事林广记》元至顺年间西园精舍刊本
日本国立公文书馆内阁文库藏本
—

此图描绘了"把官员盏"礼仪的场景。只见左前有三位卖力演奏的乐人，右前摆一张食桌，桌上清晰可见一盘鸡，桌下有一坛美酒。宾客分桌而坐，主客坐于中位，各人桌面摆果盘、菜碟数个，箸一双。
把盏礼仪如下：两位仆从，其中一人捧一瓶烫热的酒，另一人持果盘，跟在主人身后（见仙鹤右边的二人）。主人捧一副台盏，盏中斟满酒，跪在客人面前，然后说上几句客套话，请客人进饮。待客人接过酒盏，主人便拿着酒台，后退三步下跪。见客将酒水饮尽，主人便起身到其面前跪着，接回酒盏。若盏中残留酒水，须请客人饮尽，方可接盏。接盏后，仆从便向客人献上一盘果子。

城市中，故人们亦普遍食用海产的鱼、海蟹、海虾和各种海贝。鱼鲞也是常见的副食，这些经重盐腌制后曝干或淡晒的干鱼很容易买到，杭州城内外鲞铺竟多达两百家，这番情形，相信到元朝并无太大改变。元代孔齐（一作孔克齐，孔子第五十五代后裔）声称，他避居四明（宁波）时，跟当地人一样几乎每日都进食咸鱼鲞，因此物价廉，可为饭菜增加滋味。

1. 江南饮食市场

杭州城也有专营食料的大型市场。有米市、肉市（销售已屠宰的牲畜）、菜市（有两处）、蟹行、鲞团、青果团、柑子团，其中生猪市场有两处，南猪行在候潮门外，北猪行则在打猪巷；鱼市亦有两处，鲜鱼行位于候潮门外，鱼行设在北关外水冰桥。马可·波罗绘声绘色地描述了此城的市场：

> 城中有大市十所，沿街小市无数，尚未计焉。……每星期有三日为市集之日，有四五万人挈消费之百货来此贸易。由是种种食物甚丰，野味如獐鹿、花鹿、野兔、家兔，禽类如鹧鸪、野鸡、家鸡之属甚众，鸭、鹅之多，尤不可胜计，平时养之于湖上，其价甚贱，物搠齐亚城银钱一枚，可购鹅一对、鸭两对。复有屠场，屠宰大畜，如小牛、大牛、山羊之属，其肉乃供富人大官之食……此种市场常有种种菜蔬果实，就中有大梨，每颗重至十磅，肉白如面，芬香可口。按季有黄桃、白桃，味皆甚佳。……每日从河之下流二十五哩之海洋，运来鱼类甚众，而湖中所产亦丰，时时皆见有渔人在湖中取鱼。湖鱼各种皆有，视季候而异，赖有城中排除之污秽，鱼甚丰肥。有见市中积鱼之多者，必以为难以脱售，其实只须数小时，鱼市即空，盖城人每餐皆食鱼肉也。

江南富庶已久。此地区人烟稠密，物产穰穰，有许多中大型城市，其商业化程度很高，饮食市场比北方更为发达，下馆子和买外食在当时十分普遍。书画家郭畀在《云山日记》中，不厌其烦地记下1308年至1309年的生活流水账，其中有不少外食资料。姑且罗列其中几条：十月二十五日（客居杭州），他在街上遇到善医者苏淳

《烟波渔乐图》（局部）
（传）元　唐棣
台北故宫博物院藏
—
两位渔夫正在小舟上作业，一人拉网，一人撑棹。除了野外捕鱼，当时的人还会挖掘池塘来养殖淡水鱼。

斋，便相约到市肆小酌。第二日，盛亲家约他中午一同到芳润桥的食店吃面。十一月初十（客居长兴），陪陈有之出东门散步，游冲真观，在回路途中，这位朋友买了肥驴肉和酒，与他共饮。这月十五日，吃过午饭，他到食店里切些熟羊肉、沽了酒，约上赵文卿小酌。

而这在作为前朝都城的杭州尤甚。杭州城居民人口将近百万，各处商铺林立，买卖兴荣。元初，马可·波罗逗留杭州时，此城仍是当时世界上最为富丽的大都市，有一点令他印象深刻：城中道路都铺了石板或砖块，所以雨天不会泥泞不堪，街道很整洁。可以说，在元朝期间，杭州也许还延续着《武林旧事》与《梦粱录》所描述的富庶与繁华，不单饮食业庞大而划分细致，连带餐饮服务业也极为发达。

有酒店。酒店专卖酒，亦供应下酒菜肴。这里既有消费不菲的豪华大酒楼，如熙春楼、三元楼、花月楼，均为多层建筑，楼上设雅间，客人用银质的酒壶往银盏中斟酒，托盏的酒台也是银质。下酒菜由酒客任意点选，品种多到令人咋舌，且又放小贩们进店推销佐酒之物。又有数十位花枝招展的女伎凭栏待招，供客寻欢作乐。肥羊酒店和包子酒店的下酒物件较为"专一"，前者多供应羊肉菜，后者以包子、馒头等物为主食。此外也有贩夫走卒光顾的散酒店。

有饭馆。食客可点选煎、炒、煮、炸、焙、蒸、冻、拌、羹等诸色菜肴，食材则有鸡、鸭、鹅、猪、羊、鱼、虾、蟹、贝等，山珍海味兼备。当客人入店坐定，堂倌执箸上前招呼点菜，再由"行菜"（负责上菜者）到厨房前，将客人所点菜名唱念给后厨负责人，然后备菜下料。又有一类极为廉价的小饭店，专卖菜羹，兼卖煎豆腐、煎茄子、煎鲞、烧菜，"乃下等人求食粗饱"之处。

有面店。人们可进面店吃一碗羊肉盦生面、丝鸡面、炒鸡面、笋泼肉面，单是棋子面就有三鲜棋子、虾臊棋子、虾鱼棋子、丝鸡棋子、七宝棋子。还有专卖饦饳面、菜面、馄饨的小店。

有蒸作从食店。制售带馅馒头、薄皮包子、馅饼、夹儿等四五十款产品。粉食店专卖糯米圆子、水团、豆团、麻团、糍团、裹蒸粽子这些用稻米做成的点心。

素食店在杭州颇具规模，其菜肴多由面筋、笋、乳品、蘑菇和豆粉烹成，其中有大量仿荤菜。此外亦有素面店、素点心店，后者专卖丰糖糕、枣糕、乳糕、素馅馒头之类。

城中还有数不清的大小茶坊，且定位各不相同。有挂画插花、布置高雅的大茶坊；富家子弟和官吏则常常到"挂牌儿"的茶坊中，研习琴鼓箫笙、唱叫（小曲）或曲赚；而在蹴球茶坊中，也许能切磋球技，甚至是赌球；"一窟鬼茶坊"据说类似书茶馆，常年有评书表演，此惊悚店名源于宋话本《西山一窟鬼》；清河坊"蒋检阅茶肆"（检阅，宋代官名，掌点校书籍），也许是书籍爱好者的乐园；俗称"市头"的茶坊，聚集了伎艺人与行老们（行业的头领），可谓是职业介绍所。在寻常茶坊中，不但卖茶水、可口的香汤，而且夏季添卖消暑冷饮，如雪泡梅花酒、缩脾饮、香薷饮。

职家羊饭、魏大刀熟肉、双条儿划子店（似是卖烤肉）、戴家鏖肉铺（即爊制的熟肉，类似卤肉）、姚家海鲜铺、光家羹、宋五嫂鱼羹、倪家犯鲊铺、陈花脚面食店、张卖食面店、菜面店、朱家馒头铺、张家元子铺（卖糯米团子等物）、朱家元子糖蜜糕铺、张家豆儿水、钱家干果铺、阮家京果铺、周五郎蜜煎铺、戈家蜜枣儿、蒋检阅茶肆……以上均是十三世纪知名的杭州店铺，从店名便可看出其专营之品。

流动商贩也为居民提供了便捷的饮食服务。早餐时段，有卖醒神的二陈汤，午饭前卖馓子、小蒸糕，饭后又有人提瓶卖茶解渴。在热闹的坊巷路口，多有摆摊和担架小贩，卖些自制的或从作坊批发的小食，引用《梦粱录》所记：

……在孝仁坊红杈子卖皂儿膏、澄沙团子、乳糖浇。寿安坊卖十色沙团。众安桥卖澄沙膏、十色花花糖。市西坊卖蚫螺滴酥，观桥大街卖豆儿糕、轻饧。太平坊卖麝香糖、蜜糕、全链裹蒸儿。庙巷口卖杨梅糖、杏仁膏、薄荷膏、十般膏子糖。内前杈子里卖五色法豆，使五色纸袋儿盛之。通江桥卖雪泡豆儿、水荔枝膏。中瓦子前卖十色糖。更有瑜石车子卖糖糜乳糕浇。

背街深巷不时响起小贩的吆喝声，兜售熟肉、炙鸭、燠鹅、诸色油果、烧饼、糕团和供小孩玩耍的花式糖果，在家门口就能解决饮食所需。

当然，进入元朝之后，无疑会丧失了一大批来自皇室的高端顾客，对本地饮食业造成一定影响，然而，最大的变化大概是在于夜生活。由于宵禁松弛，宋朝食肆的营业时间很长。御街店铺天未亮即启市，卖煎白肠、糕粥、血脏羹、羊血粉羹、五味肉粥、豆子粥等早餐。到夜里，小贩出摊卖香茶异汤、燠耍鱼、罐里燠鸡丝粉、七宝科头、煎白肠、鸫肠、焦酸馅千层儿之类夜宵，五花八门。又据《梦粱录》记，"杭城大街，买卖昼夜不绝，夜交三四鼓，游人始稀，五鼓钟鸣，卖早市者又开店矣"。某些酒楼、面馆甚至通宵营业。然而，元朝实行严格的夜禁——当时约在一更敲鼓，提醒市民归家，一更三点（晚上八时多）钟声停，禁人行，至五更三点（凌晨四时多）方止，甚至一度禁止在室内点灯（这条过于严苛的法令在1292年取消）。所以说，杭州城白天繁华依旧，而充满活力的夜市恐怕是不复存在。

还应提及，意大利僧侣鄂多立克曾于元朝中期在中国旅行。《鄂多立克东游录》记录下他在扬州城见识到的一种宴会风俗：

倘若有人想要以丰盛的筵席款待他的友人，他就去找一家专为此目的而开设的旅舍，对它的老板说："给我的若干友人准备一桌筵席，我打算为它花多少钱。"然后老板一如他吩咐的那样做，客人们受到的招待比在主人自己家里还要好。

此种宴会服务在杭州城中更是发达。若遇婚丧嫁娶和其他大事，需要置办合乎礼仪规格的酒席来招待亲朋时，只要出得起钱聘请

"四司六局"，几乎无须操心那些烦琐杂事，这种专业的包办筵席团队，能提供一条龙服务。

"帐设司"：负责布置场地软装，如墙帷、帘幕、桌帷、屏风、绣额。

"厨司"：负责菜肴的批切和烹煮，除了热菜，也做"精巧簇花龙凤"劝酒冷盘。

"茶酒司"：又称"宾客师"，一要备办茶汤酒水，二要熟知宴会的礼节与程序，负责迎宾，招待宾客入座；何时讲开场白，何时奉茶、斟酒、上食，何时喝揖作礼，都由他们引导，散席后送客出门，如同全程控场的咨客师。此外，"下请帖、送聘礼合"，都能交给茶酒司。

"台盘司"：工作内容包括上菜、撤换碗碟等服务杂事。

"果子局"：专管席面上摆设的鲜果簇钉看盘，备办干果坚果、时鲜水果、南北京果等物。

"蜜煎局"：负责蜜煎、珑缠和咸酸劝酒果子，也以蜜糖花果制作簇钉看盘。

"菜蔬局"：负责宴席所用鲜蔬和糟腌咸菜，也管用菜蔬摆成的簇钉看盘。

"油烛局"：专管场地的灯火照明，比如上烛、及时剪烛等，冬季安置取暖炭盆。

"香药局"：提供两类香药，一类用于香炉焚燃，营造令人愉悦的环境；另一类是给宾客解酒的香药丸饼、香汤饮料。

"排办局"：掌管桌椅安放，洒扫场地，挂画、插花等前期布置。

2. 南方特色食谱

倪瓒出身豪门富户，尽管他能够随心所欲地享受任何美食，但在饮食上，他并非志在猎奇的美食家，似乎也没有什么铺张奢靡或是刁钻古怪的喜好。我们能从《云林堂饮食制度集》中了解其口味喜好，这本随手记录的家庭菜单篇幅很短，只有不到五十道菜，菜品排列随意（此菜谱可能缺失了部分内容）。总之，食谱中的食材多是主流的猪肉、鸡、鹅、鱼、虾、蟹、螺、贝；而且他具有不俗的饮食品位，部分菜品堪称考究。

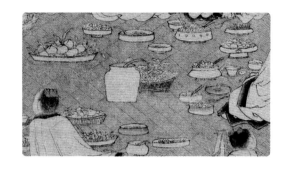

《刘晨阮肇入天台山图》（局部）
元 赵苍云
纽约大都会艺术博物馆藏
——
此图展示了士大夫山林野宴之趣。席
面摆着诸般肴馔，左上清晰可见一大
盘新鲜的桃子，中央有一缸酒浆。

说到食材，倪瓒尤其喜欢吃水产品，菜单共有十七道用到鲤鱼、鲫鱼、青虾、虾干、螃蟹、蚶子、江珧、蛤蜊、海蜇、田螺等，都是太湖区和沿海比较容易找到的物产。若有新鲜的江珧贝和蛤蜊，最好做生脍，把江珧柱撕成细缕，加胡椒、醋，撒点盐和糖一拌即可。江珧脍在三百公里以外的杭州也很流行，当时的人认为生脍更能体现海产的鲜嫩。另外，与猪肉、猪头、猪内脏相关的菜式也有六道，又有鸡肉、鹅肉等南方习见的食材。他的食谱中还收录了好几道"爨羹"，巧的是这类羹汤在当时杭州食店亦能看到。《云林堂饮食制度集》可谓元末无锡地区珍贵的饮食文献，表现了十四世纪江苏无锡富人的日常饮食。

元末明初有一位"隐于医"的文士，名叫韩奕，平江（今苏州）人，吴中三高士之一。《易牙遗意》（实际成书时间应在明初）这本食谱就传为他所编撰。此书是不是其作品，至今仍存争议，但有一点比较明确：这是一部带有江浙风味的食谱。此书类目清晰，分为十二大类，有"酝造类"（如何造五种米酒、三种醋和两种豆酱及酱油等），有"脯鲊类"（肉脯、腊肉、咸鱼和一些肉菜），有"蔬菜类"（腌渍菜），有"笼造类"（蒸制的馒头和角儿），有"炉造类"（烘烤与煎烙的饼），有"糕饵类"（糯米和粳米糕团），有"汤饼类"（馄饨、面条），有"斋食类"（素斋），有"果实类"（用蜜糖加工的果子），有"诸汤类"（香药汤剂），有"诸茶类"，有"食药类"（健脾药丸）。值得注意的是，其中二十七道菜品，抄自元初的浙江食谱《吴氏中馈录》，这本食谱对于了解浙江金华地区饮食也很有价值。

上面提到的食谱都有一些共同点，可以窥见当时江浙饮食的某些显著特色。首先，猪肉菜比羊肉菜多，占了主导地位。其次，水产菜品多样，既有淡水鱼虾也不乏海产，从《梦粱录》等书也可见，十三世纪的杭州人很擅长料理这类食材。北方容易捕猎的熊、野驼、黄羊、鹿、天鹅、土拨鼠等野味，书中并未提到，北方人偏好的烤炙类菜肴在此也较少涉及，而北方流行的"舍儿别"，书里连一款也没记载。此外，我们还能通过糕点品种来分辨饮食的地域性。江南是上等糯米和粳米的主产区，也种植籼米，杭州米铺销售着十几种稻米，糕点铺至少有二三十类米制点心。而在这些食谱中，载有南方多见的米糕团，如藏粢、五香糕、松糕、生糖糕、水团、豆团、夹砂团。

四、结　语

总而言之，元朝人的饭菜既不简陋也不难吃，他们所用的基本食材、掌握的烹饪技法以及呈现的味道，都和今天的饭菜具有共同之处。

他们会用煎、炒、煮、煨、炖、油炸、凉拌、炙烤等今人习以为常的手法来进行烹调，其中不乏讲究的功夫菜。所用调料都是我们熟知的那些，如油、食盐、酱、醋、糖、酒。油料常用麻油、菜籽油、豆油、猪油、羊油等，尚无葵花籽油、粟米油和花生油；食盐是主要的咸味剂，人们多用稠质的酱，亦生产液体酱油；酸味来自由粮食酿造的醋，偶尔也会用酸橙酱充当味料。当时的砂糖并非洁白如沙粒的精制糖，而是仍含有较多糖蜜杂质、褐红色的粗制糖（似黑稠糊），但已小范围引进精制结晶糖技术。常备香料，包括生姜、葱、蒜、芫荽、胡椒、花椒、茴香、莳萝、橘皮、芥末等物，即便没有辣椒，人们仍然能做出辣味菜肴。

此外，牛肉并未被普遍食用，对于野味的消费也更为频繁；至于蔬菜，元朝人还不知辣椒、番茄、土豆、番薯、西兰花、玉米和花生为何物，洋葱主要流行在北方地区，包心大白菜尚未培育成功；而耐存型食料，如菜干、腌菜和腊肉、咸鱼在三餐中的重要性更为突出，毕竟当时物流尚欠发达，且缺乏冷冻设备。

江南水产资源丰富，人们能享用到品种数量惊人的鱼虾蟹贝，此类菜肴数量可观。这份"南席"菜单就收录了其中五道，既有以鲜虾氽成的鲜美无比的汤菜"青虾卷爨"，或取肥美螃蟹巧手打造的一款蟹肉糕"蟹鳖"，或用对虾干、鲜虾、鲍鱼和海蜇等联手烹作一碗美妙的"海蜇羹"，亦有拿爽滑的冻鳜鱼充当面码的"冷淘面"，还有一道以猪肉臊子与蛤蜊肉拌食的"臊子蛤蜊"，滋味咸鲜。

南方养猪普遍，人们取猪肚酿入莲子与糯米，做成养生菜"酿肚子"。从西南川蜀地区传入江南的"川炒鸡"，则添加了灵魂调料花椒与胡椒，可领略一番当时的辛香重味。又有鹅肉卷饼"麻腻饼子"，取熟鹅肉丝、笋干丝、茭白丝、芝麻酱等做馅，再以手饼即卷即食，称得上是一顿花样饭。江南佛教兴盛，素斋已成体系，不妨从"三色杂爁"和"玉叶羹"这两道素菜中，体验十四世纪的素食风味。而用盐韭菜加香料经蒸炸而成的"菜虀"，乃是粗料细做的下饭咸菜。

还能按方以香橼果皮和蜂蜜加工"香橼煎"，此蜜饯出自江南文人倪瓒笔下，佐酒、配茶、冲汤皆可。夏季解渴之饮有三款：一是以乌梅煎造的"荔枝汤"，二是捣木瓜肉调制的"木瓜浆"，三是采茉莉花加蜂蜜冲泡的"茉莉汤"，均为可口甜饮。

生青虾去头壳，留小尾，以小刀子薄批，自大头批至尾，肉连尾不要断。以葱、椒、盐、酒水淹之。以头壳擂碎熬汁，去渣，于汁内爨虾肉，后澄清，入笋片、糟姜片供。元汁不用辣，酒不须多，爨令熟。

——元·倪瓒《云林堂饮食制度集》

　　毫无疑问，元朝皇室对水产缺乏兴趣。在羊肉菜占百分之八十五的《饮膳正要》中，水产菜肴总计不到十种，其中五种都使用了鲤鱼，这不难理解，黄河流域所产鲤鱼量大质优，在黄河沿岸及华北地区广受欢迎，更何况鲤鱼可重达十斤以上，能提供更大的肉块，方便进食。另外，书中还有两道鲫鱼羹，我们有理由相信羹中鲫鱼恐怕要剔净骨头才献给皇帝，因为其细密的肌间小刺也太令人头疼，何况是不嗜鱼腥的蒙古人。而螃蟹这种剥食麻烦的食材，被御厨剔出膏肉做成蟹黄包子，可堪纵情大嚼。至于小小的螺贝肉，在宫廷膳食中就更罕见了。

　　元大都的鱼市开在文明门外桥南一里。由于当地人多半不擅烹饪鳞介，故此批发市场里的水产品种恐怕不会太多，且很可能以鲤鱼和鲫鱼这两种大路货为主，即使数百年后亦然。梁实秋在散文中有引用《忆京都词》，此词出自浙人严辰之手，说到京城最令他怀念的，也是"鲤鱼硕大鲫鱼多"。

　　虽说宫廷很少吃鱼，但在祭祀太庙这种隆重场合，有一类鱼却是不可或缺的——鲟鳇。在古时，鲟鱼一般称鲔鱼，鳇鱼则名为鳣鱼，而蒙古人沿用辽人习惯，将鲟鱼叫作"乞里麻鱼"（或奇里玛），鳇鱼呼为"阿八儿忽鱼"（或哈八儿鱼、巴尔图鱼），阿八儿忽其实是地名，据考证在今黑龙江肇东市的八里城，当地曾盛产鳇鱼。

　　春季以鲟鳇荐新，是早在西汉就存在的皇家行为，历朝基本延续此仪规。至清朝，鲟鳇鱼贡的热度达到顶峰，直至清末光绪年间才戛然而止。不过，符合规格的鲟鳇既稀少也凶猛，捕获难度很大，总有供应不上的意外情况发生。在北宋政和年间，朝廷曾就此制定解决方案，如缺鲔鱼，可用鮹鱼（一种海鱼，又称烟管鱼，体形似圆筒而细长，最长可达一米）脯代替。由于元朝版图广阔，鲟鳇的供给较有保证，皇室荐新使用的鲟鳇，主要是从黑龙江流域和高丽进贡而来，这里是达氏鳇的主产地，也产数种鲟鱼。"辽东羞贡入神厨，祭鲔专车一丈余"，此诗句是张昱在目睹了运送贡品的车队后所作。居住在元大都的熊梦祥也提到，有时上贡的鳇鱼大得让人吃惊，每尾需要用三辆马车装载。

早在六千万年前，鲟鳇已游弋在深河与海洋中，两者同属古老的软骨硬鳞鱼。软骨，从饮食角度来看，即脊骨、鼻骨（腮甲）呈现半透明状，煮熟了，吃起来又软又脆，鱼肉内不含一根卡喉的细刺。而硬鳞，是指体表没有普通鱼类那身层叠的扇形鳞片，却于背部、腹部长着大片硬鳞骨板，皮肤似鲨鱼皮，远看光滑，摸着粗似砂纸，古人用它的硬甲皮来研磨姜蒜。

鳇鱼的皮肉间有几分厚的黄油脂肪，腴美甘肥，而鲟鱼肉整体更为洁白，切寸方的鱼肉显得粉白而又平整，故又俗称"玉版"，宋元人普遍认为鳇鱼比鲟鱼更为美味。由于脂肥肉厚，鲟鳇被视为名贵食材。在辽金元时期，当辽帝在挞鲁河举行春捺钵①，于结成

① "春捺钵"是一种习俗，也称"春水"，意为春渔于水，主要活动包括捕鱼、钓鱼、猎天鹅等。

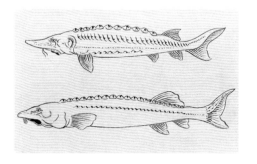

鲟鱼、鳇鱼
—
鲟鱼和鳇鱼同属鲟科，由于形态、习性相似，容易混淆，一般合称鲟鳇。在鲟属和鳇属目下，又存在数个品种，比如黑龙江流域有史氏鲟，长江流域有达氏鲟、中华鲟等。成年鲟鱼的体格通常比鳇鱼小，随着年岁越长，最长的可超过两米。鳇鱼尺寸更加庞大，黑龙江抚远鱼博馆内陈设一条达氏鳇标本，身长近四米，体重近五百公斤；而鳇鱼在《中国动物志》数据采集的最高纪录是身长超过五米，体重逾千公斤，绝对是淡水江河中数一数二的巨无霸。

厚冰的河中凿开若干个冰窟窿，施钩垂钓，若钩获首条鳇鱼，便宰鱼置酒设"头鱼宴"大肆庆祝，一如猎获头只天鹅的"头鹅宴"[1]。而在金朝人赵秉文眼中的"牛鱼之醢"（牛鱼腌的肉酱。鳇鱼头大略似牛头，故名），是那个年代上流社会珍味的代名词。正因为体格巨大，吃起来就像羊肉那样畅快，鲟鳇也能现身于元朝宫廷的诈马宴中。

这种古老的鱼类，曾是普通百姓餐桌上偶尔的点缀，人们将之蒸食、炖煮、加辛辣料煮羹或糟渍。其中，大部分被加工为可长久保存的鱼鲊和鱼干。江淮地区通常把鲟鱼切块加花椒、莳萝、红曲等数种香料，腌渍"玉版鲊"；另外，人们还会将鲟鱼眼睑下那两大块脸肉剔下，暴晒干硬，再蒸软，撕为细缕，极能下酒。而在岳州（今湖南岳阳），当地人嗜食鲟鳇鱼子，他们将鱼子用皂角水略微焯烫，加盐少许稍腌后享用，味颇甘美。现如今，公认的顶级鱼子酱取自鲟鳇，这种从卵囊取出的紫黑色圆珠子，被争分夺秒地撒上盐、装罐，随即运往世界各地。

物产与嗜味的地域性是如此明显。在当时江南，尤其是靠近海边的大片城市，当地菜市场摆放着从河湖中捕获的或是鱼塘里养殖的各种鱼——鳙鱼、青鱼、鳊鱼、鲢鱼、鲤鱼、鲈鱼、鳜鱼、白鱼、鲩鱼、鳝鱼、鲻鱼、鳗鲡、泥鳅、塘鳢、银条、针口、黄颡、江豚等，以及数不清的虾蟹螺；也不乏品种繁多的海鲜，如杭州城内外鲞铺出售的海货，是内陆居民少有听闻的鰤鱼、鳅鱼、鲐鱼、鲭鱼、海鳗、老鸦鱼、鲚鱼、望潮和蟑蚷；那些难以保鲜的白蟹、赤蟹、蝤蛑蟹，被食店做成各种美馔；他们筷子下的螺贝，有蛤蜊、香螺、辣螺、江珧、淡菜、蚶子、蛏子、龟脚、车螯、牡蛎、鲍鱼等诸种，总之形形色色。

从倪瓒的《云林堂饮食制度集》，能窥得十四世纪江南豪绅所享用的水产菜肴。在这本只有四十余道菜的食谱集中，提及的水产食材共计十四种。在烹饪手法和风味习惯上，此地与杭州显然有着不少相似之处。比如，杭州食店有供应一道"搛鲈鱼清羹"，虽无记载烹法，但通过《云林堂饮食制度集》的"青虾卷鲞"，兴许能得到一些灵感——生青虾剥去虾头与身壳，做成一只带尾壳的虾仁，然后在虾仁身上打花刀；再用虾头壳加水熬取清汤，待清汤烧沸，

[1] 此习俗见于《辽史》。如今天鹅在我国属于国家二级保护野生动物，已被禁止食用。

《宝津竞渡图》（局部）
元　王振鹏
台北故宫博物院藏
—

除了对水中食材不太感兴趣，蒙古人先前对水戏也兴致不高，但这种喜恶正随着宫廷接触汉文化而逐渐转变（在享乐方面，统治者都是相通的，两宋皇帝也热衷戏龙舟）。

在陶宗仪的《元氏掖庭记》中，武宗皇帝曾在己酉年（1309）仲秋月夜，与诸嫔妃泛龙舟于禁苑太液池，开宴张乐，"荐蜻翅之脯，进秋风之鲙，酌玄霜之酒，啖华月之糕"，整夜地寻欢作乐，似是在庆祝中秋节。武宗还打算下旨索取杭州所造大龙舟进京，后因群臣劝谏才作罢。

英宗、文宗二帝也有御用龙舟，这些巨型船舶曾长期停靠在肃清门广源闸别港。末代顺帝为了在皇宫的海子里游玩，甚至参与设计了一艘新式龙舟，船首尾总长一百二十尺、广二十尺（约长四十米、宽六米），龙身并殿宇用五彩涂漆并妆金。这种龙舟是造有龙头龙尾、舟身也安装了龙爪的，由于设计多个机动装置，行舟时，其龙首、眼、口、爪、尾皆能转动。

拨入虾仁速瀹，受热之后的虾仁会迅速卷起似花朵，入口既嫩又脆，妙在汤亦鲜醇。

有必要着重介绍这类"瀹羹"。宋元时期，"瀹"这种料理方式在江浙十分普遍，并衍生出许多菜式。这类羹菜也是倪瓒餐桌上的常客，他的家庭食谱共记载了九道瀹羹，分别是：瀹肉羹、腰肚双脆、鸡脆、青虾卷瀹、鲫鱼肚儿羹、香螺先生、田螺羹、新法蟹和海蜇羹，竟将猪肉、鸡肉、腰肚以及鱼虾蟹贝和海蜇，都悉数纳入羹中。

具体说"瀹"，意思是在沸汤里稍微一煮，甚至是倒入食材就立即将锅端离火灶，让热汤泡熟食材，目的是呈现脆嫩的口感，相当于今天的"清氽"。由于要求加热时间极短，需提前将食材处理为易熟的造型。如对付香螺肉，可将之批成薄片，或像削果皮那样旋转批作薄薄的长片；再来看猪脊肉所制"瀹肉羹"、腰肚同制的"腰肚双脆"、鸡胸肉制成的"鸡脆"，均是先将肉分切作象眼小块，然后在其表面打上腰花那样的荔枝花刀，故能快速熟透。而且，其中六道在瀹之前，都会添加葱、椒、盐、酒四样作料来略腌食材，既去腥提鲜又不盖其原味。

汤底有三种。一是充分利用剩料，如"青虾卷瀹"以剥下的青虾头壳熬汤，"海蜇羹"亦以干虾及鲜虾的头壳熬汤，"鲫鱼肚儿羹"则用已割取鱼肚腹片的残缺鲫鱼来煮成鲜汤，这样做不但味道更相配，且一点儿也不会浪费。另一种用专门熬制的清鸡汤，在料理香螺和田螺、螃蟹时即用此法，鸡汤能带来浓郁的鲜味与精致口感。也有仅使用沸水的，例如"腰肚双脆"，此菜与现代鲁菜"汤爆双脆"（双脆是指猪肚和鸡胗）大略相似。

原 料

〔青虾卷爨〕

基围虾 / 三十只
笋尖 / 一个
糟姜 / 三十克
小葱 / 两根
生姜 / 三片
胡椒粉 / 少许
料酒 / 一匙
盐 / 酌量

原方所说青虾，可能是一种大河虾。不必纠结
于古人用何种虾，选择那些当地能买到的活虾
就好，比如大河虾、小一点的基围虾（刀额新
对虾）、斑节虾（日本对虾）等。其中，基围虾
和斑节虾的体型适中且修长，壳薄，批切方便，
而且口感嫩弹，成菜效果较好。

虾的个头，不宜太小或太大，小了难以批切，虾
肉容易切烂；若太大，造型不够美观，也不易
熟透。

（制）（法）

① 将生虾冲洗干净。剥下虾头和虾身壳，保留虾尾壳。

② 虾头与虾壳不要丢弃，放进锅中，加八百毫升水和一些生姜，煮开后转小火。

③ 大约熬煮三十分钟，至鲜味析出。

④ 煮汤期间，处理虾肉。从虾背入刀，对半批开虾身，注意尾部不要切断。

⑤ 挑出虾线。在两半虾肉中分别再切一刀（虾肉厚者可切两刀）。

⑥ 虾肉加料酒、盐、葱花、现磨胡椒粉，小心抓匀，腌渍一会儿。

⑦ 将煮好的虾汤，用极细滤网过滤干净。

⑧ 虾汤倒入小锅中，开火煮，加盐调足味，撇浮沫，滴少许油。待汤煮开，倒入虾肉，继续加热五秒后，关火，让热汤将虾肉烫得嫩熟。

⑨ 捞出虾肉，盛进汤碗，加入经焯水的笋片、糟姜片。虾汤再次过滤去渣，入锅烧滚，浇入汤碗。趁热享用，滋味十分鲜美。

● 注意事项

虾壳汤，亦可参考清代《调鼎集》"虾羹"之煮法："将虾之头、尾、足、壳用宽水煮数沸，去渣澄清。再入脂油用蒜滚，去蒜，清汤倾入油内煮滚。"

以熟蟹剔肉，用花椒少许拌匀。先以粉皮铺笼底干荷叶上，却铺蟹肉粉片上，次以鸡子或兔弹入盐少许搅匀浇之，以蟹膏铺上，蒸鸡子干为度。取起，待冷去粉皮，切象眼块。以蟹壳熬汁，用姜浓捣，入花椒末，微着真粉牵和。入前汁。或菠菜铺底。供之，甚佳。

——元·倪瓒《云林堂饮食制度集》

蟹蝥

　　江南人最会吃螃蟹。史上三部螃蟹专著均出自此地区：北宋会稽人（今浙江绍兴）傅肱著有《蟹谱》，南宋鄞县人（今浙江宁波）高似孙编就《蟹略》，清杭州人孙之𫘧辑成《晴川蟹录》。在宋末元初，江南人的餐桌上正流行着不少蟹馔，比如那些用糟盐腌的"糟蟹"、加盐酒渍熟的"法蟹"、醅酒浸泡的"酒蟹"、入法酱渍透的"酱蟹"、以椒酒酱糟拌腌的"五味酒酱蟹"、用辛辣味料烹成的"辣蟹羹"、生蟹块浇以橙齑和醋的"洗手蟹"、蟹肉酿入橙瓮内蒸香的"蟹酿橙"，此外还有炒螃蟹、蟹签等，不一而足。

　　倪瓒所居之江苏无锡，正是坐落于风光旖旎的太湖之北，湖中盛产莼菜、菱角、鸡头米、茭白和品种多样的鱼虾，大闸蟹资源更是丰富；也因这座小城距海不过百余里，在当时水路交通便捷的情况下，运输新鲜海货并非罕事，所以说，螃蟹可算是比较容易获得的食材。倪瓒似乎也对螃蟹偏爱有加，《云林堂饮食制度集》共收录了五道蟹馔，做法各异，从中可了解倪瓒的个人口味喜好，以及十四世纪中期无锡地区曾经流行的烹蟹技巧。

　　煮蟹法："用生姜、紫苏、橘皮、盐同煮，火才沸透便翻，再一大沸透便啖。凡煮蟹，旋煮旋啖则佳。以一人为率，只可煮二只，啖已再煮，捣橙齑、醋供。"

　　做法极简，只需一锅清水，再放些生姜、紫苏叶、橘皮和盐，注意不要煮过了火候，见沸透就给螃蟹翻个身，再略滚沸就可以捞起。进食的乐趣，就在于直接上手，不紧不慢地边拆边吃，再蘸点由香橙捣制的橙齑（唐宋元均流行这种酸味酱，作用如同果醋，能提升蟹肉的鲜甜、去腥）和酸醋，味尤香越。考虑到剥壳费时，冷

《海错图》第四册　毛蟹
清　聂璜
台北故宫博物院藏

蟹腥硬难咽，倪瓒建议一次按每人两只的量来煮，待进食完毕再新煮一锅。毕竟质量上乘又十分新鲜的螃蟹，只要简单蒸或煮，就能烘托其原本微妙的鲜甜滋味，另有一种其他蟹馔所不及的清香，而诗文所吟诵"持螯赏菊"中的螯，多指这类整只蒸煮的螃蟹，文人认为此烹法最有格调。及至膏蟹当造，三五知己相约共举"蟹会"，果品就用时令的菱、栗、梨、橘之类，再备若干冷热小菜作辅，冒着热气的螃蟹被一轮轮端出，执壶里满盛温热的黄酒，庭院一角有几盆新菊开得正盛——这是一幅江南文士所熟悉的风雅生活图景。

酒煮蟹法："用蟹洗净，生带壳剁作两段。次擘开壳，以股剁作小块，壳亦剁作小块，脚只用向上一段，螯擘开。葱、椒、纯酒、入盐少许，于砂锡器中重汤炖熟。啖之，不用醋供。"

虽名为煮，实则用的是蒸炖法。将蟹身连盖一刀剁断，揭开盖，剁作小块，腿和螯均劈开露出蟹肉以便入味。以上蟹块放入砂制或锡制的炖盅里，撒些去腥的葱丝、花椒和些少盐，倒入适量纯酒，入锅隔水炖透。以酒炖蟹，蟹鲜与酒香交融形成特殊风味，这道菜多半被时人视为具有滋补功效，而由于用酒精来提鲜，享用时无须再佐酸醋。在当时，江浙地区产酒甚丰，用酒来腌藏或烹煮诸种水产是很常见的做法。

新发蟹："用蟹，生开，留壳及腹膏。股、脚段作指大寸许块子，以水洗净，用生蜜淹之，良久，再以葱、椒、酒少许拌过，鸡汁内爨。以前膏腴蒸熟，去壳入内。糟姜片子，清鸡元汁供。不用不用[①]螯，不可爨过了。"

① 两个"不用"重复了，疑为原抄者笔误。

"发"字，应写为"法"。菜名透露出这是当时新近出现的一款蟹羹，至于说究竟是出自家厨手笔，还是食店掌厨所研发的，就说不清了。此菜做法颇有些特别：掰开生蟹的盖壳，把蟹膏挖出装在盖壳内，备用；蟹身和腿剁成块子（蟹螯不用），浇生蜜腌上半日（无锡人果然嗜甜），才加葱丝、椒末和酒抓匀码味，之后倒进滚开的清鸡汤里爨至熟，盛入汤碗，另将先前留起的蟹膏连壳蒸熟，刮下置于羹汤中，再缀些糟姜薄片。这碗汤兼有螃蟹与鸡汁这二物之鲜，想象一下味应不俗，只是带壳的蟹肉进食时难免有些麻烦。

蜜酿蝤蛑："盐水略煮，才色变便捞起。擘开，留全壳，螯脚出肉，股剁作小块。先将上件排在壳内，以蜜少许入鸡弹内搅匀，浇遍；次以膏腴铺鸡弹上，蒸之。鸡弹才干凝便啖，不可蒸过。橙齑、醋供。"

此为蟹盒，需用蝤蛑蟹，即俗称青蟹（锯缘青蟹或拟穴青蟹。元时江南将梭子蟹俗称为白蟹）的海蟹，一只少说半斤重，出肉率还特别高，南宋宫廷就曾用蝤蛑蟹来制作蟹酿橙。将蝤蛑蟹用盐水略煮至壳色转红，捞起，掰开蟹盖，理净上盖的内部；蟹肉悉数剔出，蟹膏黄也挖起另放。把蟹盖翻过来当作容器，先匀铺蟹肉，浇上微甜的蛋液（加蜜打匀），最后以蟹膏蟹黄缀面。上锅蒸，俟蛋液刚凝固的嫩熟状态就好，切勿久蒸，上桌佐以一碟橙齑醋。这是一道经典江南菜，从清中期杭州美食家袁枚在《随园食单》中著录的"剥壳蒸蟹"，以及今天江浙名菜"芙蓉蟹斗"中，都能看到蜜酿蝤蛑的影子。虽说蟹盒在前期备料时比较费工，然其进食便捷，造型亦赏心悦目，相当适合充当筵席菜。

最考究的要数"蟹鳖"。所谓"蟹鳖"，从字面解读，意思是以蟹肉模仿鳖形。若再进一步查证，清代浙江医家顾仲在其《养小录》中有一条对"蟹鳖"的解释——蟹体中部有一块如瓜仁大小的六角叶形薄片，名曰蟹鳖，此物寒毒伤身，切莫食用，须用蟹爪尖将之挑出。这其实是指螃蟹的心脏，显然与此菜无甚关系。另有一条更有价值的资料，清代《调鼎集》载江淮菜"鸽蛋鳖"，做法是将鸽蛋兑入鹅蛋，入锅煎成蛋鳖。据说，"蛋鳖"为扬州方言，指整个儿煎煮的蛋，在今天浙江丽水松阳县仍然将水煮荷包蛋称为蛋鳖（或卵鳖）；河南开封也有一种叫鸡蛋鳖的小吃，是在薄面皮里灌入蛋液，

蝤蛑

煎成似荷包蛋的小圆饼。看来，蟹鳖之名很可能源自当时的方言。

做蟹鳖，先将熟螃蟹剔出蟹肉和蟹膏黄。蒸笼底铺上干荷叶，再铺一片粉皮（或菠菜叶）作衬底，然后把熟蟹肉平铺，匀浇鸡蛋液，面上铺缀膏黄，蒸至蛋液凝固，放凉，揭掉粉皮衬底，蟹肉在蛋液作用下凝结似一块糕。用刀切象眼小块，码盘，浇以鲜辣汤——这是用蟹壳、生姜、花椒末和芡粉等调煮的鲜辣汤。此菜口感紧实、鲜美、色味俱全，是一道精巧的筵席开胃冷盘。

明清食谱中载有几款类似的菜品。例如，明代《宋氏养生部》的"玛瑙蟹"，以熟蟹肉、蟹黄、绿豆粉糊和鲜乳饼揉拌成糕，蒸熟切块。乳饼赋予了蟹糕淡淡的乳香；浇汁则用煮蟹的原汤、姜汁、酒、醋、甘草、花椒、葱调制，亦是鲜辣味型。清代《调鼎集》有抄录蟹鳖，并更名为"蟹糕"，今天看来更为贴切。此书中还介绍了两款不同版本的蟹糕，一种只取蟹腿肉剁成茸，拌豆粉、生脂油丁为糕；一种是在蟹肉内加姜汁、酒、糯米粉、粳米粉和脂油丁拌为糕，均蒸制分切。在上述三种蟹糕中，都添加了豆粉或米粉作为黏合剂，能使结块更牢，然而口感均不如"蟹鳖"那样纯粹。

〔蟹鳌〕

大闸蟹 / 雌蟹三只（每只约2.5两）、雄蟹四只（每只约3.5两）
花椒粉 / 一克
鸡蛋 / 两三个
生姜 / 二十克
绿豆淀粉 / 约三十克
盐 / 酌量
干荷叶 / 一张
特殊厨具 / 蒸笼（内径十八厘米），粉皮旋子（直径十九厘米）

建议同时用雌蟹和雄蟹，而非只用其中一类。熟雌蟹的蟹黄结为紧实块状，呈诱人的橘红色，质形似咸蛋黄；而熟雄蟹的蟹膏则呈乳白半透明膏状，口感黏糯，伴有金黄色的稠膏。两者混合来铺面，能获得更为漂亮的色泽和丰富的层次。蟹黄、蟹膏的比例，按个人口味调整。

在蒸笼底先铺干荷叶，再铺上粉皮的做法，是为使蟹糕底部平整、易脱模。你也可用锡纸加浅盘代替，不但操作省力，规整度也更好。

① 螃蟹洗刷净，腹部朝上摆入蒸笼，蒸十分钟。然后剥蟹，一个碗装蟹肉，一个碗装蟹黄和蟹膏，再将蟹壳收集起来（去掉带毛的蟹螯、爪尖、蟹脐等部位）。

② 取其中三四个蟹壳、部分蟹腿放入小锅，加六百毫升水，小火煮约四十分钟。姜块去皮，磨作姜蓉，放入汤中煮五分钟，关火，加少许花椒粉、盐调足味。将汤汁滤净渣滓，放回小锅备用。

③ 蟹黄与蟹膏拌在一起，用刀细细切碎。蟹肉用手撕碎，撒少许花椒粉，轻手拌匀。

④ 干荷叶下锅烫至变色，剪成比蒸笼底直径略大的圆形，铺在笼底，再铺上一张粉皮（取二十克绿豆淀粉，加清水四十毫升，拌成粉浆，烫粉皮）。或用菠菜叶代替粉皮。

⑤ 将蟹肉平铺在粉皮上，铺匀，注意不要压实（否则蒸好的蟹糕容易散架）。鸡蛋磕开，加少量盐搅拌蛋液，均匀浇遍蟹肉，使之充满空隙，完全浸透蟹肉为止。

⑥ 再把蟹膏黄平铺在面上，要铺得匀，最后轻轻一压，使其沾裹蛋液，这样成糕更牢固。

⑦ 盖好笼盖，放到蒸锅上，水开后转中小火再蒸十分钟。移出蒸锅，静置降温。

⑧ 待放凉，小心撕掉粉皮，蟹糕厚度约五毫米。将之摊在菜板上，切成边长约三厘米的象眼小块（即菱形块）。

⑨ 蟹壳汤烧滚，拿绿豆淀粉加水调成薄芡，倒入汤中搅煮，使汤略稠就好。将蟹糕整齐码在小碟中，浇入蟹壳汤。可拿蟹黄修成小圆球作点缀，或用菊花瓣装饰盘面，颇有"菊黄蟹肥"之意趣。

用对虾、鲜虾头熬清汁，或入片子鸡脆，复入海蜇，只用花头最好。洗净对虾、决明、鲜虾、鸡脆，和入供。鱼亦可食。

——元·倪瓒《云林堂饮食制度集》

海蜇羹

本是海中物，烹来一瓯羹

元末编写的汉语教材《原本老乞大》提到，若在元大都置办一桌上档次的汉族酒席，须有七道主菜：头一道细粉，第二道鱼汤，第三道鸡儿汤，第四道三下锅，第五道干按酒，第六道灌肺、蒸饼，第七道粉羹、馒头。

四百年后，在出版于 1761 年的《老乞大新释》[1]中，这张宴席菜单则完全改头换面："头一碗燕窝，第二碗鱼翅，第三碗匾食，第四碗鰒鱼，第五碗海参炖肉，第六碗鸡，第七碗鲜鱼。"有趣的是，菜肴大多换成今天我们熟悉的豪宴标配——鲍鱼、海参、鱼翅、燕窝。

"鲍参翅肚燕"成为广为人知的宴会主角，其实比想象中要晚。

① 《老乞大》是供朝鲜人学习汉语的会话教科书，从高丽到李朝（对应中国的元末到清）均有出版，至少有十个版本。再版时会进行修订，删除过时的词汇，换成当下通用的语言，就连食物也紧跟时代。

鲍鱼

元朝人普遍称鲍鱼为鰒鱼，又别名石决明，明朝中后期才普遍改称鲍鱼。在十二世纪、十三世纪，最知名的皱纹盘鲍产自山东登州和莱州；浙闽粤海域捕捞的杂色鲍、九孔鲍质量稍逊，口碑一般。此外也有进口，北宋苏轼在《鰒鱼行》中戏称之为"倭螺"，是从日本输入的鲍鱼。

鲍鱼很早就出现在上流社会人士的筷子下，据说两千年前的新朝皇帝王莽就嗜食鲍鱼。话说，宋元宫廷膳食都较少涉及这种贝类。蒙古人本就对水产缺乏兴趣，认为鲍鱼也不过如此；奇怪的是，南宋皇室的餐桌上虽不乏各种海鲜，但他们似乎更青睐的高档海产，却是江珧贝的生鲜贝柱——或许因南宋境内所产鲍鱼质平量低，毕竟山东登莱属金朝管辖；而最上等的江珧贝恰恰是宁波海域特产，当时宁波人已采用人工养殖法，江珧贝质优量大，足以供应。

加工法有二。一是用酒糟渍、盐腌或浸泡油中，当时浙江和日本多用此法，好处是能保持肉质软和。十三世纪杭州食店里供应的诸种鲍鱼菜，比如姜酒决明、五羹决明、签决明、糟决明等，估计就是用腌藏鲍鱼做成。二是，晒成干鲍。当时山东登莱习惯将鲍鱼整个淡晒，以便储存与流通。久居杭州城的周密声称，他曾在张称深的豪宴上，首次品尝到活鲍鱼，不禁感慨鲜鲍之美味胜过槁干者百倍，说明他平常接触的都属干货。不应忽略，宋元的烹技与调味相对粗简，很可能不足以充分展示干鲍的魅力：风味浓缩、滋味醇厚。从明清至今列入山珍海味的鲍鱼，则特指干鲍，人们将之泡发、用鸡鸭肉汤提升鲜味，并通过久炖来释放魅力。

在倪瓒的家庭食谱中，有一处介绍如何预处理干鲍。将干鲍放入酒瓶，瓶内灌满清茶水，底下用砻糠所燃的微火慢煨，煨至恢复弹性，换水浸泡，之后就能批切做菜。书中还有一道"海蜇羹"，羹里就放了鲍鱼。此羹用料比食谱中其他菜品更为豪华、精致。汤底，用大虾干和鲜虾的头壳熬制，并滤清调味；放干虾肉、鲜虾肉、鸡脆片子、海蜇花头和鲍鱼氽成，是一碗鲜甜浓醇的海鲜羹。

海参

海参被视为珍馐，至少要到明代晚期。其品质亦越往北越佳。辽参，通常特指通身长着粗壮肉刺的刺参，因辽东半岛沿海常年水温低，刺参生长缓慢，故肉质筋道；山东半岛沿海亦产刺参，今俗称鲁参。相对而言，南方海域水温高，海参成长快，虽说品种更多样，但以光参为主，特点是个头肥大、表皮无棘刺，嚼劲和滋味都较逊色。

由于宁波近海所产海参缺乏吸引力，在宋元时期，当地人更偏好"沙噀"，一种似海参般呈蠕虫状，一旦受惊便缩成坨的海产——海葵。南宋宁波人将沙噀放到粗糙的沙盆里使劲揉洗，待脱净表皮涎腥，加五辣香料烧煮，食之口感脆滑。沙噀，即今天台州人所说的沙蒜，以鲜美著称，沙蒜烧豆面是台州特色菜。

鲜海参含水量达百分之九十，若不及时处理就会化为泥水，长期以来，人们多食用加工海参。将之先置于烈日下稍晾，盐水煮使之缩水定型，再用木炭灰腌，晒至干硬、皮色发黑。干海参的烹饪难点在于泡发和入味，这种无味食材的滋味全靠配料烘托。

清朝的《农圃便览》展示了山东人如何发制海参：先水泡涨发，磨净粗皮，剖肚去肠，切条，以盐水煮透，盛入碗内浇以浓肉汤，隔水炖极透，备用——还不能吃，而是为接下来的烧、烩或煮羹做准备。清朝的美食家袁枚也在《随园食单》中介绍了江南制法：海参以水泡净，用滚烫的肉汤浸泡（这步重复三次），俟发透，才以鸡、肉两汁红煨极烂。以上两者，均是采用肉汤泡发海参，使之注入肥厚的鲜味。

毫无疑问，海参菜的流行得益于烹饪技术升级，尤其是清朝以后，技术愈益精进，海参因此发展出丰富的菜品，成为官绅置办宴会的首选。就连身处西部地区的川蜀，也不乏海参的踪影，1909 年出版的《成都通览》中，有一张宴会食谱，介绍了四季宜用海参菜肴二十二种。由于消费量激增，大量从东南亚（菲律宾群岛和马来群岛）捕捞的海参通过马尼拉港运抵广州，从而输入中国各大市场（仅 1831 年就至少有七十五万磅）。

刺参、光参
—
刺参，背部分布数行肉刺，体表通常呈黑褐色，因形态美、壁厚肉紧而大受欢迎。传统所说"辽参"，即为一种著名的刺参，主要分布在辽宁及山东沿海。

糙海参、茄参之类，通身无刺，肥大肉厚，价格通常比刺参低，主要分布于东海和南海。

《海错图》第四册　九孔螺
清　聂璜
台北故宫博物院藏

——

鲍鱼的捕捞史十分悠远，而养殖史却很短，直到二十世纪八十年代，鲍鱼才实现大规模人工养殖。在十三世纪，人们只能采捕野生鲍鱼，过程艰辛而惊险，此贝以肉足紧紧吸附在海底岩石上，海民甚至需要泅水至十几米深处，忍受冰冷和窒息的恐惧，拿小铁铲将之果断铲下（若一下失败，肉足会粘得愈紧，即便壳砸碎也不肯松脱）。

《海错图》第三册　金丝燕（局部）
清　聂璜
北京故宫博物院藏

——

聂璜显然从未见过金丝燕，他对其羽色及燕窝的产生原理，都存在错误认知——图中金丝燕羽色带黄，而真实羽色呈灰黑；聂璜以为燕窝丝乃是蚕螺的白筋，实则却是金丝燕的唾液。此谬误普遍存在于当时社会。

清代燕窝需求量激增，无论宫廷还是民间。乾隆皇帝御膳中的燕窝菜约有二十道，比如燕窝肥鸡丝、燕窝八仙热锅、燕窝冬笋锅烧鸭丝、燕窝三鲜汤、燕窝八仙面等。

除此之外，海参的爆红，也与"疗效"紧密相关。从元《饮食须知》里"性寒滑，患泄泻痢下者勿食"的普通评价，到明《五杂组》中变为"其性温补，足敌人参"的翻转，及稍后明末《食物本草》以为"主补元气，滋益五脏六腑"，并附两则食疗方子，再到清《老老恒言》所说"滋肾补阴"——到如今，海参能"补肾壮阳"的形补观念深入人心。

鱼翅

鱼翅称得上是"残忍的食材"[①]，流行时代可能比海参稍早，但似乎也早不到元代。

海民很早就学会猎捕鲨鱼，然而直到宋元，这种大型海鱼最受欢迎的食用部位，其实是鱼皮。人们将这张厚达半厘米、富含胶原蛋白的鲨鱼皮，经清理（刷净如砂纸的皮膜）、焯烫、缕丝，加盐醋或橙齑拌食，就像在凉拌海蜇皮。而鲨鱼肉，据说纤维粗糙且发腥，历来评价不高。

在明朝的福建水产专著《闽中海错疏》中，列举了十二种鲨鱼（因古人的海洋知识欠缺，某些可能非鲨鱼属）。比如，胡鲨的皮宜缕为脍，肉则最好晒为鱼干；剑鲨适合制鲞；时鲨肉可堪炖煮，又因富含油脂，能熬出鱼油来燃灯；俗称锦魟的鲛鲨具有斑纹，人们将鱼皮硝制以裹饰剑柄，这种表面有砂点的美丽皮革，能增加握剑的摩擦力。乌头（品种不明）的皮也可脍食，若将鬐鬣（脊鳍）泡脱外皮，能剔出一根根晶莹若银丝的翅筋，人们亦将之作脍——看来早期鱼翅菜的制作很粗简。

这也是典型的伴随着烹饪技术发展，而得以流行的食材。商品鱼翅需干制加工，其泡发与烹煮比海参要费力，泡开后还需剔选翅丝，如若办宴至少需提前两日准备。由于整翅处理工序十分烦琐，在乾隆时期的福建漳泉地区，曾流行一款简便的深加工品——沙刺片。这是用经发煮并剔取的纯软刺丝，团成胭脂饼状，定型，看起来金黄透亮、十分诱人，买回来简单泡煮就能用。作为无味食材，鱼翅很依赖配料入味，目前人们习惯地将鸡鸭汤、猪肉汤、火腿、笋干、香菇等与鱼翅整合起来，让"粉丝"吸饱浓鲜滋味。

鱼翅的烹调水准及消费量在清中后期达到高峰。嘉、道年间的京官姚元之声称："近日筵席，鱼翅必用镇江肉翅（即翅根，上半部原根）"，因其有一层似肥膘的肉皮包裹着，味尤厚。当时淮扬富商宴客着重排场，也首选肉翅，以展示其财力雄厚。汪康年在《汪穰卿笔记》中记录下一席顶级鱼翅菜的做法：取上等鱼翅泡发，精心剔选翅丝，之后平铺蒸笼内，文火蒸得极烂；取火腿四肘、鸡鸭各四只治净，一同炖至肉烂脂溶，滤取浓肉汤；肉汤内又再次放火腿、鸡鸭各四，如前炖煮并滤净，把肉汤面上的浮油撇净以显清醇；最后，将蒸烂的翅丝置于肉汤内，上桌。四位闽籍京官为了这席鱼翅宴，每人不惜砸下三百余金。

鱼肚

鱼肚即鱼的鳔，一个像气球的囊状器官，在元朝一般称为鱼鳔、鱼脬，今天岭南地区习称花胶。这是一团软糯且腥味重的食材，主要成分为蛋白质，通常干制为色如豆腐衣的胶质圆筒（或扁片），烹饪前需泡发。

虽说所有鱼类的鱼鳔都能入菜，但能归为名贵商品"鱼肚"的，一般采自较大型的海鱼，其中一大半都来自石首鱼科，比如鮸鱼（鳘鱼肚）、毛鲿鱼（毛鲿肚）、大黄鱼（黄鱼肚），其他有海鳗（鳗肚）、鲟鱼和鳇鱼（鲟鳇肚）等，每斤价值数千至数十万不等。而河鱼肚大多又薄又小，难入上流。

在很长一段历史中，鱼鳔并非高档食材，仅有零星记载。十三世纪，人们在杭州食店能吃到"鱼鳔二色脍""清汁鳗鳔"，鲞铺也售卖海鱼鳔、鳔肠。当时福州有道特色菜"佩羹"，即用鱼鳔煮成。而倪瓒享用冷淘面时佐味的鱼冻，添加了鱼胶来熬汤作冻。因鱼鳔富含胶质，可像肉皮那样轻松冻结，明《本草纲目》也提到一道美味的"鱼膏"，将鱼鳔炖至软烂，俟冷凝成冻，切片，蘸姜醋进食。

大约到清中期，关于鱼肚菜肴的记载才多起来。由于鱼肚自身味道一般，多配鲜味食材使之醇厚。《扬州画舫录》载有扬州菜"鱼肚煨火腿"，《成都通览》所举川蜀烹法也有以火腿调味，另有"贡笋炖鱼肚""石耳炖鱼肚"。今天，人们通常将鱼肚炖汤，当作补充胶原蛋白、养颜、补血的妙品，备受追捧。

有趣的是，鱼鳔是古代木匠工具箱中一件重要物料。鱼鳔经反复熬炼，制成的鳔胶很黏，牢固度较好，在化学胶还未出现时，鱼胶是广泛使用的黏合剂，可给木器家具部件的接合处加固，在制作古琴丝弦时也会涂抹鱼胶，不单能使丝弦耐用，也可提高音色的圆润度。

燕窝

明中期小说《金瓶梅词话》提到，燕窝、鱼翅，都是珍馐美味。可见燕窝在当时已被视为奢侈食材，与鱼翅差不多同期进入权贵饮食圈。

燕窝的成分并不神秘，金丝燕为育雏而精心准备的鸟巢，是用唾液、绒毛并夹杂少许草秆黏结而成，颜色从米白、灰白到米黄、灰黑不等。由于蛋白质含量达百分之五十，它闻起来略腥，像淡淡的蛋清味，滋味并不友好。古人愿意对此一掷千金，恐怕是跟稀缺性和人为吹嘘的神奇疗效相关。

中国本土几乎不生产燕窝，主要依赖东南亚进口。元朝人甚少接触这种异国食材，而由于明中后期开放海禁，迎来鱼翅、燕窝、海参的跨国贸易契机，国内需求随之上升，也使这些海错名声大振。约在十八世纪中期以后，燕窝进口量大增，至光绪年间，它成为炙手可热的宴席菜，衍圣公府把"燕菜全席"定为上宾上席，档次比鱼翅席、海参席要高。

燕窝菜通常是咸味。比如，在十六世纪初的《宋氏养生部》中，燕窝用油、水稍煮，加酱、醋、葱白、胡椒、花椒等调味，就和家常菜羹没什么区别。十八世纪中期袁枚提到的烹法已趋精致化：用嫩鸡汤、火腿汤、新蘑菇汤，三种浓鲜高汤混合来滚煮燕窝丝，取高度鲜味。《成都通览》所载二十四道燕窝菜沿袭鲜汤原则，都少不了鲜味配料，如香菌、石耳、鸡皮、虾仁、火肘、毛扣、笋尖等，汤鲜而燕菜软滑。

而药膳式燕窝菜，则偏好甜口，多用冰糖。清《本草纲目拾遗》转载一张治疗老年痰喘的"文堂集验方"：把秋白梨的梨心掏空，放入燕窝和冰糖，隔水炖透，每日早晨服用一只。曹雪芹看来熟知燕窝的"神奇疗效"，在《红楼梦》第四十五回，宝钗对黛玉说："每日早起拿上等燕窝一两，冰糖五钱，用银铫子熬出粥来，若吃惯了，比药还强，最是滋阴补气的。"目前，"滋阴、润肺、养颜美白"，几乎成为燕窝的代名词。

【海蜇羹】

带壳对虾干 / 五只
鲜虾 / 大虾五只或小河虾五十克
鸡胸肉 / 四十克
海蜇头 / 一百克
鲜鲍鱼肉 / 四十克
小葱 / 两根
生姜 / 三片
胡椒粉 / 少许
料酒 / 少许
盐 / 酌量

对虾干：从现代生物分类学来说，对虾，特指中国明对虾，栖居浅海，个头比较大。而古人多将海捕大虾干两两首尾勾结对插，成对出售，俗称之对虾。

海蜇头：海蜇是一种可食用钵水母。蘑菇形的伞盖加工为海蜇皮，口腕部则加工为海蜇头，其肉感厚实而爽脆。

唐朝岭南人处理海蜇，先以草木灰和生油再三搓洗，再切条，放到用椒、桂（或豆蔻）和生姜所煮汤中焯烫，浇五辣醋，或虾醋、姜醋拌食。

宋元时期，人们普遍使用石灰、明矾加工海蜇，使其蛋白质凝固并脱水，成品莹洁透亮，口感爽脆，且兼耐存，此法至今仍在沿用。

鲍鱼：干鲍的泡发麻烦且费时，此处可用鲜鲍。

（制）（法）

① 虾干加热水浸泡两个小时。

② 将鲜虾和虾干的头、壳剥下，放进小锅中。若要汤味更为浓鲜，可多放几只虾。倒入大约八百毫升水，放生姜粒，小火熬煮一小时。将虾汤滤净渣滓，加盐调好味备用。

③ 虾干切成薄片或细丝。鲍鱼下锅焯煮两分钟，捞出，去壳治净，切粒或片。

④ 若用大虾仁，将其切成条；若用小河虾仁，则不需要切。加少许葱末、胡椒粉、盐和料酒抓匀，腌渍一会儿。

⑤ 鸡胸切成指甲般大小，也用上述味料腌渍。

⑥ 海蜇头洗净，切成片。加凉水泡两小时，其间换一两次水，至不涩不咸。

⑦ 将虾汤煮沸，先下鲍鱼和虾干，加热至再次沸腾。

⑧ 再倒入鸡胸块和鲜虾（均拣去葱末不用），搅开，关火，用热汤将其烫熟。

⑨ 静置大约十分钟，投入海蜇搅匀，即可盛碗。海蜇在滚汤中会严重缩水，不可早放。

臊子蛤蜊

豕酱醇咸蛤蜊鲜

用猪肉肥精相半，切作小骰子块，和些酒煮半熟，入酱，次下花椒、砂仁、葱白、盐、醋和匀，再下绿豆粉或面水，调下锅内作腻，一滚盛起。以蛤蜊，先用水煮，去壳，排在汤盬[1]子内，以臊子肉洗供。新韭、胡葱、菜心、猪腰子、笋、茭白同法。

——元末明初·韩奕《易牙遗意》

"臊子蛤蜊"是一道江南风味菜，其主要食材是南方多食的猪肉以及海滨出产的蛤蜊。精肥猪肉各半，切丁，先加些酒来煮半熟，下酱醋与香料调匀，待熟后以芡汁收稠，做成滋味浓郁的带汁臊子；蛤蜊下锅烫至开壳，取蛤蜊肉铺排在汤盘里，浇上一大勺肉臊酱就好。食时拌一拌，让蛤蜊肉也沾满酱汁，是一道咸鲜的家庭小菜。食谱建议，蛤蜊也可以换成韭菜、胡葱、菜心、猪腰子、鲜笋或茭白，总之这种肉臊酱十分百搭。

在宋元时期的江浙地区，蛤蜊属常见海货，人们能以实惠的价格在食肆中购买一份炒蛤蜊、米脯鲜蛤或酒煀鲜蛤。倘若找到的蛤蜊十分鲜活，那么倪瓒便可让家厨料理这道"新法蛤蜊"。将生蛤蜊的壳撬开，剥肉，弄掉贝肉上的脏污和泥沙，以薄刀批破，先用少量水清洗洁净，再换温开水洗一遍，加葱丝或橘丝抓匀蛤蜊肉。开蛤蜊时流出的浆汁、两次洗蛤蜊的水都留起来，因其含有鲜味，但要将之静置澄清并且滤净杂质方用。这三种汁水均取适量，混合在一起，添加葱丝、花椒末和酒调成和味的汁，最后把汁浇入蛤蜊中，就可以吃了。在倪瓒看来，这道生蛤蜊的滋味甚妙。

① "盬"疑为"盬"之误。盬（gǔ），为一种器皿。

贝类养殖

如果你以为，那时的人只能抱着碰运气的心态采捕蛤蜊，那就大错特错了。当时海民已经掌握"海耕"之法。早在南宋地方志《宝庆四明志》中便提到，四明（宁波）人会把收集而来的蛤蜊幼苗栽到泥滩中，待长到足够肥美再去挖掘。由于这种贝类喜欢打孔穴居，摄食方式是滤食，可从吸入的海水中滤取藻类而获得足够养分，照料成本低，至今仍是我国滩涂养殖的一大门类。

南宋诗人陆游声称，明州人还会养殖江珧贝，他们习惯将野捕的大个头称为江珧，小的谓之沙珧，沙珧留着当苗来种养，如此就能获得更高的收入。传统种江珧，做法是把江珧贝狭尖的那一端竖立插进浅海底或滩涂，露出半个贝壳，类似于插秧种田。明州人将这些养殖江珧销往杭州城及广南饮食市场，杭州食肆即供应江珧清羹、酒烧江珧、生丝江珧等多道相关菜肴。

蚶子，壳有棱如屋顶瓦拢，宋元时俗称"瓦垄子"，与蛤蜊一样，生活在低潮区泥质海涂中，养殖方法也相同。在元末，孔齐由于战乱而避居四明，他发现当地海滨有一大片蚶田。海民在滩涂上围堨做田，然后从海里采集野生蚶苗，把蚶苗播种在田里。海潮每日涨退，带来蚶子赖以生存的食物，同时也引来了天敌。其中有一种斑螺（有斑纹的螺）危害甚大，它能用尾部在蚶壳上钻孔，从而吞食蚶肉。每当潮退，蚶农必须赶到田里清理斑螺。至明清时期，蚶子养殖极为普遍，浙东奉化和乐清，福建莆田及晋安，广东的惠州、潮州等多个地区，均出现大规模养殖的情况。

至于蛏子，亦能种。明朝时期的闽粤人就已广为垦种蛏田，这种窄长如指的贝壳喜爱穴居在含粗沙的泥滩中，靠伸长的水管过滤海水中的单细胞藻类为食。种蛏，至今亦普遍采用野生苗，由于孵化后的蛏苗会随海潮冲刷而聚于浅海岸边，蛏农就将它们连泥沙耙刮起来，再经筛选，当作种子贩卖给养殖户，或播撒到自家蛏田里。

蚝，又别称牡蛎、海蛎、蚵。明清时期也是人工养蚝业的飞跃发展时期。养蚝手法主要有两类，一是插竹养殖，十六世纪中期宁波人已学会在浅海处植入竹簠，此举吸引来大量随潮汐飘荡的蛎苗，密密麻麻地附生其上。待到牡蛎长成，人们将它们斫下，谓之"竹蛎"，如今在闽东地区，如霞浦和福鼎，这幅场景依然存在，只见其近海斜插着很多一人高的细竹竿。而在十七世纪晚期，广东东莞人和新安人种蚝，则是将烧红的石块投入浅海，蚝即附石而生长，采收时需把石块捞出水，撬下蚝，然后再次烧红，投海，一年可两投两收，即为"投石法"。这是利用牡蛎喜附着岩礁的习性，在自然界，它们往往一大群叠垒聚簇在海边的岩石上，大型"蚝山"甚至能高达一二丈，极为壮观。有趣的是，当地人将天然捕捞者叫作"天蚝"，投石养殖者名为"人蚝"。不止如此，当时广东番禺人还种白蚬、黄沙蚬（比黄蚬略大的河蚬），此类养殖场俗称蚬塘。番禺的白蚬塘规模巨大，自狮子塔至西江口这段长达二百余里的区域，均产白蚬。

贝类养殖如此盛行，究其关键原因在于技术简单，总体成活率又高，更何况养殖过程中甚至无需投放饵料，比如说泥蚶所食之圆筛藻、小环藻等硅藻就大量存在于海水中。现如今，贝类养殖在整个海产养殖业中亦占据极大份额，其规模至少是鱼类养殖的十倍。相较而言，海鱼养殖技术更加难以攻克，多数海鱼也只能靠野生捕获。

别忘了，贝类还有名贵的副产品：珍珠。北宋《文昌杂录》记载了礼部侍郎谢公提到的一种养珠捷径：先挑选光莹圆润的假珠，候大蚌蛤开口，伺机把假珠塞进壳内，饲养期间时常换水，约莫等两年，假珠就会包裹着厚厚的贝母质地，变成一颗又圆又大的上等"真"珠，此为淡水有核珍珠养殖法。

猪肉

有甚么难处了？刷了锅者，烧的锅热时，著上半盏清油，将油熟过，下上肉，著些盐，著箸子搅动。炒的半熟时，调上些酱水、生葱、料物打拌了。锅子上盖覆了，休著出气。烧动火，暂霎儿熟也。这肉熟也。

这段出自《老乞大》的情节，讲述了一位元朝北方人在教高丽人怎样烹调新鲜猪肉——将之切成大片儿，然后汆肉。先用半盏清油和少许盐将肉炒至半熟，放些酱水和葱料炒匀，再盖上锅盖焖烧一会儿就好了。他们也用这种手法来汆羊肉，通常搭配烧饼而食，就是一顿令人满足的饱饭。

与宋朝相比，元朝饮食文献中的猪肉菜肴明显更多了。宋人崇尚羊肉，宫廷日常摆上餐桌的更多是羊肉，越是靠近政治中心，此偏好越是明显。随着北宋溃亡，那些皇亲国戚和高官贵人纷纷逃往

《太平风会图》（局部）
（传）元　朱玉
芝加哥艺术博物馆藏
—

各地饲养的猪种不一，明朝李时珍的《本草纲目》介
绍："生青、兖、徐、淮者耳大，生燕、冀者皮厚，生
梁、雍者足短，生辽东者头白，生豫州者味短，生江
南者耳小（谓之'江猪'），生岭南者白而极肥。"

《太平风会图》（局部）
（传）元　朱玉
芝加哥艺术博物馆藏
—

猪肉摊。

杭州，他们嗜好羊肉的饮食习惯也一并带入当地。而要保证上流阶层所需，涌入此地的羊只必定数量大增，杭州食肆也突然开起了一些从装潢到菜品都仿照汴京风格的肥羊店，以满足京师旧人的家乡胃。总之，羊肉在这个东部城市突然就变得很重要。事实上，当时浙江民间的猪肉消费量很大，但宋代文人却对相关菜品缺乏关注。也难怪，尽管林洪长期客居于杭州及周边，其著作《山家清供》——此书收录了东南地区某些官员和文人隐士的风雅私房菜——竟不曾提到任何猪肉菜肴。

主流文化的偏好，以及医药专著对于猪肉营养的质疑，如认为猪肉有小毒，"弱筋骨、虚人肌"，久食容易得病等，使得猪肉在很长一段时间内都不被上流阶层所重视。

值得玩味的是，随着朝代更迭，江南文人对待猪肉与羊肉的态度也逐渐发生了变化。我们能从元朝食谱中，感受到猪肉风评的悄然转变。倪瓒的饮食小册子介绍了六道他喜欢的猪肉菜。比如，把臀肉切小块并剞上荔枝花，汆制一碗口感脆嫩的"爨肉羹"；或将白煮猪头批片拌料，再拿手饼来卷着进食；猪头肉还可以隔水文火炖上整宿，吃起来像泥一样软烂；又有将大块猪肉、熟猪肚或其他猪脏架于锅中，用焖蒸之法烧得软熟享用；有时他还吃"水龙子"，这是将现剁现挤的猪肉丸子下锅煮浮，然后淋上清辣汁。在此书中，未见羊肉菜肴。另一部江浙食谱《易牙遗意》，收录猪肉菜品共有十二道，其中两种腊肉制法，三种肉脯，五种菜肴，拌面酱和馅饼各一种，而提到羊肉的只有三道，亦反映出当地人对猪肉烹饪更为擅长。

（原）（料）

〔 臊子蛤蜊 〕

带肥猪腿肉 / 二百克

蛤蜊 / 一千克

绿豆淀粉或面粉 / 少许

花椒粉 / 酌量

砂仁粉 / 少许

葱白 / 十五根

豆酱 / 十克

黄酒 / 大半碗

盐 / 少许

醋 / 一匙

市面常见的蛤蜊品种颇多，如花蛤、白蛤、黑蛤、文蛤、西施贝等，其贝肉有的通体白润，有的则带些橘黄色。这种食材亦有季节性，以入夏的蛤蜊最为肥美。

制法

① 瘦肉和肥肉分开，分别切小丁。葱洗净控水，取葱白切碎。原方用精肉与肥肉各半，若不爱吃肥肉，可调整比例。

② 锅里倒入黄酒，烧开。

③ 放猪肉丁，煮至半熟。

④ 加一勺酱，下葱白、花椒粉、砂仁粉、盐、醋，翻炒匀。

⑤ 小火煮十分钟，注意要留有较多汁水。

⑥ 调少许芡粉水，倒进臊子锅里搅煮，俟汤汁收稠即关火。

⑦ 其间，坐半锅水烧滚。把洗净的蛤蜊倒进去焯烫，不要久煮，贝壳略开口即捞起。蛤蜊建议选贝肉肥美的白蛤。

⑧ 剥出蛤蜊肉，均匀铺排在盘底。

⑨ 将滚热的肉臊子浇在蛤蜊上，吃时拌匀，咸鲜可口。韭菜、胡葱、菜心、猪腰子、笋、茭白都可以代替蛤蜊，用相同的方法料理。

● 注意事项

明《遵生八笺》亦转载了这道菜。另，清《食宪鸿秘》与《养小录》所载"臊子蛤蜊"，则有些不同：待猪肉臊子炒好，不勾芡，而是放蛤蜊肉一同翻炒几转，之后加少量煮蛤蜊的原汤略煮几滚，即成。

冷淘面法

生姜去皮，擂自然汁，花椒末用醋调，酱摅清，作汁。不入别汁水。以冻鳜鱼、鲈鱼、江鱼皆可。旋挑入减汁内。虾肉亦可，虾不须冻。汁内细切胡荽或香菜或韭芽生者。搜冷淘面在内。用冷肉汁入少盐和剂。冻鳜鱼、江鱼等，用鱼去骨、皮，批片排盆中，或小定盘中，用鱼汁及江鱼胶熬汁，调和清汁浇冻。

——元·倪瓒《云林堂饮食制度集》

倪瓒家里的冷淘面充满着讲究——和面，需用冷肉汤代替清水来和制，如此制成手擀切面；菜码，应用鲜美弹牙的鱼冻，不拘鳜鱼、鲈鱼或江鱼，煮熟后取净肉片，排在定窑小盘子（一种釉色润白的瓷器）里，再用鱼汤加鱼胶熬成浓稠的汤汁，滤清调味之后浇在鱼肉上。在低温环境下，这些鱼汁连同鱼肉会凝结为冻。拌面咸汁，是拿生姜擂碎挤出鲜辣的姜汁，加适量酸醋、从咸酱中滤出的清酱汁和花椒粉调和而成，不加其他汁水。将面条煮熟过凉，便放入鱼冻、咸汁，再撒些芫荽末提香，拌匀即可享用。咸酸爽口，不愧是炎夏的消暑佳品。

冷淘面，指的是凉面，面条在煮好之后都要过凉水，使面身变得凉爽弹牙。在宋元时期的杭州城中，面店在热天会推出各式冷淘，品名如抹肉银丝冷淘、沫肉齑淘、丝鸡淘、熟齑笋肉淘面、笋臊齑淘、笋齑淘、笋菜淘面、乳齑淘等，在文人圈子里，又流行一种用嫩槐叶汁和面制作的碧绿色"槐叶冷淘"。在一碗冷淘中，菜码和重口味的酱汁扮演着重要的角色。如前所言，菜码可见鸡丝、笋丁或是肉臊笋丁、薄切的熟肉片、瓜菜丁之类，酱汁往往离不开酸、辣、咸味调料。翻看十四世纪出版的烹饪书籍，可以看到四张详细的冷淘食谱，其配方各异，兼顾南北风味，除了倪瓒的冷淘面之外，不妨也来了解另外三者。

米心棋子：这是一种切得细如米粒的小面丁，吃起来就像扒拉水饭。与之搭配的是芝麻酱，人们用冷肉汤加芝麻酱调稀，再拌些姜汁制成酱汁；然后将肉丁、糟姜米、酱瓜米、黄瓜米、香菜等细碎小菜铺于面上，或放切碎的熟肉、酥油鲍螺、煎鸭蛋皮、乳饼、蘑菇和木耳之类，依个人口味爱好选取，各式丁粒颜色多样、口感丰富，再拿勺子一拌，就可开吃。

托掌面：擀作杯盏口大的圆形薄面片，煮熟后需用冷肉汤拔凉。这碗凉面片的酱料主角是蒜酪，蒜酪与浇入面片中的冷汤拌匀，便成了冰凉的酸奶汤。至于菜码，简单点的就放些黄瓜丝和鸡肉丝，人们也会拿鸡丝、黄瓜丝、抹肉丝、瓜齑丝、鸡蛋皮丝、乳饼、蘑菇和笋，多达八种小菜整齐码在面上。然而，这种带有奶香味的凉面似乎只在元朝流行过一阵子，后世食谱未见记载。

冷淘面：在《事林广记》中也有一张成分复杂的"冷淘面"浇汁配方，适用于多种面条。其做法是：先熬好葱油，往葱油中添加清酱汁略搅，接着放麻尼汁（芝麻酱）搅拌均匀，再又加点用杏仁等调味品研磨的稠汁，将此酱料放在小锅里用小火加热，至沸腾十几滚，然后再酌量添些砂糖、姜汁、盐、酸醋、花椒末，搅匀煎数沸即成。简言之，这是一款由葱油、芝麻酱和酱油打底的浇汁，在咸香中又透出酸甜与微辣，滋味丰富而浓郁。用它拌面，效果就好像今天的麻酱面。

倪瓒的精致饮食

传闻在惠山时，倪瓒曾用"清泉白石茶"招待赵行恕——大概是用惠山清泉煎泡茶汤，并在这盏茶汤中放置了"白石"装饰。白石，则是由核桃仁、松仁，掺入绿豆淀粉混合塑造成如石状的小块，也许形似玲珑的湖石。只见赵行恕接过童子捧来的茶盏，如常连连啜饮，完全无视倪瓒的此番风雅创意。因此人乃旧宋王孙，倪瓒才会特意用这款茶来招待，谁知对方竟然"不知风味"，简直俗不可耐！这使倪瓒怫然不悦，自此与这位慕名来访者绝交。

故事不知真假，但符合倪瓒的行事风格。当时人们偏好在茶汤中点缀松子、核桃、芝麻、杏仁、栗子等物，而将之做成"白石"入茶，确实很能显示主人的巧思。同时，《云林堂饮食制度集》里的许多细节亦可佐证，倪瓒对于食物的品质相当注重。话说，倪瓒可算得上是元朝文士的代表人物之一，况且他出身豪门大族，还是一位曾经具有经济实力的文士，他的饮食生活值得我们一探究竟。

清泉白石茶（线绘）

　　倪瓒素来好饮茶，《云林堂饮食制度集》记载了三种他喜欢的花茶加工法，描写得颇为详细。橘花茶、茉莉花茶的做法相同，先采来鲜花，一层鲜花，一层中等细芽茶，层层相间装入汤罐子里，装满，再用鲜花密密地盖在面上，然后盖好罐盖。接着，将这只汤罐置于太阳下暴晒，其间翻覆汤罐三次（让各面均匀晒到），然后把汤罐放入浅水锅中文火蒸制。俟蒸得罐盖极热，就将之移出蒸锅，等到汤罐凉透，才开罐取出茶叶（不要花）。用建连纸把茶叶包起来，在日头正当午时拿出去晒，晒时常打开纸包抖搂茶叶，如此易干透。以上步骤最好重复三次，换花蒸晒，才使得茶叶吸饱花香。这种花茶大概类似于今天的茉莉花茶，具有馥郁香气。

　　做莲花茶则更具仪式感。在清晨日初出时，挑选花瓣微张的荷花，以手指拨开花瓣，将茶叶倒进花苞中，要放满，然后用麻丝绳捆好花苞。过一夜，第二天早上将荷花摘下，取出茶叶，用纸包着晒干。重复三次，莲花茶就做好了，以锡罐装茶密封。若想喝茶，倪瓒就用以下这种"煎茶法"来烹之。先取一些茶叶放进茶碗里；银茶铫坐炉上烧水，俟水将沸腾，冒出一些像蟹眼似的小气泡，就把茶铫拿起，倒出少量热水到茶碗里浸没茶叶，并迅速盖上碗盖，闷一会儿。茶铫重置茶炉上加热，待水发出嘶嘶声响，马上将茶碗中物全都倒入茶铫，只一会儿便提起茶铫（防止水过快沸腾），又

《消夏图》（局部）

元　刘贯道

纳尔逊-阿特金斯艺术博物馆藏

——

童仆正在备茶。

过一会儿放回茶炉上，煎至茶水稍沸即可出汤。当时的人仍遵循陆羽《茶经》"水老，不可食也"之道，故煎茶时要全程把控水温和时间。

若是煮蘑菇干，要先把这些脱水干硬的蘑菇用水仔细搓洗好多遍，直到把上面粘着的泥沙洗尽才算好，控干水，然后用清鸡汤浸泡使之涨发回软，才进行烹煮，可以想象会有多鲜美。在其食谱中，这种用老鸡熬制的鲜汤常有运用，比如做"香螺先生"，是将批如薄片的香螺用鸡汤略汆为羹菜。还有一种做法，拿田螺头加料物稍腌，再以鸡汤汆羹；而在做一碗绿豆粉丝汤时，也要拿清鸡汤打底，并缀些熟鸡丝。

他还吃一种精巧的"黄雀馒头"。每只黄雀去除头颈、双翅及脚爪，取雀脑和双翅，加葱、椒、盐同剁碎，酿入其腹内；拿做馒头的那种发面团擀成片，将酿黄雀包裹成小长卷，两头捏平圆似枕头包，上笼蒸熟。黄雀馅就藏在蓬松的面皮内，应趁热大嚼。还可进一步加工，在大盘中铺一层酒糟泥，拿一块布摊在糟泥上，将蒸好的黄雀馒头排在布面上，折起布盖住馒头，再取酒糟泥覆于布上，如此糟渍一宿使馒头入味，然后取出，下香油锅里炸至金黄，据说尤其美味。

"白盐饼子"其实是一种精制盐饼。由于旧时市面上销售的食盐品质较粗，不免掺着一些矿物质及肉眼可见的杂质，比如泥沙等物，难怪需要自行加工一番。首先将盐加水溶解为液体，接着过滤——在筲箕底部铺一张粗纸作为滤网，筲箕底下放锅，将盐水倒在粗纸上，盐液渗透到锅里，那些杂质颗粒就留在了纸上；然后加热使水分蒸发变干，添加生芝麻少许与盐拌匀、捺实，再经过火煅、溶汁加工，将汁倒入石头碗子内做成圆饼。盐饼方便收贮，可以研磨来用。

他对烹饪的火候也颇有讲究。若蒸"蜜酿蟾蜍"，当浇在蟹肉上的蛋液才刚干凝，便要关火出锅，切不可蒸过；煮蟹，亦要求"旋煮旋啖"，每次每人只煮两个，吃完再煮，如此螃蟹才不会因冷掉而变得难以下咽。至于煮馄饨，最好等锅里的水剧烈沸腾，拿汤勺旋转搅动使水旋动起来，才下馄饨，可防止刚下锅的馄饨沉底粘锅，其间不加盖、不再搅，待馄饨浮起来便盛碗，这样馄饨的皮子不糊，熟度刚刚好。在这本食谱中，还有几道十分讲究的花样菜，制作颇费功夫。

〔 冷 淘 面 法 〕

面粉 / 两百克

肉汤或鸡汤 / 九十克

鳜鱼 / 一条（五百克左右）

鲜鱼鳔 / 两百克

鲜虾 / 一百克

芫荽（或香菜、韭芽）/ 两棵

生姜 / 一块

花椒粉 / 少许

酱 / 三十克

酱油 / 酌量

醋 / 四十毫升

盐 / 酌量

可到鱼摊预订鱼鳔，或从网上购买。鲜鱼鳔似薄透的气球，冲洗后剪破，下锅焯烫至熟，再仔细搓洗干净备用。鱼鳔为双层结构，外层质地软糯，较易煮溶，内层则较为爽脆。可只取外层煮汤，或整个儿使用。

（制）（法）

① 鳜鱼片出净肉，批成薄片。注意要去净鱼刺和鱼皮。

② 鱼头和鱼骨斩块，放入汤锅。鱼鳔下水焯过，洗净后切成条，亦入锅。三片姜切碎，加七百毫升水，熬煮四十分钟，至汤汁黏稠。若是不够黏，揭开锅盖并开大火收收水。

③ 滤取三百毫升清汤，并撇去油。将汤放入小锅加热，放一匙酱油、少许盐和胡椒粉调好味。

④ 原方似乎是使用生鱼片铺盘，为避免卫生问题，此处可将鱼片用开水一烫，使其半熟，然后放入平盘。

⑤ 将滚热的汤汁浇入盘内，没过鱼片。

⑥ 待散热后，置于冰箱冷藏层冻成鱼冻。等面条煮好，才将它取出脱模，切块使用。

⑦ 生姜洗净去皮，磨成姜蓉，用布包起挤出三十毫升姜汁。酱加六十克凉开水搅匀，滤取清汁。鲜虾烫熟，放凉后剥壳备用。

⑧ 提前一天煮好肉汤，滤清。面粉加一克盐，用肉汤和成面团，醒面二十分钟。将面团擀薄，撒淀粉做面扑，切成面条（粗细厚薄随意）。

⑨ 面条下锅煮七八分熟，捞起后用水拔凉。按个人口味，取醋、酱水、姜汁、花椒粉、盐，最好再加点酱油和砂糖，调一碗咸酸汁。面条加汁拌，鱼冻和冷虾肉亦淋上汁，撒一撮芫荽末，即可享用。

● 注意事项

《易牙遗意》有载"带冻姜醋鱼"，描述了冻鱼做法，可供参考：

"鲜鲤鱼切作小块，盐淹过，酱煮熟，收出。却下鱼鳞及荆芥同煎滚，去查，候汁稠，调和滋味得所。用锡器密盛，置井中或水上。用浓姜醋浇。"

用猪肚一个，治净，酿入石莲肉，洗擦苦皮十分净。白糯米淘净，与莲肉对半，实装肚子内。用线扎紧，煮熟，压实，候冷切片。
——元末明初·韩奕《易牙遗意》

酿肚子

香莲糯米酿猪肚

《新桥市韩五卖春情》[1]，讲述发生在宋朝临安府城外的虚构故事。其中有一段情节：妓女金奴听闻她的老相好——一位名叫吴山的丝绵富商二代，因害夏病而浑身疲乏，在家灸火疗养了好一段时间仍未痊愈，他虽"心下常常思念金奴，争奈灸疮疼，出门不得"。金奴亦甚是记挂吴山，嘱咐八老（即妓院中的仆役）"买两个猪肚，磨净，把糯米、莲肉灌在里面，安排烂熟"。她亲自用食盒将猪肚装妥，又拿帕巾仔细打包，让八老即刻送了过去。吴山收到食盒，随即"揭开盒子拿一个肚子，教酒博士切做一盘"，就着暖酒来吃。

[1] 出自明末冯梦龙编纂的白话小说集《喻世明言》，此书内容包含了宋元话本及明代拟话本。

巧的是，这道用于滋补的酿猪肚，在浙江食谱《易牙遗意》中有载，名为"酿肚子"。做法是，取石莲子肉与白糯米各等份拌和，酿入猪肚内，用线扎紧口子，煮至软熟，然后捞出，拿重物压至冷却定型，猪肚便似一块密实厚饼，切片装盘。吃入口中，只觉软糯黏烂，有一股淡然的莲子的清香。

所谓石莲子，是自然老熟的莲子，由于未去果皮，晒干后皮呈铁黑色，且光硬如坚果外壳，加上莲粒手感重，入水沉底，故谓之"石莲子"。这些老熟莲子偶尔会从干枯的莲蓬中脱落而坠入水塘的淤泥里，即便沉睡数百年，仍能保持生命力，等待适宜的发芽时机。（据新闻报道，2017年在南京秦淮河宋代地层出土了一批古莲子，丽水市博物馆研究员将之成功育芽，并开出了花。）正因为如此神奇，古人视石莲子为延年益寿之品，故食疗菜常用这种莲子来制作。翻看李时珍的《本草纲目》，可见若干石莲子药方，比如有"仙家方"：将石莲子蒸熟后去莲心，捣成细末，煎炼熟蜜掺入混合如泥，再制成一粒粒小药丸，每日三十丸，据说可以"服食不饥"。又有将石莲子去壳，于砂盆内磨净赤色种皮，莲肉与莲心同捣末。人们将之舀进茶盏中，加少许龙脑香，冲入沸水泡开饮用，据说颇能清心宁神。

中医对猪肚的评价颇高，认为其"主补中益气，止渴利"，而以猪肚进行食补的观念，最晚自唐初业已形成，在随后数部医药典籍与养生著作中，都能看到不少关于猪肚的秘方。以莲子、糯米酿肚，是其中一种常见搭配，如此既可充当家常菜肴，又符合彼时医疗之道。

在宋朝《养老奉亲书》中收录的酿肚方，其药膳色彩更为浓厚。比如有"秘制猪肚方"，须选择獖猪肚（骟猪），里头装入混合了磨碎的人参半两、干姜二钱、花椒二钱以及葱白七茎的糯米，将酿肚水煮软烂后进食。据说此菜可补虚羸，使老人体魄强健。假如家中老人脾胃气弱，胃口差，总是困倦无力，便用另一个食方：人参末和橘皮末各半两、猪脾一枚细切、半碗米饭、半握葱白切碎，加椒、酱等五味调料拌匀，酿入一具肥大猪肚内，上锅蒸烂，可分作两三份，每次吃一剂。

"猪肚生方"简直算是黑暗料理。做法如下：猪肚刀切细丝，漂洗得十分洁净，用布包着肚丝攥干水，之后下生蒜泥、浓醋、椒末、

石莲子
——
连果皮干燥的老莲子称为石莲子。若将成

熟莲子的果皮剥掉，但不去种皮，干燥后呈淡红色，谓之红莲子；若是去净种皮，即为白莲子。

酱这些浓郁调料，凉拌了食用。然而，生肉当中容易带有细菌和寄生虫，笔者不建议如此食用。

让人意想不到，猪肚还能制成药丸。早在唐初药王孙思邈所著的《备急千金要方》中，有一道"猪肚丸"，用猪肚一具，内装黄连、粱米、栝楼根、茯神、知母、麦门冬研磨成的粉末，蒸极烂，出锅后，趁热入木臼捣成泥，若硬便掺些蜂蜜，搓药丸如梧桐子（大小似地黄丸），用瓷罐装起，每回饮服三五十丸，用于治疗消渴。明朝《神农本草经疏》所载"仲景方·猪肚黄连丸"与前者差不多，唯注明需选"雄猪肚"；同书还有其他"猪肚丸"方，或纯用黄连捣末酿肚制丸，黄连是一味很苦的植物性中药；或将猪肚与平胃散捣丸。当然，莲子或大蒜亦可同制猪肚丸，在《本草纲目》所载旧方中，前者用于"补虚益损"，后者则治疗"水泻不止"。

相比起来，羊肚在中医药典中出现的次数比猪肚少，方子总量不及猪肚的一半。虽说元宫廷养生书《饮膳正要》不见猪肚食方，但有一道酿羊肚，肚内酿入粳米二合（约二百毫升）、豆豉半合、葱白数茎、川蜀产的花椒三十粒、生姜少量，可以想象会吃到一团软烂的豆豉饭馅。这道"羊肚羹"收录在"食疗诸病"条目下，适用于调治中风。若往前追溯，此方应是摘抄自《备急千金要方》，原是一张治疗中风半身不遂的药食方，一个疗程为十日，每日趁热食用一具羊肚。

我们还能在古食谱中看到若干酿肚菜，它们未被赋予何种特殊疗效，只是作为日常美食被端上餐桌。在此介绍以下几种：

明代《宋氏养生部》简单介绍了一种肉酿肚法，将调味肉馅填入猪肚，两头扎紧，然后揉按成长条形，煮熟烂然后冷切。清代早期问世的《食宪鸿秘》也记载了两种"灌肚"：准备一副洗净的猪肚及猪小肠，用鲜味浓郁的香蕈粉（将香菇晒干燥后磨粉）揉拌小肠，然后塞入猪肚内，缝口，此酿肚需放进肉汤中煮得极烂。另一款，则建议在猪肚中灌入莲子、百合与白糯米的混合物。此书还附载了一道《汪拂云抄本》的"夹肚"，宜选肥厚的猪肚，馅用切碎的肉、葱末、砂仁粉，再添些鸡蛋清拌成，俟煮熟，趁热把酿肚置于两块厚木板中紧压。经压制的酿肚结实平整，方便下刀分切，上桌时应配一碟酱油或糟油蘸食才够味。

《饮膳正要》插图（明刊本）
台北故宫博物院藏

在元朝，食疗法依旧流行，《饮膳正要》"食疗诸病"
一章，就收录了六十一道食疗方，其中大部分从前人
典籍中摘录：

生地黄鸡 羊蜜膏 羊藏羹 羊骨粥 羊脊骨羹 白羊肾
羹 猪肾粥 枸杞羊肾粥 鹿肾羹 羊肉羹 鹿蹄汤 鹿角
酒 黑牛髓煎 狐肉汤 乌鸡汤 醍醐酒 山药饦 山药
粥 酸枣粥 生地黄粥 椒面羹 荜拨粥 良姜粥 吴茱萸
粥 牛肉脯 莲子粥 鸡头粥 鸡头粉羹 桃仁粥 生地
黄粥 鲫鱼羹 炒黄面 乳饼面 炙黄鸡 牛奶子煎荜拨
法 獭肉羹 黄雌鸡 青鸭羹 萝卜粥 野鸡羹 鹌鹑羹 鸡
子黄 葵菜羹 鲤鱼汤 马齿菜粥 小麦粥 驴头羹 驴肉
汤 狐肉汤 熊肉羹 乌鸡酒 羊肚羹 葛粉羹 荆芥粥 麻
子粥 恶实菜 乌驴皮羹 羊头脍 野猪臎 獭肝羹 鲫鱼羹

与普通食谱不同的是，每张食疗方均注其疗效，如吴
茱萸粥可"治心腹冷气冲，胁肋痛"，而熊肉羹对"治
诸风，脚气，瘴痛不仁，五缓筋急"有效。总而言之，
它们并非日常饭菜，不可随意进食。

清代食谱《调鼎集》有收录上述灌肚及夹肚，后者名为"夹瓤肚"。书中另有一道"灌肚"，肚内填的是糯米与火腿丁，可想其滋味香软浓郁。又有用百合、建莲子、苡仁和火腿丁块一同灌制，则味道更为丰富可口。此外又有"油灌肚"。做这道菜，要先将猪肚放入沸水锅中一烫，猪肚遇热便收缩变硬，接着里外涂上蜂蜜，并捶打数次，才将去皮的生脂油块（应指猪肥肉）塞满猪肚，将之蒸熟。这种甘肥的肚片适合蘸点由芥末、酱油和醋调成的辣汁。至于"肚杂"，则是一道肉酿肚，取嫩羊肉细切，添加调味料拌匀后酿入猪肚，煮熟切用。

上书还收录了两道酿羊肚。在羊肚内塞满各种羊杂，煮熟切为小片，加葱段下锅爆炒，谓之"散袋"。"羊肚包"适合充当远行路菜，羊肉和羊杂碎均切成丝，撒五香粉料抓匀，装肚扎口，便悬挂起来风干为腊，既耐存又便携。人们出远门时带着羊肚包，饿了切下一块，简单烹调便可就着干粮饱餐一顿。

原料

〔酿肚子〕

猪肚 / 一个（四百五十克）
干莲子 / 一百一十克
白糯米 / 一百三十克
盐 / 酌量

石莲子的果皮坚硬，十分难剥，建议用更容易
购买和处理的白莲子代替。

猪肚唯宜速烹或久煮，火候不对的话会像嚼橡
胶。市场上猪肚的重量，多在四百克至六百克
之间，建议选择较小的猪肚，如此做成的酿肚
片大小合宜，亦不易散开。

（制）（法）

① 糯米淘洗，用清水浸泡一夜。干莲子泡发一两小时。

② 洗猪肚。先将猪肚上的黏液刮一刮，用温水冲净，再放入盆中，撒上面粉，里外反复揉搓，之后冲净，这一步重复两三遍，直至刮不出黏液，抓一把盐揉搓几分钟，洗净猪肚待用。

③ 将莲子放入小锅，加水没过，煮五分钟，捞起，切成四瓣。

④ 糯米沥水，与莲子混合一处，加少许盐抓匀。

⑤ 将酿馅装入猪肚内，注意不能装太满，大约装到五分之三就好，再倒入小半碗水（糯米需吸水，不然会煮不烂）。

⑥ 用针线缝合猪肚的开口。

⑦ 锅里加足量水烧开，放酿肚焯烫至收缩定型，撇沫，加些姜片，文火煮制约两小时。

⑧ 捞出酿肚，趁热拿重物平压在酿肚上，使其定型、质地紧实。

⑨ 压至凉透，即可横刀切片，装盘。可直接食用，入口带淡淡的莲子香；亦可蘸酱。

每只洗净，剁作事件，炼香油三两①，炒肉。入葱丝、盐半两，炒七分熟。用酱一匙，同研烂胡椒、川椒、茴香，入水一大碗，下锅煮熟为度，加好酒些小为妙。

——元·无名氏《居家必用事类全集》

川炒鸡

细捣椒屑添锅釜，胜是尝来辣且浓

在辣椒传入中国之前，川蜀人早已尝试过麻辣味型。

从《居家必用事类全集》收录的"川炒鸡"，可看出他们如何呈现这种美妙的口味：炒锅中炼熟香油三两，放鸡块炒至皮黄，加葱丝、盐翻炒，再放酱一匙，撒入磨成粉的花椒、胡椒和小茴香，倒水一大碗，烧煮收汁。初吃入口是浓郁的咸香，花椒贡献了麻香，胡椒中释放的胡椒碱带来与辣椒不同但足以刺激口腔的辣度，几块下肚，舌头愈加发麻，颇有现代川菜的基调。

川炒鸡的流传，可追溯到更早的南宋时期，林洪在其文人食谱《山家清供》中，介绍味似白切鸡的"黄金鸡"时，提及浙江新近流行一款"新法川炒"鸡馔，他声称并不喜欢这种掩盖了鸡肉鲜味的重口菜。可以猜测，其做法很可能类似于上述川炒鸡。

我们还能在北宋食肆中发现川菜的雏形。北宋都城开封的人口已达百万，其居民来自五湖四海，所以催生出具有地域特色的风味食店，比如川饭店和南食店，是为满足蜀中、江南往来人士的家乡胃，谓其不习惯北食。川饭店通常售卖简餐，如插肉面、大燠面、大小抹肉淘、煎燠肉、杂煎事件和生熟烧饭。当然，此时的川食并未以辛辣著称。

至于元朝时期的川式风味，《居家必用事类全集》的作者留意到一种川味豉油，即"成都府豉汁"：三斗豆豉，加一升清麻油搅拌，上甑蒸熟、晒干，将这工序重复三次，使豆豉吸饱麻油。之后再加一斗白盐，舂捣为极咸豉泥，摊在网筛上，用沸水反复浇淋直至豉泥变淡，底下置一大缸来收集淋下的咸味豉汁。这三四斗咸汁再经小火煎煮，其间添加花椒、胡椒、干姜和橘皮粉末各一两、葱

① 元代一两，约合今 37.3 克。

《鸡图》（局部）
明　佚名
台北故宫博物院藏

白五斤，浓缩至三分之二，就做好了。这种棕色的油酱汁"香美绝胜"，浓郁的豉味中带着复合辛香，只要一勺就能提升菜肴的滋味。

当时川人嗜食蒸猪头，"川猪头"曾在江南流行过好一阵子，比如，倪瓒的餐桌上亦有此品：先用白水煮熟猪头，放凉，切成柳叶片，添加葱丝、韭菜、笋丝码盘，再用花椒、杏仁、芝麻、盐和酒少许拌味，入锅蒸软，如北京烤鸭那般用一张烙制的薄饼卷着吃。此菜非但不辣，甚至算是清淡的了。

辣味香料

辣椒原产于南美洲，大航海时代被西班牙人发现并带回欧洲，约在明朝晚期通过海运从浙江、福建、广东等地登陆，并以海椒、番椒之名逐渐为人所知。而在尚无辣椒的元朝，人们主要从花椒、胡椒、姜、葱、蒜、韭、芥末等香料中获取辣味。

花椒具有相当独特的触感，它使舌头发麻，产生刺激感。当然，需要用上很多原粒花椒，才能使菜肴感觉"麻辣"。元杂剧《黑旋风双献功》有这样一句台词："倒好饭儿。乡里人家着得那花椒多了，吃下去麻撒撒的。哎哟，麻撒撒的。"花椒经烘炒出油脂后研成粉，油脂香气进一步释放，辛辣度亦提升，无论是炒鸡块还是煮蟹羹，椒末最终会伴随食材一同入口，刺激感更为强烈。元朝人还对花椒进行简单加工，制成椒盐（蘸羊肉）、椒油（拌菜蔬）。

原产于印度的胡椒，自西汉已为中国人所知，因经西域胡地传入内地而得名"胡椒"。唐朝开始大量进口这种香料并推广本土种植，至宋元年间已是广为人知的调味品，马可·波罗曾听某位杭州关吏提到，城里每日交易的胡椒量十分惊人（九千八百一十二磅）。将胡椒研磨，会散发类似柑橘的浓烈芳香，而胡椒碱所呈现的辛辣比花椒更烈。元朝人常将之用来炖煮羊肉汤、处理腥膻的羊杂，以及料理鱼虾蟹贝等水产菜。人们发现，在擂捣胡椒粉时加入盐并葱末同研，会产生"极辣"效果。

姜产自中国南方，是国内最常用的基础香料，通常加工为姜片、姜丝、姜末和姜汁，广泛用于煎炒煮鲊等烹饪中。生姜尤其是老姜的辣度颇高，人们用它压出的姜汁来呈现辣味，威力不容小觑，今天台州招牌"姜汤面"，就因在汤中兑入很多姜汁，使人吃得满头冒汗。元朝有一种"豆辣馅"素馒头，即在脱皮绿豆泥中拌入油盐及姜汁，形成咸辣口味；另有一款加了蜜糖的，名叫"蜜辣馅"。而秋社前新挖的嫩生姜味淡爽脆，堪做五味姜、醋姜、糟姜、酱姜、蜜姜等可口小菜。

另外，人们也将生的葱、韭切碎末，或将蒜捣烂（蒜辣也很刺激），配着肉吃或直接进食，能获得辛辣开胃之感。"吃的是生姜辣蒜大憨葱，空心将来则管吃，登时螫得肚里疼。"元杂剧《瘸李岳诗酒玩江亭》中如此写道。而在刘唐卿的《降桑椹蔡顺奉母》一剧中，则有"捣蒜蘸胖蹄"之句。

为了增加辣度，人们会将这些辛辣香料加以组合，"花椒加胡椒""花椒加生姜"均为常用的搭配。在明代《宋氏养生部》的辣炒鸡及几道"辣烹"式鱼菜，均以胡椒、花椒联手。而由于同时添加了花椒、胡椒和生姜，《事林广记》所载"螃蟹羹"喝起来堪比胡辣汤。还有一种给鱼脍和肉皮冻佐味的"五辣醋"，需要用到四种辣味原料：花椒、胡椒、生姜、干姜。

芥辣，是由芥菜籽研磨再经过泡发的黄色辣酱，别名黄芥辣，原产于中国本土。日本青芥辣其实是山葵根。芥辣的辛辣直冲鼻腔，十分霸道，一般不与花椒、胡椒等味重的香料混合使用，也不适合参与热菜，唯宜冷盘，常用作肉皮冻、鱼鳞冻、生鱼片或生肉的浇汁，去腥效果极好。北方人吃熟制的野猪肉、兔肉、鹿唇、熊掌和马肉肠，也喜欢调制一碗芥末酱。

咀嚼一根荜拨，舌头就像是着了火，若将荜拨磨粉掺进肉泥中做肉饼，能带来开胃的辣。不过很可惜，古人并没有开发荜拨作为辣味调味品的潜力，它在烹调应用方面远不及胡椒广泛，而是被视为药材。辣蓼产生辣味的部位在叶片，单嚼一片蓼叶，刺激感与荜拨相当，但它却难以使同煮的食材也染上辣味。当时北方人喜欢用辣蓼叶来拌制鸡肉、羊肝等凉菜。

再次将目光投向元朝川蜀地区，当时人们所食辣味调料，无疑主要是花椒，此地是花椒的主产区，"川椒、蜀椒"味浓辣厚，是上等货的代名词，相比起来，秦岭一带所产的"秦椒"则是粒大味淡。其次也有姜和葱、蒜、韭，它们在南方普遍栽种。据说，蜀人还喜欢"艾子"，做肉汤时会放二三粒提香。此香料其实是与花椒同属芸香科的"食茱萸"（椿叶花椒），叶片与种子具有浓烈气味，果实外观像花椒，也具有近似的麻与辣，但比花椒略淡。

辣椒的传入，使上述香料之"辣"特性黯然失色，某些品种甚至具有令人闻风丧胆的辣度。事实上，辣椒并非一下子征服中国人的胃，而是长达三个世纪的缓慢融入——从明末徐光启在《农政全书》提到番椒"味甚辣"；到康熙二十七年（1688）浙江杭州人所著《花镜》述及，人们多将辣椒细研，"冬月取以代胡椒"来烹饪；接着，康熙六十年（1721）《思州府志》载"海椒，俗名辣火，土苗用以代盐"（极度缺盐的贵州土苗已普遍食用辣椒代替盐）；道光时期，贵州成为嗜辣区，有些穷困的遵义人就着一小碟盐酒渍的辣椒，就能扒拉一顿饭，不需要任何过口菜。

四川形成吃辣椒风潮稍晚，约在清乾嘉时期，至今也就两百余年。近三十年来川菜以麻辣席卷全国，使大家忽略了川菜中曾有很多不辣的精细菜肴。目前，辣椒成为国内普遍使用的辣味调料，人们迷恋那股强烈的刺激感，对辣椒的依赖愈益加重。

辣味香料
1. 胡椒；2. 花椒；3. 荜拨；4. 芥末；
5. 辣蓼；6. 生姜
—
从这五部食谱（《事林广记》《居家必用事类全集》《饮膳正要》《云林堂饮食制度集》《易牙遗意》）来看，各式香料的使用频率如下：约有四分之一的菜肴添加了花椒；使用胡椒的菜肴占总食谱的不到十分之一；生姜比花椒更加常用；关于芥末、辣蓼及荜拨的菜式相对较少，且主要在北方地区。

椿叶花椒

〔川炒鸡〕

鸡 / 一只（一千克）

香油或其他植物油 / 一百克

小葱 / 二十五克

胡椒粉 / 四克

花椒粉 / 四克

茴香粉 / 两克

豆酱 / 四十克

盐 / 酌量

料酒 / 一汤匙

宜选那些鸡味浓郁的土鸡，如三黄鸡、青脚鸡、
麻鸡、油鸡等，成菜会美味加倍。不要用白羽鸡，
既缺乏香味，其肉也柴。

（制）（法）

① 因胡椒碱与其他风味物质容易分解散失，胡椒粉放太久味道会变淡，建议使用现磨胡椒粉。花椒粉同理。将花椒放入锅中烘至散发香味，研碎，拣出白色内壳和黑籽，然后磨成粉末，过筛。这种现磨粉气味浓郁，辛香辣扑鼻。茴香粉末也可这样做。

② 要选择现宰的活鸡，而非冰鲜鸡、冷冻鸡。鸡治净，去头、爪、尾部，适当剁块。葱洗净，沥水，切碎。

③ 炒锅倒入香油，烧至油热。因香油有股浓郁的气味，若不喜欢，可使用其他植物油。

④ 倒入鸡块，翻炒至鸡块熟度均匀。

⑤ 炒至肉块变白，放葱、盐，翻炒至七分熟。此处酌量加盐，但要略咸一些。

⑥ 舀一大匙豆酱，撒香料粉。

⑦ 继续翻炒一会儿，让油料爆香鸡块。

⑧ 倒入水大半碗（两百毫升），加料酒，烧开后中火煮两三分钟，然后换小火，让汤保持咕嘟即可。

⑨ 煮大约十五分钟，转大火将汁收稠。

● 注意事项

原食谱中的胡椒、川椒、茴香分量不明，我参考了当时两道鸡馔的配料（"禁中佳味"使用川椒末一匙，"燣鸡鸭"加香料末共半两），给这道川炒鸡放了足量料末，以呈现麻辣口感。

肥鹅一只煮熟,去骨,精、肥各切作条子。
用焯熟韭菜、生姜丝、茭白丝、焯过木耳丝、
笋干丝,各排碗内,蒸热。麻腻并鹅汁热滚,
浇。饼似春饼,稍厚而小,每卷前味,食之。
——元末明初·韩奕《易牙遗意》

笋干肥鹅麻泥沾,手饼卷就待君尝

天鹅,称得上是皇家宴会的高贵菜点。

元朝宫廷将天鹅据为专享,朝廷因此颁布了一系列禁捕法令。
此种美丽的飞禽既是季春祭祀太庙的必备供品,也时常现身于皇家
盛宴中。当故宋三宫被押赴元大都,初时他们的膳食还不错,原南
宋宫廷琴师汪元量见证了这一幕。从其纪实诗文《湖州歌》来看,
三宫享用了葡萄酒、熊掌、野麋,以及天鹅这些象征着权势的美馔
佳肴,以下引用部分诗句:

> 第四排筵在广寒,葡萄酒酽色如丹,
> 并刀细割天鸡肉,宴罢归来月满鞍。
>
> 雪子飞飞塞面寒,地炉石炭共团圞,
> 天家赐酒十银瓮,熊掌天鹅三玉盘。
>
> 每月支粮万石钧,日支羊肉六千斤,
> 御厨请给蒲桃酒,别赐天鹅与野麋。

此一时期,天鹅分为四个等级。"金冠玉体干皂靴"的金头鹅
位列上等,这是嘴基有大片醒目的黄色、全身羽毛雪白、脚蹼深黑
的大天鹅,不仅体格颇巨,而且其颈部细长,体态最为优美。小金
头鹅次之,亦即小天鹅,羽色和体态与大天鹅相仿,未成年时两者
很难分辨,只不过,成年小天鹅要小一号,且颈部与嘴部的比例较
前者略短。花鹅又次之,花鹅也许是今天所说的灰天鹅,雁亚科,
羽毛灰暗并缀着灰白斑点,体型与小天鹅相当。还有一种不太叫闹

《架上鹰图》（局部）
（传）元 徐泽
波士顿美术馆藏

——

鹰鹞通常被精心装饰，头戴金绣笼帽，脚爪套
着金环，系以软红皮绳；鹰架亦用美玉雕琢。
马可·波罗注意到一个细节：这些猛禽均系一
小牌，牌上刻禽主与打捕鹰人之名，即便一时
跟丢，也能帮它找回原主。

《元世祖出猎图》（局部）
元 刘贯道
台北故宫博物院藏

——

此白羽猎禽，也许就是备受贵族偏爱的白海东青。

的天鹅，据说腥气较重，口感无法与金头鹅媲美。疣鼻天鹅由于很少鸣叫，俗称哑天鹅，或许就是忽思慧所指"不能鸣者"。

话说，宫廷是如何精心料理这只肥大的野禽？"天鹅炙"作为八珍的典型而广为人知，但很遗憾其烹饪细节史无详载。不妨猜测，也许像《饮膳正要》处理"烧雁"那样，在天鹅腹内填充了很多葱和芫荽末，之后用羊肚将其整个儿裹着，烤熟后褪去羊肚；或是如《居家必用事类全集》筵席烧肉中的烧野鸭、烧川雁，将整鹅先煮熟，然后架在火上炙烤，不时涂抹由酱汁及混合香料调制的烧烤汁，直至皮黄肉香，吱吱冒油；还有一种可能性，天鹅遍体涂抹上盐酱香料，再入焖炉烘烤。想象一下，当硕大的炙天鹅被置于大盘，抬上来，再由仆役即席切割小块，分与会餐者，这正是诗文"并刀细割天鸡肉"的场景。

至于说会有多美味？事实上，天鹅与特级食材毫不沾边，它的瘦肉又干又柴，比较粗硬难嚼，而皮下脂肪较厚，使鹅皮更为肥腻，加上野味特有的一股挥之不去的草腥味，整体口感也不过如此，恐怕还比不上家鹅。

更值得一提的，是当时天鹅的捕猎过程，仿佛狂欢盛会。蒙古人擅长打猎，发展出"兽猎"（依靠犬虎豹等猛兽）和"羽猎"（依靠鹰雕鹘等猛禽）两套模式，捕捉天鹅就是采用羽猎法。这张常用的猎禽名单很长：海东青、苍鹰、黄鹰、皂雕、鸦鹘、赤鹘、兔鹘、角鹰、白鹞、崖鹰、鱼鹰、铁鹞、木骨鹞、崧儿、百雄、茸垛儿……其中，最稀少且显贵的是海东青。海东青属于冬候鸟，多在苦寒的黑龙江北部库页岛一带越冬，捕获困难重重，朝廷不惜重金收寻，也屡颁法令，禁止民间私下买卖此等最优秀的鹰隼。贡献一只健壮的海东青，甚至能抵消被流放边疆的一等重罪。

然而在生物分类学中，并不存在"海东青"这一物种，学者普遍认为其真实身份为矛隼，是隼类中体型最大、最强壮的，体重能达两千克。若从外貌来判断，蒙古人尤其偏爱的"白海东青"，是一种"白上有黑点者"，尤以白喙白爪最珍稀，价值高达数十金。而矛隼中的"白隼"羽毛雪白，上布黑色斑点，十分符合白海东青的描述。这种猛禽的体格虽比雕小，但攻击性很强，身轻敏健似猎豹，最擅长俯冲撞击。捕猎时，先作高空盘旋，俟找准时机，果断出击，俯冲时速能瞬间飙升至三百二十千米，这股巨大冲击力，甚至能击坠比自身重好几倍的猎物。

春水捕鹅，乃辽金元三朝宫廷都盛行的一项娱乐消遣。每年冬春之交，元朝皇帝通常选择到宫城近郊进行"飞放"，如漷州的柳林、大兴县的"下马飞放泊"。而在大兴县管南柳中飞放之所，有湖塘甚广阔，为了吸引更多正从南方徙北的天鹅在此地停留，县官每年差役乡民在湖中种植大量慈姑，因而招来的天鹅竟达成千上万，一旦群飞，如翻白浪。当然，捕猎队伍的阵仗也相当惊人。曾跟随忽必烈参与"飞放"的意大利人马可·波罗这样回忆道："行时携打捕鹰人万人，海青五百头，鹰鹞及他种飞禽甚众"，总之猎人恐怕比猎物还多。

皇家羽猎天鹅的过程，在《辽史》中有描述：卫士均身穿墨绿衣袍，围湖排立，先是敲击扁鼓，使天鹅受惊逃走，然后由皇帝领头放飞海东青追捕。当天鹅被海东青攻击得失控堕地（可能只是暂时失去了行动能力），守候一旁的卫士就手持刺鹅锥将其捕获。

所谓"头鹅"，是指捕获的第一只大天鹅，有时附加体重指标，陶宗仪声称需重三十斤以上才符合"头鹅"标准。头鹅被用于供奉太庙或呈献给皇帝享用，而那只立功的海东青的驯养者（官名"昔宝赤"），将会得到巨额赏金（有赏黄金一锭或赏钞五十锭之说）。

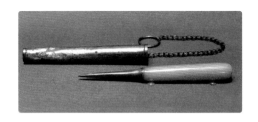

玉柄银锥
内蒙古通辽市奈曼旗青龙山镇辽陈国公主墓出土
内蒙古自治区文物考古研究所藏
—
一套刺鹅锥。锥头为银制，嵌青玉质手柄，锥鞘亦为银制，通体鎏金，华丽而秀美。《辽志》有载，春水猎鹅时，辽主皆佩金玉锥，亦号"杀鹅宰鸭锥"。

《元朝秘史》有言："命里只合吃鼠及小鼠，想吃天鹅及鹬鹈。"透露了食材的地位高低。天鹅被视为宫廷玉食，非民众所能随意染指，坊间食用的是家鹅，比如大白鹅、花鹅、苍鹅。在当时，鹅肉拥有超越鸡鸭的尊贵地位，可作为宴会大菜上席。叶子奇在《草木子》中提到一条北方宴会规矩：若用羊、马充当压轴的"体荐"，上宾享用肥美的羊背皮或马背皮；若是用鹅，则将鹅胸献给上宾，其余宾客分食剩下的肉。

在十四世纪、十五世纪的古食谱中，关于鹅馔的介绍并不多，其中某些做法今天少有听闻。当时人们将鹅肉充当包子、兜子的馅料，若做鹅肉馅，要配些猪膘和羊脂，如此口感才甘润；鹅肉还可以腌渍鹅鲊。《易牙遗意》记载了三种江浙的鹅馔。将剔骨鹅肉切长条丝，加盐、酒、葱、椒拌味，放盏中蒸至软熟，出锅即淋上麻油，谓之"盏蒸鹅"。另一道"杏花鹅"亦属蒸菜，鹅体涂抹盐稍腌，整只入锅蒸，将熟揭开盖，用鸭蛋液（用三五只蛋）浇淋鹅身，待蛋液凝固就关火，趁热再浇上杏腻（杏仁酱。此法在宋代就已流行，苏轼爱吃杏酪蒸羊）。

"麻腻饼子"是鹅肉卷饼。麻腻（又作麻泥）即芝麻酱，这种味料在元朝食谱中十分常见。取熟鹅净肉，把瘦肉和肥皮分开，各切成长条；再取韭菜段、生姜丝、茭白丝、木耳丝、笋干丝连同鹅肉丝，装入大碗，蒸至热，淋上以鹅肉汤和芝麻酱调制的滚烫酱汁。拿一张比春饼略厚的薄煎饼，夹点肉菜丝搁饼上，卷起来就可以入口大嚼。

倪瓒餐桌上有一道"川猪头"，也是卷饼，饼内的菜码为猪头肉。将猪头煮熟后切柳叶长片，拌些葱丝、韭菜、笋丝或茭白丝，并加调料，亦需蒸热，用手饼卷食。当时，北方地区常见的是羊肉卷饼。比如元朝皇帝食谱中的"脑瓦剌"，此饼卷了熟羊胸子肉片、熟鸡蛋（可能摊蛋饼）和一些新鲜的生菜；而在元大都午门外，饭店里有售"软肉薄饼"，端上来的可能是一小碟白煮或卤煮的熟羊肉，一碗盐酱及几张薄饼，顾客自行卷饼进食。这类简餐在好几部元杂剧中都有现身，如高茂卿《翠红乡儿女两团圆》："老社长，你若过去见了俺叔叔，只说这家私亏了韩大，我便买羊头打旋饼请你。"这估计是用旋饼（面糊现烙的薄饼）配羊头肉吧。

〔麻腻饼子〕

鹅 / 半只（约一千二百五十克）

韭菜 / 一握

茭白 / 一根

干木耳 / 十克

细笋干 / 十条

生姜 / 一小块

麻腻（芝麻酱）/ 八十克

面粉 / 三百克

盐 / 酌量

笋干：宜选壁薄的小笋干，其泡发和煮制较为方便。

鹅：宜选择新鲜的嫩鹅，而非老鹅。

麻腻：又称麻泥，"腻"字表明它呈黏稠、浓稠之状。当时又有将杏仁如法制酱，名为杏腻。

⦿ 制 法

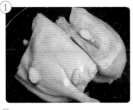

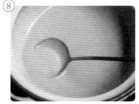

① 将鹅焯净血水，放入锅中，加水没过，放几片姜，烧开后小火煮二十五分钟。捞出散热，揭下鹅皮，再拆出大块鹅肉。鹅肉汤留下一碗备用。鹅肉切成细条，鹅皮亦剪成丝。

② 将笋干浸泡一夜，泡软。摘净笋衣，剖开，下锅焯煮十分钟，攥干水后切成笋丝。

③ 木耳提前一小时泡发回软，焯烫后，剪成丝。

④ 韭菜洗净，下锅焯烫一下。整齐切成长段。茭白剥壳，斜刀切薄片，略焯过水，切成丝。

⑤ 各种食材可加少许盐拌匀码味，然后将之整齐码放在大碗中。

⑥ 面粉中加两克盐，浇入一百七十克开水，边倒水边搅动，打成面絮，即着手揉面，醒面二十分钟，再次揉至面团光滑。将面团揉成粗条，均匀切成面剂。大约可切二十五个面剂子。把每个面剂擀开成圆形薄饼。

⑦ 准备一小碗高浓度的盐水。平底锅烧热烙饼，待起气泡，出褐色焦点，翻个面，往饼上洒点盐水，烙熟，又翻面，再次洒盐水，烙上一小会儿就好。用热湿布盖在饼上，以免饼身失水干硬。

⑧ 将菜丝大碗放入蒸锅中蒸热。然后，取小半碗鹅肉汤烧滚，加盐调好味，再加等量芝麻酱，搅拌成稀酱。将芝麻酱浇在刚出锅的菜丝上。

⑨ 拿一张薄饼，夹上菜丝及鹅肉丝，卷成饼筒进食。菜丝的用量不定，按个人口味调整，建议多加爽脆的笋干和木耳，会更美味。

● 注意事项

1. 薄饼制法，参考《云林堂饮食制度集》的"手饼"："用头子面，十分滚汤，入盐搜匀，捺面极热干，作小碗许大饼子，熬盘上煠熟，频以盐水洒之。才起，以湿布卷覆。"

2. 明代《遵生八笺》亦有抄录这张食方，另在清代《调鼎集》中有一道类似的菜肴，名为"鹅酥卷"，浇汁只用鹅汁，不加麻腻，用厚春饼来卷食。

桑娥[1]、蘑菇各四两，浸开去根；乳团[2]一个。已上，切如折二钱大片。葱二根，生姜一两，陈皮三片，酱二两，盐少许，一处研烂，醋半盏浸。桑娥、蘑菇汤各半盏，豆粉五两，下于烂研物料内搅匀，去滓淹拌。外蘑菇、桑蛾[3]、乳饼，用酥油煎熟，碟内对装，熬成蘑菇汤微浇润。

——南宋·陈元靓《事林广记》

三色杂燃

桑莪蘑菇乳饼煎，三色素品味绝珍

在马致远创作的杂剧《吕洞宾三醉岳阳楼》中，有一段进茶坊消费的描写：

〔郭云〕我依着你，依旧打个稽首，师父要吃个甚茶？

〔正末云〕我吃个酥佥。

……

〔正末接茶科云〕郭马儿，你这茶里面无有真酥。

〔郭云〕无有真酥，都是甚么？

〔正末云〕都是羊脂。

酥佥，又名"酥签"，此茶含有"真酥"，亦即酥油。将一块酥油加热至熔化，倒入江茶末搅匀，加些热水调成稀膏子，用勺分到各个茶盏，如当时流行的点茶那样冲入沸水，再持茶匙打匀，即可饮用。寒冬时建议拿锅铫置于风炉上小火煎煮，好喝的秘诀是酥的用量比茶末稍多。这款酥签，想必类似于藏族同胞爱喝的酥油茶，都是茶叶与酥油联手之作，只不过，两者所用的茶叶品种不同，且牛酥油也不会有牦牛酥油那股膻味。

当时的人将生牛乳通过加热或发酵搅动，提取出凝聚的乳脂蛋白，入锅慢火熬炼，至油渣分离，得到黄澄澄的液体油脂即为"酥"（类似黄油），常温下凝固，故点茶前需要加热熔化。

酥签主要流行于畜牧业发达的北方地区，此地所产牛羊奶既充足质量又佳，人们习惯在茶水中添加奶制品，提高热量的同时又可改善茶饮的口感——应知经茶马互市流入北方市场的茶叶多半品质

① "桑娥"亦称"桑莪"，是指在桑树上生长的一种菌类，正文中统称"桑莪"。——编者注

②《居家必用事类全集》就乳团："用酪五升，下锅烧滚，入冷浆水半升，自然撮成块。如未成块，更用浆水一盏，决成块，滤滓。以布包团，搦如乳饼样。春秋月酪滚提下锅，用浆就之。夏月滚，倾入盘就。"

③ "蛾"疑为"娥"之误。

不高，涩味重。正因如此，金朝富豪在宴饮后给尊贵的客人预备上茶，若只有粗茶，会加些乳酪煎煮；如有建茗（产于福建，两宋贡茶），则会水瀹清饮，以便品鉴茶叶的香气。

在当时的宫廷食谱与民间食谱中，都能看到酥签。此外，还有两种类似的乳茶：一种是"枸杞茶"，在酥油与茶末的基础上，添加由干燥枸杞面饼所研磨的橘红色粉末，人们认为此茶具有明目的功能；另一种是"兰膏茶"，色如兰花般浅淡，汤水浓白如膏液，这是由于除酥油与茶末外，还含有面粉——此糊状茶汤既能解渴，又如北方传统小吃"油茶"那样可供充饥。

无论是酥签、枸杞茶还是兰膏茶，所用茶叶，都是经过研磨的末茶（末茶的鼎盛期在宋，明以叶茶为主流，日本的抹茶借鉴自宋朝并发展至今），故茶叶末子会跟随茶汤被一同喝净。当然，末茶也有等级之分。从《居家必用事类全集》来看，民间往往选择江茶，这是东南诸路所产的草茶中质量比较好的一种，产量可观，通常加工为末茶发售，可煎可点，也常入药饮及制作刷牙粉，实属性价比高的大路货；《饮膳正要》介绍的宫廷版本，则使用指定的品种：酥签要用金字末茶（江南湖州造进），枸杞茶制作时用到雀舌茶（茶之嫩芽头，如雀鸟之舌），玉磨茶则须选上等紫笋茶和苏门炒米。此外，这类乳茶通常会加点盐，很少有放糖的。

元朝皇帝还喝"西番茶"，即指西番（今川藏地区）的风味茶饮，用本土苦涩的大叶茶加酥油煎煮而成，日后大概演变为酥油茶；也饮"炒茶"，将马思哥油（稀奶油，口感介于奶油和酸奶）、鲜牛奶和茶芽，倒入烧红的铁锅中，翻炒，使茶叶的滋味融入乳液。其味较奶茶更胜一筹，因稀奶油的加入而香滑浓郁。

酥花

人们热衷用酥油来制作一种专用于节庆和宴会的精巧钉盘——酥花。滴酥为花，是利用酥遇热软化遇冷凝固的特性，可如奶油裱花那样塑形，再通过雕印等手法精细加工；人们还用色料将之染作红绿五彩，造出的酥花惟妙惟肖。例如红酥，即掺入某种红色染料，唐朝诗人王建曾经提到，宫里用红酥在金盘中点出一朵娇艳的牡丹花。

酥花的记载在两宋时期就更多见了。北宋熙宁八年（1075），翰林学士杨绘在立春日排筵，席间设有滴酥花。而诗人梅尧臣声称，亲家中有位女眷是滴酥高手，名花杂果、祥兽珍禽等题材都不在话下，她曾精心点制一丛缠金的篛竹，用红酥巧制镂空的龟纹网，还以原色酥在酥画一侧滴写字迹秀丽的诗句。此外，苏轼的三儿子苏过也对其堂姊的技艺不吝夸赞，堂姊对滴酥创作十分痴迷，每逢饮宴，都是她展示才艺的舞台——她为每位客人准备多达二十饤盘酥花，皆极精巧，每盘图案各异，每款图案也只用一回，绝不重复。

周密在《武林旧事》中也记载了南宋宫廷使用酥花的场景。每逢天降瑞雪，禁中多在明远楼开设赏雪宴，只见后苑进献雪塑的大小狮儿（以金铃、彩缕装饰）、雪花、雪灯、雪山之类应景玩意儿，更精心准备了诸种酥花，以金盆装盛，呈给皇帝及后妃们随意赏玩。以花果鱼鸟为主题创作的酥花，曾在吴兴（现浙江湖州）流行一时。如今，浙江地区已不复制作酥花，而藏族同胞还保留着在藏历新年自制酥油花为供品的习俗。青海塔尔寺的酥油花可谓巧夺天工，然仅用于供佛与观赏，不能食用。

郎木寺酥油花
—
这朵繁丽的花与其叶片，均由掺入矿物色料而调成的彩色酥油塑成。

当时的人还会制作"滴酥鲍螺"，供日常食用。这是将酥（一般加蜜或糖调成甜味，或染色）滴作一个个形似螺蛳壳的实心甜点，比酥花省事多了。在杭州城的市西坊，就有卖滴酥鲍螺的摊贩。明代世情小说《金瓶梅词话》对"酥油鲍螺"的外观与口感也有细致的描写："上头纹溜就相（像）螺蛳儿一般，粉红、纯白两样儿"、"浑白与粉红两样，上面都沾着飞金"（飞金，即金箔、金粉）、"放在口内，如甘露洒心，入口而化"。总而言之，其味如香甜的黄油，看上去很漂亮。

【三色杂爈】

干木耳 / 二十克

干蘑菇 / 四十克

乳团 / 一百五十克

小葱 / 一根

生姜 / 二十克

橘皮粉 / 半克

酱 / 四十克

醋 / 七十五毫升

绿豆淀粉 / 六克

植物油或酥油 / 油煎的量

盐 / 酌量

蘑菇：原方所用蘑菇，应是干制品。不拘选哪
种，此处使用了口感爽脆的鹿茸菇。或可选香菇，
其肉质肥厚，油煎食用也很美味。

木耳：宜选肥厚者。木耳大小不一，若用小朵的，
可整个烹调，若朵形较大，可剪开来用。

⦿制 ⦿法

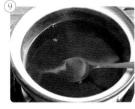

① 鹿茸菇加温水没过，浸泡一小时，至回软。泡菇的汁水留着备用。

② 木耳也用适量温水浸泡一小时，直至完全泡开。仔细搓洗，控干水，除去根部。泡木耳的水亦留着备用。

③ 乳团切成边长两三厘米的方片。

④ 平底锅中放一小勺植物油或酥油（黄油），熔化后，放入蘑菇，小火油煎至熟，煎时撒少许盐。

⑤ 木耳片如前法略煎炒。

⑥ 将乳团煎至两面结壳，微微发黄，亦需加少许盐。

⑦ 将煎炒好的三种食材装盘，摆成好看的造型。（以上食材可做两盘。）

⑧ 提前做好酱汁。葱末、姜末、橘皮粉、酱入碗，研捣均匀，加醋，再添加泡蘑菇水和泡木耳水各七十五毫升搅拌，用细滤网滤去渣滓。将酱汁倒入小锅备用。

⑨ 待摆盘完毕，加热酱汁，再用豆粉水勾芡，调成浓稠状。趁热将这种酸香浓郁的芡汁淋在菜上，即可享用。

乳饼、乳团

乳饼、乳团是宋元两朝十分常见的固体奶制品。做法与豆腐类似，都是将原料加热至滚沸，点入浆水（如淡醋、乳清、用小米发酵的酸浆等），促使酪蛋白凝结，再用布包起，把乳清排净，成品质地似老豆腐般密实。其中，乳饼用鲜牛乳制成，乳团的原料是刮除了乳皮的酸酪，两者的口感其实差不多，但由于前者富含乳脂，后者经部分脱脂，因此乳饼的乳香会更重一些。人们还将之埋入盐瓮当中，以便长久保存，用时洗净盐粒然后蒸软，据说不输鲜品。

今天仍能找到此类固体奶食。比如说云南至今沿用"乳饼"工艺，也保留着乳饼古称，原料兼用牛奶、羊奶，尤以山羊乳饼最负盛名。内蒙古流行若干种奶豆腐，有的使用鲜奶或做奶皮子剩下的熟乳制成，也有的用提取稀奶油后的酸奶制成。只是其工艺与乳饼不同，无须点浆，而是将原料进行发酵，然后熬制、翻炒成团，再放入模具中压平。

元朝官员程文有《乳饼》诗云："煮酪以为饼，圆方白更坚。斋宜羞佛供，素可列宾宴。"这两种乳制品在素菜中扮演重要的角色，它们可增添仿荤的"肉味"，例如素鱼版的"两熟鱼"，以乳团、山药泥及豆粉糅合，模拟鱼肉的口感；"炸骨头"则是通过在生面筋和豆粉中添加乳团、辛香料，蒸熟后油炸，再经酱烧上色，像极美味的肉骨头。乳饼也能做素包子馅，人们将面筋、蘑菇、核桃、柿饼、栗子、山药和乳饼切碎拌馅。在一碗什锦素"玉叶羹"中，漂着切成方胜片的乳团。而在一份"假鳝面"里，浇了用生乳饼、生姜、胡椒、莳萝、马芹、葱和酱研烂调成的乳齑汁。

"三色杂熝"是一道素什锦。三色，指桑莪、蘑菇、乳团三种食材。将三者切片，先经油煎或油炒，再淋上一种浓稠的芡汁，有点类似于罗汉菜。此芡汁由醋、姜末等酸辣汁加蘑菇汤、绿豆淀粉勾芡而成，滋味醇厚，大能促进食欲。

无糖酸奶 / 三千毫升
白醋 / 两百毫升
豆腐布 / 一张

附〔乳团〕

制 法

① 酸奶倒入大锅加热，其间不时用汤勺上下搅动，使酸奶受热均匀。待酸奶将沸未沸，加白醋搅拌，使乳清分离，酪蛋白结为絮状。

② 于豆腐木箱内铺一块豆腐布，用滤网将絮状物舀到布里。

③ 盖上箱盖，再拿重物压制两小时，榨净水分，使乳团更为结实。此配方能做出乳团约五百克。

● 注意事项

《居家必用事类全集》版"三色杂爊"十分简略，亦可参考：

"桑莪，蘑菇，乳团，下油锅少盐炒。用原卤，合汁供。"

每十分。乳团二个薄批，方胜切，入豆粉拌，煮熟。蘑菇丝四两，天花、桑莪各二两；山药半熟去皮，甲叶切，四两；笋甲叶切，四两；糟姜片切，三两。碗内间装，烫过，热汁浇。

——元·无名氏《居家必用事类全集》

在宋元时期，素食文化已经具备现代形态。尤其是在曾为南宋都城的杭州——当时世界上最繁华的大都市之一——此地崇佛氛围浓厚，居民多有在浴佛节、盂兰盆节等佛节禁屠茹素的习俗。当地素斋饮食市场十分成熟，既有专门的斋食饭店，供应一色素制菜肴，也有浇头为纯素的素面店，还能找到新鲜出炉的素馅包子、素馒头和烧饼，以便"不误斋戒"。仅就元朝期间刊印的《居家必用事类全集》和《事林广记》来看，两书中记载的素斋食谱，包括素下酒菜及素下饭菜、素面、素点心等，共计超过四十种。

将素食设计为仿肉，是斋菜中一个充满奇思妙想的分支，那些惟妙惟肖的素鸭、素鱼，是烹饪手段更高级的标志。在当时流行多种仿荤菜，不妨一看下列菜名：酥煿鹿脯、蒸羊、鼎煮羊、炸骨头、油炸鱼茧儿、三鲜夺真鸡、葱焙油炸骨头、假鱼脍、元羊蹄、两熟鱼、炸油河豚、大片腰子、假炙鸭、假羊事件、假驴事件、假煎白肠、素灌肺、鳝生、米脯大片羊、红燠大件肉、煎假乌鱼、假蚬子、炒鳝面、卷鱼面，等等，当时人们多习惯将某些仿荤菜戏称为"假菜"。

当时应用到仿荤菜的食材有数种，通过一套特殊的加工手法，从形色、口感两方面来模拟肉食。诸如山药、蒟蒻、笋、各色菌菇，以及广泛使用的"乳麸粉"。乳，乳制品（乳饼、乳团、鲜牛乳）在上一篇已有介绍，在此不详述。麸，即为面筋，当时称为麸筋，这种从面团中洗出来的植物蛋白团形如黏胶，可塑性很强，也特别耐饱，只要烹调得当，其仿肉效果十分理想，目前亦是斋菜中不可或缺的关键原料。

"酥傅鹿脯"，是为模仿鹿肉脯，那种肉感就源自面筋——在这团生面筋中，加入韭菜和若干种辛香料、红曲末（能染肉红色），将之剁烂、充分揉匀，再搓成粗条，在水里煮熟，用手撕为肉脯块，加酱、醋与浓蘑菇汤拌成腌汁浸泡一会儿，控干，再用油煎至表皮焦香，最后把之前的腌汁倒进锅中，翻炒至收汁。成品色泽深红似肉脯，口感亦紧实有咬劲。元朝人还吃一种烤面筋串串，叫"炙脯"，将熟面筋随意切块，下油锅略炒，用竹签穿起，蘸特调的浓郁酱汁慢火炙烤，堪称味同嚼肉。

所谓"粉"，多指绿豆淀粉，在仿肉方面也表现良好。人们常将生粉充当黏合剂，比如，用豆粉和乳团、生面筋、椒酱味料，如和面那样揉成一整块，蒸熟，切作肉骨头样块，先经油炸，后加酱、清汁等焖透，最后勾芡收汁，名为"炸骨头"。要是做"两熟鱼"，也用豆粉和乳团，并加熟山药泥拌和。与前者因生面筋带来的弹牙感不同，熟山药泥的加入使这团"鱼肉"更为松散而神似真肉，再用一张粉皮包起鱼肉，捏成鱼形，油炸上色，用蘑菇浓汤略煮就能上碟。

酥傅鹿脯
—
《居家必用事类全集》酥傅鹿脯：每十分，生面筋四堝，细料物二钱，韭三根，盐一两，红曲末一钱，同剁烂如肉色。温汤浸开，搓作条，煮熟，丝开，酱、醋，合蘑菇汁腌片时，控干，油煎，却下腌汁同炒干。

绿豆淀粉浆烫成的粉皮爽滑劲道，人们也会用它仿荤。有一道"假鱼脍"，取薄粉皮两张平摊，中层夹着熟面筋薄片，两面抹上湿芡粘定，蒸熟，使三层黏合稳固，要竖切成极薄的片，这是模仿生鱼片；再用豆粉添加色料，烫成漂亮的红色粉皮，切丝点缀；加笋丝、蘑菇丝、萝卜丝等伴碟，最后，像真正的鱼脍那样浇淋酸辣的脍醋。人们意识到染色的妙处，在"假鳝面"的制作中运用了两次，一是用棕黄色料水调豆粉制成薄粉皮，充当"鳝鱼皮"，"鳝鱼肉"则用生面筋另染色而成，将两者粘紧后蒸切，活像鳝鱼段。

除鱼、肉，还有其他仿荤之作。"水晶脍"通常指用猪肉皮（或鲤鱼鳞）熬汁凝结的皮冻，如晶莹凝玉。此素版，用一种海藻类植物琼脂菜来仿制。将琼脂菜浸软研烂，加水煮化，滤净滓，倒入大平盘中，待凝结，缕切，浇上皮冻必备的酸醋佐味。又有模拟凉拌海蜇皮的"假水母线"，将蒟蒻（即魔芋，其质感似果冻）切丝，焯水，用脍醋浇拌即成。更有以鲜莲子和菱肉丁块略烫，加物料腌过，之后油炸，名为"假蚬子"。

玉叶羹

荤版"玉叶羹"其实指鱼片羹，因鱼片烫熟后状似玉叶子而得名。杭州食店有售"石首玉叶羹"，用的是海捕的石首鱼；元末自称汉王、后又降入朱元璋麾下的陈友谅，传闻喜食玉叶羹，此羹是用江西丰城曲江里的金花鱼烹成，羹中点缀了南昌西山上产的罗汉菜，这是一种由西域僧侣引进叶如豆苗的野菜。素斋版"玉叶羹"，则是集合了七种食材：天花、桑莪、乳团（裹豆粉）、蘑菇、山药、笋、糟姜，一律切细，分别烫熟，装入汤碗，浇素汤。那些乳团片子如同玉叶点缀其间，尝之汤清味鲜。

这碗什锦素羹里，有两种令人感到疑惑的菌菇：天花和桑莪。

天花，又名天花蕈、天花菜，此种具有神秘色彩的蘑菇在上流社会拥有不小的知名度，据说不容易找到，曾经价值不菲，一朵能换得一匹绢布，千百年来都被纳入御膳名单（在宋元明清宫廷的餐桌上均有现身）。如《饮膳正要》中有"天花包子"，在拌制羊肉馅时，加入经烫煮细切的天花蕈，相当于羊肉菌菇馅薄皮包子。天花

《饮膳正要》插图（明刊本） 蘑菰、菌子、木耳、天花
台北故宫博物院藏
—

• 蕈一般泛指菌菇，往时多将香菇称作香蕈。元代《农书》所载香蕈人工种植法已十
  分成熟：先到山林选树木伐倒，制造朽木——播撒菌孢（将蕈碎锉，匀布朽木凹坎处，
  用蒿叶及土覆盖），再时常浇灌米泔水催育，这样很快就能长出蕈。待采收，曝晒为
  干香蕈。至今仍有地区沿用此法。

被视为上等素斋食材，在清代《调鼎集》中载有一些相关食谱，如"笋汁煨天花"、"素燕窝"（即清汤烩紫菜和天花）、"虾圆豆腐"（要用天花汤烩制）。

天花为何物？至今仍是谜团。由于古人未能对菌类进行精准分类，也缺乏可靠的写生图像，对其外观的文字描写亦十分粗略，某些作者甚至从未见过实物，仅通过道听途说就敢落笔，所以他们各自的描述之间也存在不少出入。总的来说，其特点归纳如下：

产区范围较小（产于山西五台山）；尺寸大（菌如斗壮，形容尺寸之巨）；丛生——有人说如松花般簇聚而生（可据平菇、蟹味菇想象）；有人形容其碎瓣像木耳，皱褶似鸡冠花，由数十瓣攒成一朵（似银耳）；颜色则有白色、黄白、干黄之说，并散发着浓郁的鲜香……如果硬要将之与今天我们熟悉的蘑菇对应起来，我认为灰树花的相似度最高。这种长得像盛开花朵的大型真菌在我国山东、浙江、四川等地均有分布，今又俗称"泰山天花"，其口感爽脆，干品鲜香浓郁。

所谓"桑莪"，亦是一种菌类。中国古代所谓"五木耳"，是指从五类树木——桑树、槐树、榆树、柳树、楮树——上生长的木耳。其中，人们认为桑耳（别称"桑莪"，长于槐树的称为"槐莪"）的肉质最肥厚，品质更胜一筹，所以入药首选桑耳，它也是"素食中妙物"。

能从腐朽的桑树干上冒出的"木耳"，其实也有若干种，《本草纲目》的作者李时珍注意到，从颜色上来看，桑耳分为黑、黄熟、陈白、金色四大类。黑色就是我们常见的黑木耳，黄熟者也许是褐黄木耳，陈白者应是指银耳，金色较为罕见，或许是"金耳"（通体金黄色，脑状，现云南、西藏等地有产）。

无论哪种，只要产自桑树，都算作"桑莪"。北宋《清异录》提及，北方人将桑树上冒出的白耳称"桑鹅"，又呼为"五鼎芝"，为当时富豪所嗜。虽说从现代植物学分类而言，银耳和黑木耳实则分属不同纲目，前者是银耳纲，后者划分到层菌纲；再从形态上来看，两者的差异也很大。由于古人对此分类模糊，也就将银耳一并算作木耳类，普遍称为"白木耳"，"银耳"之名到清末才较为多见。笔者认为，玉叶羹所用桑莪最好选白色的银耳，才符合玉叶之意。

（原）（料）

〔玉叶羹〕

乳团 / 五十克

干香菇 / 十五克

干灰树花 / 二十五克

银耳 / 八克

铁棍山药 / 六十克

冬笋或春笋 / 一两个

糟姜 / 三十克

绿豆淀粉 / 两匙

姜 / 三片

面酱 / 十克

醋 / 酌量

盐 / 酌量

天花蕈：无法确定天花蕈是哪种蘑菇，据《事林广记》描述，处理天花蕈的动作是"去根"，说明此种蘑菇是簇状，若是朵状蘑菇，会说"切丝"。

可找一种浅色的簇状蘑菇代替，比如灰树花，鲜品或干品均可，干品味更鲜。灰树花有一种特殊的爽脆口感，亦具有香味。

● 注意事项

原方未介绍汤底的做法。笔者在参考现代素高汤和《事林广记》"素羹汁"的基础上，来熬制这款鲜汤。

《事林广记》撮素羹汁：

"每用水一斗，好面酱一升，同搅匀，打澄清去滓，入锅内。入浸洗去沙土蘑菇一斤，并浸洗蘑菇水。一熬，上有浮沫，旋旋掠去令净。入姜、醋、盐调和，品尝味全，去蘑菇不用。倾于盆内，打澄清方可用。"

（制）（法）

① 香菇和灰树花用凉水泡一夜，搓洗泥沙，去根。

② 取其中一小半灰树花和香菇用来做汤，可放多余的笋茎和姜片同煮，熬制半小时。

③ 鲜汤滤净渣滓，取五百毫升汤入小锅，加入面酱、盐、少许醋，调成可口的味道。

④ 另将剩下的香菇和灰树花下锅烫煮至熟，即捞出，攥干水。香菇切成片，灰树花顺纹撕成细条。

⑤ 笋尖亦焯煮一会儿，切成笋片。糟姜洗净糟泥，切片。

⑥ 山药洗净，连皮蒸制五分钟，至半熟，仍保持爽脆的口感（不要过熟，否则软烂易碎）。削皮，切成小片。

⑦ 银耳用凉水泡发两小时，其间换一次水。将银耳焯烫一分钟，出水过冷河，撕成小片。

⑧ 乳团切成五毫米厚的大片，再改刀为菱形片，边长约一厘米，撒上绿豆淀粉，使表面均沾上薄薄的一层粉，然后放入开水锅中烫煮一分钟，至粉皮熟。

⑨ 把预制好的各食材码入小碗（原文所谓"间装"，意思是将食材相间整齐码放），然后浇入煮滚的素汤浸没。此处各食材用量并未严格按照原方，而是略有增减。

● 注意事项

附《事林广记》玉叶羹：

"（十分）

乳团（二个，薄片切开，再作方胜切，入粉内拌过，入锅煮，浮者为熟也）

蘑菇（四两，细丝） 天花、桑莪（二两，去根） 竹笋（四两，甲叶切）

山药（煮半熟，去皮，甲叶切，四两） 糟姜（三两，片儿切）

右件，如法制造。分开先以热汤烫过，再用熬成好汤浇，上用姜丝、青菜头。"

造菜鲞法

盐韭菜去梗用叶，铺开如薄饼大，用料物糁之。

陈皮、硇砂、红豆、杏仁、甘草、莳萝、茴香、花椒，右件碾细，同米粉拌匀，糁菜上。铺菜一层，又糁料物一次，如此铺糁五层，重物厌[1]之。却于笼内蒸过，切作小块。调豆粉稠水蘸之，香油炸熟。冷定，纳磁器收贮。

——元·无名氏《居家必用事类全集》

[1] 疑为"压"字。

　　洋葱原产亚洲西部，这种滋味辛辣的圆形鳞茎，正普遍栽种在元大都居民的菜圃中，人们将之加料腌渍或生拌食用，同时也现身在元朝宫廷的餐桌上。

　　洋葱的流行范围不广，多集中在中国西北及华北地区。其中一大产地，是距元大都约两百公里的荨麻林（今河北张家口洗马林镇），这是由于元太宗窝阔台时期曾从中亚迁入的工匠三千户屯驻于此，专供蒙古贵族享用的精美织金锦，就出自这些工匠之手，想必他们也带来了喜爱的洋葱。而从地理位置来看，国内最先接触和引入洋葱的无疑是新疆地区，时间可能在西汉时期，至今维吾尔语仍将洋葱叫作"皮牙子"（piyaz），其音源自波斯语。洋葱在南方普及较晚，以致清朝早期它从澳门再次登陆中国，而被冠名"洋葱"时，很多人会误以为这是它的首次造访。

　　在当代散文家汪曾祺印象中，"北京人过去就知道吃大白菜"，这道出了人们对于大白菜的依赖与喜爱。然而，今天我们认知中的"结球包心"大白菜，在元朝那时似乎尚未诞生。学者们推断，早期大白菜均为散叶型，经过长年累月的定向选育，至明清两朝迅速发展——明朝已培育出自然包心大白菜；清朝中期以后，多地广泛栽培叶片紧抱的结球大白菜，又向"合抱、叠抱"进化，从而形成今日之状。所以说，元朝人熟悉的大白菜，也许是叶片散开的散叶大白菜或半结球白菜。

　　虽说还没有我们常吃的"大白菜"，但元大都常见的蔬菜至少有四五十种，丰富程度不亚于南方：莙荙（甜菜）、蔓青（菜心、叶、根茎可食）、白菜、茼蒿、莴苣、冬瓜、瓠、葫芦、萝卜（红、白）、胡萝卜（黄、白）、赤根（菠菜）、茄子（白、紫、青）、青瓜（蛇皮瓜）、王瓜、稍瓜、山药、蒲笋、韭菜、苋菜、葱、蒜、塔儿葱、洋葱……不能尽列。蔬菜可以在市场买到，不然就是在自家菜园里种植。及至冬日，人们将韭菜根移入昏暗的地屋中，培着马粪，见暖即抽发叶芽，由于不见风日，长成的韭叶淡黄而质嫩，谓之"韭黄"，甚得北方人珍爱，利润比普通韭菜高出好几倍。此外，人们还会到山上拔野菜，如蕨菜、山韭、山薤、野山药，采摘诸色蘑菇和木耳之类；或到野地里采挖荠菜、马齿苋、灰条菜；待春风吹拂，那些忽然从枝头冒出来的黄连芽、木兰芽、芍药芽、槐芽、柳芽、香椿芽、梨芽、榆钱，就又成为盘中时鲜。

时人认为，菠菜用香油炒食尤美；莴苣可切片凉拌，糟腌味亦佳；若荙适合炒拌或做羹；甘露子常用蜜或酱渍。其中，腌渍的瓜菜通行南北，家家户户都能自做，通常用盐渍（咸菜）、乳酸发酵（酸菜）、酱渍（酱菜）、酒糟等手段加工，既堪储存又赋予了蔬菜浓郁的风味，是普罗大众必不可少的下饭之物。

那些几个世纪前的腌菜，其工艺已十分成熟，说不清有多少种，有的现今还在继续生产，有的则早已失传。比如说北京人吃涮羊肉必不可少的调料——那一小碟墨绿色齁咸的韭花酱，在元朝时的做法如下：采摘半结籽的韭花（籽未成熟变硬），去蒂，每斤花朵加三两盐，捣烂成泥，用瓷瓶装好封起，腌上一段时间就好。不过，今天一般选花蕾初放的嫩花来做酱，因结籽韭花的辛味更浓、味微苦。

霜前韭菜也被拿来盐腌。大瓷盆里铺韭菜一层，撒一层食盐，如法叠铺若干层，腌二三宿杀出卤水，连卤水带菜再加些香油一同装入瓷瓮继续腌制。可切碎了做小菜吃，还能花些功夫加工为更香口的"菜鲞"：将盐韭菜切去梗，只用韭叶，平铺如薄饼大，上面撒一层混合香料末（陈皮、缩砂、红豆、杏仁、甘草、莳萝、茴香、花椒，加米粉拌成），再铺一层盐韭叶，铺撒五层，拿用重物压实（定型及榨净汁水），蒸熟之后便结成一张饼。将饼切成小块，挂淀粉浆，下油锅里炸香，俟凉却，用瓷罐存起来，以备日常下饭。

所谓"葅菜"，亦即咸酸菜。若做咸葅，就把整棵大菜（如芥菜）浸在盐水缸里，要码一层菜一层老姜，上置大石压着，这缸菜能吃上一整年。"瓜齑"相当于酱瓜，可用甜瓜经盐和酱加工而成。做糟瓜、糟茄、糟姜少不了酒糟和盐；还有蒜茄儿、蒜黄瓜、蒜冬瓜，均用捣烂生蒜、盐和醋水拌和腌渍。又有一种食香法，制作较为讲究，如做"食香瓜儿"：菜瓜切薄片，盐腌一宿杀水，焯烫后晾干，加糖醋汁、姜丝、紫苏、莳萝、茴香揉匀，晒干即成，不太咸，酸甜而带辛香。嫩茄、萝卜都可用食香法加工。

腌韭花

再来介绍几道元朝时比较特别的蔬菜吃法：

速腌菜

相公齑：用萝卜、莴苣或嫩蔓菁头、白菜，分别切片或条，先以盐腌杀水，下锅略焯，凉水浸洗后攥干，倒入煎滚的酸浆水浸泡，盖严碗口，入井中浸冷才吃，酸爽开胃。

烧萝卜法：萝卜切四方长小块，用大碗装起，撒生姜丝、花椒粒。取适量水、酒，少许盐、醋一同入锅煮滚，浇在萝卜上，汁水要没过萝卜，急忙密盖碗口，放置于阴凉的地面，俟汁变凉后上桌。既保留些生萝卜的爽脆辣，亦多了淡淡的酸味。

醋笋：鲜笋煮熟，放冷，改刀切块，浇上腌汁——由煮笋的汤、盐白梅、糖和姜汁少许（但并未放醋）调为酸甜的汁，稍腌即成，这是倪瓒餐桌上的点缀。

雪盫菜

盫，意思是覆盖，当时杭州人所说"盫饭"，大概指盖浇饭一类。每棵菜心切成两段，排放在大碗中，乳饼切厚片，满盖菜上，掺少许花椒碎末、盐，再倒纯酒没过菜，上笼慢火蒸至菜心熟烂。米白的乳饼压着黄绿的菜心，正如厚厚的积雪，故得此诗意之名，出自倪瓒的《云林堂饮食制度集》。

《观物图卷》（局部） 白菜
明 孙克弘
北京故宫博物院藏

—— 一种散叶大白菜。

《墨菜辛夷图卷》（局部） 白菜
明 沈周
北京故宫博物院藏

—— 一棵已经开出花的小白菜。

《饮膳正要》插图（明刊本）
台北故宫博物院藏

—— 洋葱的鳞茎呈近球状至扁球状，主要有淡黄、黄色、淡褐红色、深紫红色等品种。生食口感脆辣，若经油炒，辛辣转为微甜，并散发着迷人的葱香味。

《观物图卷》（局部） 白萝卜、胡萝卜、甜菜
明 孙克弘
北京故宫博物院藏

—— 关汉卿《刘夫人庆赏五侯宴》："萝卜蘸生酱，村酒大碗敦。"当时的人会拿萝卜蘸酱生嚼，以便下酒。

《事林广记》亦载此菜，两方多有不同。白菜先用香油、葱、姜丝、橘皮丝炒熟，然后倒足酒，煮至烂，名为"酒烧菜"；若冬间做这道菜，可在白菜上放些乳饼，则谓"雪罂菜"。后来，明代《宋氏养生部》及清代《调鼎集》均有转载这道菜。有趣的是，在细节高度还原明朝生活的小说《金瓶梅词话》中，西门庆府上的餐桌上就曾摆着一瓯"黄韭乳饼"，一碗"春不老蒸乳饼"（春不老即俗称雪里蕻的叶用芥菜，多制霉干菜、雪菜），似乎也算是雪盦菜，只不过被压的蔬菜换成韭黄、芥菜。

如此看来，在蔬菜上码放乳饼并浇酒来蒸煮的做法，曾在很长一段时间内流行着。但如今，知道乳饼的人很少，用酒来烹调蔬菜的人也很少（有股酒味，很多人可能吃不惯），随着口味更迭，某些菜品也就彻底消失了。

熟灌藕

八百年前，在南宋的都城杭州，有小贩下街叫卖生灌藕、熟灌藕。做"生灌藕"，可选择煮溶且滤清的琼脂菜浓汤、鱼鳞浓汤或猪皮浓汤，加砂糖调成甜味，然后灌入生藕孔里，用油纸将藕整个儿裹好，放进水缸里浸泡。在凉水的降温下，这三种汤会凝结成像啫喱的半透明固体，将藕孔填满。食时切片，由于莲藕没加热，口感还是脆生的。

"熟灌藕"，则是熟制的灌藕。《云林堂饮食制度集》有一道"熟灌藕"配方，将绿豆淀粉与蜜糖（加少许麝香）调成粉浆来灌藕，如上包裹，入锅小火煮至莲藕软熟，切片热食。孔洞的填充物亦呈半透明状，而莲藕温热软糯。

除了绿豆淀粉版熟灌藕，《宋氏养生部》提到也可用白糯米和赤豆灌藕。灌藕至今热度不减，江浙地区流行"糯米糖藕"：莲藕里塞着黏糯的糯米，浑身包裹了浓稠的糖汁，一片片码在小碟中，作为餐前凉菜端上桌。

（原）（料）

［ 造 菜 鲞 法 ］

盐韭菜 / 五百克

红豆粉 / 十克

杏仁粉 / 十克

甘草粉 / 五克

橘皮粉 / 两克

莳萝粉 / 三克

茴香粉 / 三克

花椒粉 / 三克

砂仁粉 / 一克

粘米粉 / 三十五克

糯米粉 / 十五克

绿豆淀粉 / 五十克

植物油 / 油炸的量

盐韭菜：要找比较嫩的腌韭菜，否则会老得咬不动。

橘皮粉：将干橘皮加热烘烤至变脆发香，用研磨器磨成细粉。现磨的橘皮粉香气浓郁，亦可购买成品。

米粉：原方只提到"米粉"，笔者在此掺入适量糯米粉，可提高粉质的黏性。

制 法

① 将盐韭菜捋直,整齐码好。

② 去头及叶尖,切至长短一致。或可再分切为两段,不然做成的菜饼太大。

③ 取橘皮粉、红豆粉、杏仁粉、甘草粉、莳萝粉、茴香粉、花椒粉和砂仁粉,加粘米粉和糯米粉一同拌匀。 以上香料,可按个人口味增减。

④ 拿蒸笼纸或食品纸剪成比韭菜略宽的方形,垫在底部。韭菜叶横着平铺在纸上。

⑤ 撒上香料粉,刮平。再竖着平铺一层韭菜叶,然后撒粉,接着横铺韭菜叶。如此重复,铺菜叶五层,撒粉四层。

⑥ 将菜板压在菜方上,用力将菜方压实。

⑦ 将菜方放入蒸笼,蒸制十分钟。取出菜方,放凉,切成小块。

⑧ 绿豆淀粉加五十五毫升凉水, 搅成稠粉糊。起油锅。用筷子夹起菜方,挂糊后丢进油锅中。注意速度要快,且不要丢在一处,免得粘在一起。

⑨ 大约炸十分钟。捞起沥油,放凉后收储。热吃更美味,咸香开胃。

● 注意事项

在清代农书《西石梁农圃便览》中,有用芥菜叶如法制作。

芥脯:

"先以盐腌芥叶,去梗,将叶铺开如薄饼大。用陈皮、杏仁、砂仁、甘草、花椒、茴香细末,撒菜上,更铺叶一层,又撒料物,如此铺撒五重,以平石压之,用甑蒸过,切小块。调豆粉稠水,蘸过,入油炸熟。冷定,瓷器收之。"

用香橼旧者，亦皆去穰及囊，切作丝。入汤内煮
一二沸，取出沥干。别用蜜，入水少许，每蜜一两入水
一钱，于银石器中熳火熬蜜熟，以稠为度。入香橼丝于
内，略搅，即连器取起。经一宿再熬，略沸即取起；候冷，
再一沸取起；俟冷，入瓷器贮，封之即可。少入蜜作荐
酒用，作汤则旋入别蜜。

——元·倪瓒《云林堂饮食制度集》

香橼煎

香橼皮丝金透亮

元杂剧《逞风流王焕百花亭》有一段叫卖果子的吆喝声，把每种果品的形、色、质、味极力渲染了一番，实在叫人垂涎：

查梨条卖也！查梨条卖也！……这果是家园制造，道地收来也。有福州府甜津津、香喷喷、红馥馥、带浆儿新剥的圆眼荔枝，也有平江路酸溜溜、凉荫荫、美甘甘、连叶儿整下的黄橙绿橘，也有松阳县软柔柔、白璞璞、蜜煎煎、带粉儿压匾的凝霜柿饼，也有婺州府脆松松、鲜润润、明晃晃、拌糖儿捏就的龙缠枣头，也有蜜和成、糖制就、细切的新建姜丝，也有日晒皱、风吹干、去壳的高邮菱米，也有黑的黑、红的红、魏郡收来的指顶大瓜子，也有酸不酸、甜不甜、宣城贩到的得法软梨条。

查梨，即山楂，查梨条是用蜜糖加工的山楂条，酸甜可口。据说当时专在妓院兜售这些糖食、果品和杂货的小贩，往往会以"卖查梨"叫卖吆喝。

"有福州府甜津津、香喷喷、红馥馥、带浆儿新剥的圆眼荔枝"——圆眼指龙眼，与荔枝都是闽广特产水果，其中龙眼比荔枝更罕见，荔枝分布更广，在蜀川亦有种植。当时人们认为福建所产者品质最好，而由于此物不易保鲜，故多是晒干了向各地市场输送，并充当岁贡。王祯在《农书》中介绍了相关加工法——"晒荔法"，将荔枝采下（去掉枝条），即用竹篱晾晒数日至肉干，再以微火烘焙至果核十分干硬才算好，如此不容易发霉。将干果用竹笼装好，外面再拿干箬叶密裹，就可以远途运输。若是将荔枝成串摘下

《莲实三鼠图》（局部）

元　钱选

台北故宫博物院藏

——

此图描绘了新鲜的莲蓬、红菱与青红色的枣子。

《秋景戏婴轴》（局部）

元　佚名

台北故宫博物院藏

——

左边的西瓜皮色墨绿，右边的则是条纹清晰的花皮瓜。对半切开，可见诱人的红色瓜肉中，点缀着密集的黑色大瓜子。

然后保持原样来晒干，成品谓之"荔锦"，这种产品更加昂贵。此外，又有将荔枝剥壳去核，取荔枝肉加蜂蜜煎，名为"荔煎"，食之甜蜜似糖。闽中荔枝广受欢迎，当荔枝树才刚开花，就有商人立券（订立购买合约）包下这些果树，等果实成熟后，马上将之采摘、加工，贩卖到南北各地，甚至外销往西夏、新罗、日本、大食等处，那里的人们甚爱荔枝，都愿意出高价购买。龙眼加工与荔枝类似，但要将摘下的果子加梅卤（咸梅水）浸渍一宿，然后才进行晾晒和烘焙。成串晒干的龙眼，也谓之"龙眼锦"。顺便一提，闽广还产橄榄，当地人喜欢将甘涩的生果投入茶中充当茶果，而蜜煎橄榄亦行销外地。

"也有平江路酸溜溜、凉荫荫、美甘甘、连叶儿整下的黄橙绿橘"——平江路指今苏州地区。橙、橘在江南广为栽种，当时的橙子不像今日的那样甜，多有酸橙，如《农书》所言，其"皮甚香，厚而皱；其瓤味酸，不堪食"。这些酸橙常作为闻果置于几席，供人赏其香韵。橘有绿橘、红橘、蜜橘、金橘等品类，在王伯成创作的杂剧《李太白贬夜郎》中，有"商川甘蔗，鄱阳龙眼，杭地杨梅，吴江乳橘，福州橄榄，不如魏府鹅梨"之句，吴郡乳橘是当时知名特产。此外又有柑子，温州和台州所产柑子品质最佳。当时的柑甜度宜人，而橙、橘通常多酸，故小贩吆喝道"酸溜溜"。人们常将带酸味的橘、橙制成蜜煎或汤饮，比如蜜煎法，将橙、橘镂开，先用法酒煮透，拿针挑去果核，然后将果子的汁液尽量挤压干净；每一斤果先加蜂蜜半斤煎煮，将酸苦水煮出，捞起果子，换入新蜜半斤，煎到甜透即成。可直接用这些蜜煎果加沸水泡作甜汤，也可拿橙、橘按香汤法制成咸味汤。

蜜煎即今天所说的蜜饯，在宋元食谱中记载甚多，如木瓜、桃、杏、樱桃、橄榄、金橘、橙、橘、冬瓜、藕、生姜、笋，等等，均可制作蜜煎，当时的人喜欢以蜜煎充当茶果或酒果。若将蜂蜜换为砂糖，谓之糖煎，通过煎熬或浸渍使蜜糖渗入果子内，故成品十分甜腻。

当倪瓒饮酒时，或会准备一小碟"香橼煎"，这是一种具有柑橘清香的蜜饯。香橼是柑橘家族的一分子，此果的白瓤甚至比果肉还厚，肉酸涩不能食，但因其气味清新怡人，常用于制药或充当闻果，古人将之以大盘堆垒并摆放在筵席或供案上，或放入箱笼里熏衣。倪瓒认为最好选放久了的陈香橼，只取薄薄一层黄色的外皮，切成丝，入沸水中略烫，便捞起沥干水。在银或瓷质小锅内放入蜂蜜和少量水，慢火熬至稠，再下香橼丝搅匀，随即关火离灶，静置一宿，然后再次加热小锅至蜜料稍沸，离灶，待变凉后又煮至沸即成，等皮丝凉透便装入瓷罐。除了充当荐酒之物，也可将香橼煎夹入茶盏内，加些新蜜，冲成润喉的甜汤饮用。

"也有松阳县软柔柔、白璞璞、蜜煎煎、带粉儿压匾的凝霜柿饼"——说的是松阳县（今属浙江省丽水市）所产柿饼。元朝时，柿子在江浙地区多有栽种，当时的柿饼加工法跟如今一样，都是先将生柿削去厚皮，晒干、捻扁如饼状，然后收入瓮里，闷出"白璞璞"的柿霜。

"也有婺州府脆松松、鲜润润、明晃晃、拌糖儿捏就的龙缠枣头"——婺州府相当于今浙江金华地区。龙缠枣头做法不明，但可以确知是以枣和糖为原料加工而成，脆松松的口感说明其经过烘焙，口感较脆。龙缠，意思是在果子表面裹了糖，这类果品通称"珑缠果子"。不妨参看明代《宋氏养生部》"糖缠"法：白砂糖加少量水加热至溶化，便把果物投入这锅糖浆中搅匀，迅速离火，待糖浆略凝，将果物颗颗分离，然后摊在纸上，微火烘干。

"也有蜜和成、糖制就、细切的新建姜丝"——将鲜姜加蜜或糖制治，这在当时十分常见。如做蜜煎姜，须选社前嫩姜，这种姜不但辣味弱，质地也较为软嫩，不会有粗硬的纤维，可以直接嚼食，而老姜宜用于烹饪。

"也有日晒皱、风吹干、去壳的高邮菱米"——高邮在江苏省，此城临高邮湖，盛产菱角。菱角于阳光下晾晒，或风干，然后将果壳剥开，就得到菱米。当时人们也常将栗子风干为风栗，或炒作糖栗子，它们均适合作为佐酒果品上席。人们还会将菱角肉蒸熟捣成粉，拌上蜜享用。

"也有黑的黑、红的红、魏郡收来的指顶大瓜子"——魏郡在今河北地区。如今我们熟悉的瓜子，通常指葵瓜子、南瓜子和西瓜子，巧的是，三者均为外来物种。其中，向日葵和南瓜都是美洲作物，向日葵约在明中期才引种我国，南瓜可能时间相近或略早一些，而原产于非洲的西瓜，则早在公元十世纪的五代时期便已经栽种于中国。元朝时，西瓜的主产地在北方，虽说江淮闽广亦有种植，但品质远不如北方产者。每逢端午，朝廷会将西瓜摆在太庙的供案上，还给官员准备西瓜、甜瓜、凉糕、香粽等物作为端午礼品。当然，元大都市场上也有西瓜销售。所以说，叫卖语所言"大瓜子"，应是指西瓜子。西瓜子常见红、黑和黄三种颜色，当时的人会将西瓜子晒干取瓜仁，用以荐茶。人们亦将白色的冬瓜子如上制作为茶果。

"也有酸不酸、甜不甜、宣城贩到的得法软梨条"——所谓软梨条，估计是将梨切条，蒸熟，然后晒干或焙干而成。因未添加糖蜜，能品尝到果子的原味，故其滋味清致，不酸不甜。当时西路产梨，人们将梨加工为"梨花"。做法是，将梨皮削净，切瓣（可能形状如花），再用火焙干即成。这种特色果干曾经入供宫廷。

宣城，在今安徽宣城市，除了产梨条，此地的木瓜在宋朝时已颇负盛名。据《农书》所记，宣城人栽种木瓜极为用心，待木瓜果实长成而未熟，就将镂空的花纸贴在瓜上，待成熟后再揭去花纸，被纸遮盖之处由于长期缺乏光照，颜色较浅，在瓜面呈现清晰的花纹，这种"宣城花木瓜"是当时的土贡之一。人们多用木瓜制蜜煎，或是取木瓜肉蒸烂捣如泥，加入蜂蜜和姜汁，做成可口的冬日热饮。

〔 香 橼 煎 〕

香橼果 / 两个
蜂蜜 / 两百克

香橼原产于亚洲南部,今我国福建、广东、广西、云
南等地区,以及越南、缅甸、印度各国多有栽种。其
形如皱皮小瓜,个头大小不一,大者能重达两公斤。
外皮具有清郁的柑橘香,内部白色瓤皮极厚,果肉小
而味酸涩。中国栽培香橼至少两千年,主要用于制药
或充当香料,亦作蜜饯。

① 最好取摘下放了十天半月的陈香橼果，不要用新摘的果子。将香橼果表面灰尘洗刷净，抹干。用刀将香橼皮切下，并批去白色的肉瓤，只留黄色的表皮。

② 将皮切成大小相等的细丝。

③ 锅里放些水，烧滚，倒入香橼丝焯烫半分钟，捞起，沥干水。

④ 选陶瓷或钢制小锅，倒入蜂蜜和二十克水搅匀，慢火加热，熬煮十分钟至蜂蜜浓稠。煮时不时用匙搅动，以免烧煳。

⑤ 将香橼丝倒入锅内，搅拌均匀，就关火，端锅下灶。

⑥ 静置一夜。只见香橼条丝缩水，内部吸满了蜜，变得金黄通透。

⑦ 将小锅上灶小火加热，待蜜沸腾，就离灶。放置待锅冷，再次加热待蜜沸腾即离灶。

⑧ 冷却后，将香橼丝连蜜用陶瓷罐子装好密封。若佐酒或配茶，将香橼丝夹入小碟上桌，嚼之芬芳满颊。若要泡汤，取些香橼丝入杯，加新蜂蜜，冲入开水泡一会儿，即可饮用。

《茗园赌市图》（局部）
南宋　刘松年
台北故宫博物院藏

———

妇人左手托茶盘，上置茶盏和盖托数个，并有汤撇、茶勺与茶筅；右手提着茶炉，炉火正给汤瓶里的水加热。妇人携这一整套装备，走街串巷卖茶汤。

《清明上河图》（局部）
北宋　张择端
北京故宫博物院藏
茶铺

———

《水浒传》中有一段在茶铺消费的描述：史进便入茶坊里来，拣一副坐位坐了。茶博士问道："客官吃甚茶？"史进道："吃个泡茶。"
茶博士点个泡茶，放在史进面前。

奇茶异汤

在宋元两朝，卖茶汤的店铺通称"茶坊"，负责调制茶汤的人谓之"茶博士"。他们卖的并不都是现在标准意义上的茶叶饮料，而是更像广州凉茶铺，四季供应数十种"奇茶异汤"。

不妨通过当时的文学作品来窥见一些细节：在元杂剧《吕洞宾三醉岳阳楼》中，吕洞宾在茶坊里点了三单，头一盏吃个"木瓜汤"，第二盏吃个"酥签"，第三盏吃个"杏汤"（杏仁磨碎泡汤）。再来看元末明初小说《水浒传》，西门庆为接近潘金莲而三天两头跑到王婆的小茶铺里吃茶，他吃了一盏要多加些酸的"梅汤"（用腌梅子调汤），一盏点得浓浓的"姜茶"（撒上些松子、胡桃），一盏要放甜些的"和合汤"（用砂糖和乌梅调制），以及"宽煎叶儿茶"（散茶叶煎煮），店内还卖"泡茶"。

即便是茶叶饮料，也往往添加果料。《快嘴李翠莲记》有这么一段描写，新媳妇李翠莲听得公公讨茶，慌忙到厨下备茶去，只见她是先用锅煎滚茶叶，然后往茶汤中放了"两个初煨黄栗子，半抄新炒白芝麻，江南橄榄连皮核，塞北胡桃去壳相"，这款"阿婆茶"可谓口感丰富。尽管当时人们也会饮用纯茶水，但那些品鉴茶汤香气的风雅情景，主要盛行于上流社会。

所谓"汤"，由味道甘香、药性温和的香药混合炮制，常用料单约有七十种：既有厨房调料罐里的生姜、陈皮、砂仁、茴香、花椒、良姜、紫苏叶、官桂、丁香；也有香炉与药铫中多见的沉香、檀香、麝香、龙脑；果子则偏好梅子、乌梅、木瓜、香橙、橘、杏仁、松子、核桃、莲子、干枣之物；药材类常用木香、地黄、五味子、人参、苍术、黄芪、茯苓、麦门冬、辰砂（朱砂）、香附子、白扁豆、白豆蔻、橘红、甘草。

《饮膳正要》"诸般汤煎"插图（明刊本）
台北故宫博物院藏
——
猛火加热大瓷缸，一人手持长勺搅动汤液，
似是正在煎造类似于荔枝汤的汤剂。

《太平风会图》（局部）
（传）元　朱玉
芝加哥艺术博物馆藏
——
街头卖饮料的小贩。

人们通过将这些配料相互搭配，组合出一张张滋味各异的汤方（宋元食谱共有此类茶汤大概七十三道），从中会发现一些我们所熟悉的口味，比如有的像酸梅汤，有的像杏仁茶，也有的像桂花蜜茶。不过，绝大部分方子业已失传，某些口味现在看来是如此古怪。

这些汤饮的名字通常很直白，以橙为主料，称为香橙汤、橙汤；以木瓜为主料，名之木瓜浆、干木瓜汤、温木瓜汤；以干枣和生姜混合所制，名叫枣姜汤、温枣汤、枣汤。人们似乎对某些配料尤为钟爱，总是反复地使用它们，以至于好些方子看起来十分相似。相关例子很多，比如有这五款，它们的底料相同，以胡椒为口味主导的则称"胡椒汤"，只将方子中的胡椒换成缩砂仁、檀香、丁香、辰砂，则分别命名为缩砂汤、檀香汤、丁香汤、辰砂汤。

此外，以甘草来改善口感是普遍做法，约半数茶汤配方中都有掺入这种甘甜的粉末。至于调味，小部分茶汤会兑入大量蜜糖，比较可口，大部分却是以盐调和，而且咸味汤的数量竟然大大超过甜口的；既不加盐也不放糖的则属于少数派，如"轻素汤"，人们能从干山药、甘草、干莲子及生龙脑的组合中，品尝到淡淡的淀粉与松木香味。

在元朝人看来，"异汤"既是解渴的饮料，也是保健的灵药，可用于缓解诸如口干舌燥、头晕烦闷、干噎呕吐、脾胃不佳、消化不良、感风寒后轻咳这些不适症状。比如在元杂剧《包待制智赚灰阑记》中写道："员外，我今日为孩儿张林不孝顺，与老身合气，你讨些砂仁来送我，做碗汤吃。"也许是受到中医理论影响，元朝宫廷亦流行此类汤剂，在为皇室编撰的《御药院方》及《饮膳正要》中，就能看到不少汤方。

汤饮还有一个重要的作用——解酒。《水浒传》对此有生动的描写：五更天未明，宋江从阎婆惜处赌气离开，在县前街上遇到卖汤药的小贩王公，宋江以酒醉故而错听更鼓搪塞过去，王公认为"押司必然伤酒"，当即给宋江斟上一盏浓浓的二陈汤，消消酒气。二陈汤，宋元时期常见的醒酒汤饮，多用半夏、橘红、茯苓、甘草、乌梅、姜来煎制。而在元朝皇帝的酒桌上也能看到一款"橘皮醒醒汤"，以新橙皮、陈橘皮、檀香、葛花、绿豆花、人参、白豆蔻仁及盐合制，是芳香咸口的热饮。在十三世纪的杭州，承办筵席的"四司六局"设有"香药局"，专门负责给宾客预备诸色醒酒汤药，这在宋元时期的中高档酒宴中已成为标配。

荔枝汤

生津止渴乌梅汤

乌梅半斤，洗净，熬去核，滤去滓；沙糖一斤，熟水化作汁，滤去滓；桂末三钱；干生姜末半两；丁香末一钱。右，将糖、梅汁合和了，银石器内熬耗一半，然后入丁、桂、姜末，再熬成膏，入净器收贮。

——元·无名氏《居家必用事类全集》

　　茶博士备汤其实没有想象中费事，即使茶坊一日卖出百盏，也能从容应对，因为很多汤剂是预制的"半成品"——有的是浓缩型稠膏，有的是粉状冲剂。待顾客下单，只需要将所需汤料从瓷罐中舀进茶盏里，冲入适量沸水，搅匀便能端上。

　　"荔枝汤"，是稠膏型汤剂中广为人知的一种。其起源时间及地区不明，但这种汤在宋元两朝的夏季饮品单中极为常见，在北宋开封朱雀门旁的夜市摊能买到荔枝膏，南宋杭州通江桥的浮摊亦有销售荔枝膏（荔枝汤及荔枝膏、荔枝膏水是同类产品），元朝宫廷与民间都不乏它的踪影。

　　半斤乌梅加水熬出的酸汤，与一斤砂糖化成的浓糖水混合，并入官桂、丁香及干姜末，小火熬稠，即为《居家必用事类全集》所载"荔枝汤"方。用干净瓷器装好、密封，要喝时兑水稀释，类似酸梅膏。

　　从原料的乌梅、糖来看，它确实很像今天的酸梅汤，只是由于糖的比例较高，喝起来更甜腻，酸味不甚明显，三种香料粉的加入，使它表现为药饮的口感。同书所载"荔枝浆"大约相似，只是多加了卤料包常用的缩砂仁煎汁，浓烈的香樟味使之喝起来药味偏重，这种口感对于今人来说并不那么容易接受。元朝宫廷熬制"荔枝膏"，除了乌梅、糖、官桂、姜汁，收尾时会添加名贵的麝香，据说此汤能缓解烦闷、生津止渴，也适合在感染伤寒时饮用。

　　粉末型冲剂的制作更省事，《事林广记》和《易牙遗意》所载两方做法相似，都是先将焙干的乌梅肉、干姜、甘草、官桂，均磨成粉末，拌上砂糖（或松糖，即松脂，味甜似砂糖）即成。在茶盏中放一勺粉剂，亦用沸水冲泡。《易牙遗意》版配方还建议在每盏汤里投入干荔枝肉三四个，似乎更贴合"荔枝汤"之名。但事实上，"荔枝汤"并非真要使用荔枝，而是由于这几种汤料所呈现的复合滋味很像干荔枝肉，就连其汤色亦类似于干荔枝，故得此名。

【荔枝汤】

乌梅 / 三百克

砂糖 / 六百克

官桂粉 / 十二克

干姜粉 / 十八克

丁香粉 / 四克（或酌量减少）

乌梅：以成熟梅果为原料，常用三种加工方法——熏制法（用杂木或松木）、晒干法（先蒸后晒）、烘干法。其中以熏制法所制的质量最佳。

官桂：樟科植物肉桂的干燥树皮，古人将优质的肉桂称为官桂，适合入药。而作卤料的桂皮，则取自樟科植物天竺桂和月桂，一般不作药用。肉桂表现为甜中带辣，略有回甘，桂味重；桂皮偏苦涩，甜辣度低。

另有一种产于斯里兰卡和印度南部的古老香料"锡兰肉桂"，桂味温和、滋味细致、甜味更浓郁，常被磨粉调入甜点、咖啡中。

干姜：用老姜晾晒制成。新鲜老姜的辣味刺激，而干姜的辣味温和，柑橘香更明显。

丁香：采集桃金娘科植物丁香的花蕾，晒干而成。气味芳香浓烈，入口有薄荷般的辛辣，略苦。

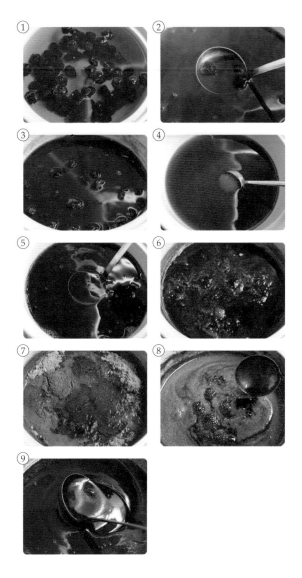

① 乌梅洗净,放进锅中,加两千二百毫升清水浸泡五小时。煮乌梅不能用铁锅,可选用瓷、玻璃或不锈钢材质的锅具。

② 大火烧开后,转中小火,加盖熬煮半小时。

③ 揭盖,捻中火,约熬一个小时,至汁液剩余三分之一。

④ 称取砂糖。倒入四百五十毫升开水,搅拌使之溶化成浓糖水。

⑤ 用细滤网过滤乌梅汁,然后倒进糖水锅里。

⑥ 中火熬煮,待水分剩余一半,关火。

⑦ 加入官桂粉、干姜粉和丁香粉。丁香不宜多加,若按原方分量,成品苦味和辣味较重,可按个人口味酌情减少。用搅拌器搅匀,拿细孔滤网将无法溶开的结块捞净。

⑧ 再次开火,中火烧煮,其间不时搅动,待汁液似米汤般略稠,不断冒起细泡泡,就关火离灶。

⑨ 置凉后,用瓶子装好密封,常温保存。如存放在冰箱里,可适当熬得稀一些。此配方能得荔枝膏约六百二十毫升。每一百毫升荔枝膏,用六百毫升至八百毫升热水冲泡。可热饮,最好冰镇。

荔枝汤(粉末冲剂)

109

木瓜一个，切下盖，去穰盛蜜，却盖了，用签签之，于甑上蒸软。去蜜不用，及削去①，中别入熟蜜半盏，入生姜汁同研如泥。以熟水三大碗拌匀，滤滓，盛瓶内，井底沉之。

——元·无名氏《居家必用事类全集》

木瓜浆

木瓜甜浆甘润喉

　　某些汤饮只在特定季节才供应。在十三世纪杭州城里的茶坊，冬季通常添卖一些能使身体变暖的七宝擂茶（含茶芽、炒芝麻、松仁、核桃等原料的咸味果料茶）、盐豉汤（盐豆豉加碎肉、馓子煮的热汤，或只用盐豉熬出的清汁添蜜调制）、葱茶（由生葱或煨葱加茶水泡制，尤宜治伤寒、时气），夏季方有消暑饮料应市。人们还能在街角的饮料摊购买这些饮品：甘豆汤（黑豆与甘草等煮）、椰子酒（椰子汁经发酵）、雪泡豆儿水（冰镇绿豆汤）、鹿梨浆（酸梨汁饮料）、卤梅水（盐梅汁饮料）、姜蜜水（姜汁与蜜糖调成）、江茶水（江南末茶泡制）、沉香水（沉香泡的汤）、荔枝膏水、苦水、金橘团（或以金橘蜜煎泡的甜汤）、雪泡缩脾饮（冰镇的缩脾饮，似酸梅汤）、梅花酒（多冰镇饮用）、香薷饮（药草茶）、五苓大顺散（含甘草、干姜、杏仁、肉桂的解暑汤饮）、紫苏饮（紫苏叶所制）、木瓜汁（酸木瓜饮料）。

　　其中，木瓜饮料既有适宜夏季的冷饮，也有适宜冬季的热饮。

　　在《居家必用事类全集》"造清凉饮法"这一小节介绍了"木瓜浆"。做法是：木瓜一个开盖挖瓤，灌满蜜，蒸软后倒去蜜；切取木瓜净肉，加熟蜜半盏和生姜汁，一同研成泥，再倒入凉开水三大碗，搅匀后滤渣，最后将木瓜浆装瓶，密封妥当，沉入井底泡至凉透。此冷饮喝起来香甜可口，比现在很多饮料还要美味。

　　若是将净木瓜肉蒸熟，研如泥，加熟蜜三斤、干姜末一两搅拌，入锅煮滚几沸，就做成类似于蜂蜜柚子茶的果酱。调饮时，加少许白檀、龙脑和麝香，并以沸水冲泡，即为"温木瓜汤"。书中特意说明，这道汤宜冬不宜夏。由于用蜜较多，故将木瓜的酸味压下，趁热饮用，入口甜辣，颇能使身体感到暖和。

【木瓜浆】

木瓜净肉 / 两百克
蜂蜜 / 两百五十克
生姜汁 / 一大匙
凉开水 / 适量

元朝人说的木瓜，并非原产自中南美洲、切开中间有
一泡似黑色鱼子酱的番木瓜，而是《诗经》所言"投
之以木瓜"的酸木瓜——瓜肉既酸又涩，属蔷薇科木
瓜属植物，一般用于药剂制作，或充当烹饪调料，或
加盐或蜜煎成果脯，比如蜜煎的"木瓜大段花"、成酸
的"香药木瓜"。因木瓜成熟后散发出一股香气，古人
将之作为篾钉闻果，摆放在供桌和席面上。如今云南
多有种植木瓜，当地人煮鱼会放木瓜片作酸味调料，
也用木瓜片拌辣椒粉来吃。

（制）（法）

① 要选成熟木瓜，削皮，切下净肉块，浇上五十克蜂蜜，上锅蒸二十五分钟，至瓜肉软烂。

② 蜂蜜不要，只取木瓜，压成泥。

③ 准备姜汁。将生姜削皮，用磨姜器磨成蓉。用纱布包裹，挤出姜汁。

④ 加入蜂蜜和姜汁，捣拌均匀。

⑤ 每一百毫升木瓜泥，加三百毫升凉开水，充分搅拌后静置一会儿。用滤网将肉渣滤净。

⑥ 将木瓜汁装进瓶子，加盖密封，冰镇后饮用。

温木瓜汤

● 注意事项

木瓜的皮肉较硬，若按原方"切开顶盖挖瓢"会很费劲，最简便的方法是取木瓜净肉来制作，最终呈现的味道是一样的。

若想做热辣的冬饮"温木瓜汤"，可照此法：木瓜净肉一百克，蜂蜜三百克，干姜粉六克。将瓜肉蒸至软烂，打成泥，与蜂蜜、干姜粉同进小锅，加热至沸腾几滚，关火，待凉瓶装收储。每次舀出一大匙，可加白檀或少许龙脑和麝香，滚水冲泡即饮。

用蜜一两重，甘草一分，生姜自然汁一滴，同研令极匀，调涂在碗中心，抹匀不令洋流。每于凌晨采摘茉莉花三二十朵，将放药碗，盖其花，取于香气薰之。午间乃可以点用。

——元·无名氏《居家必用事类全集》

宋元人似乎对于香汤颇为着迷。"沉檀脑麝"四种广泛用于焚香与药品的名贵香料，也被用来泡汤，其中，以檀香与麝香的出场率最高。

檀香，是檀香科树木的心材；沉香，为瑞香科树木中富含树脂的木材，两者闻之均带甜香。龙脑香，指从苏门答腊群岛生长的龙脑香树中提炼的树脂结晶，呈雪片状的优质龙脑俗称"梅花片脑"（冰片的一种），气味似樟脑但比刺鼻的樟脑稍微温和。麝香，分泌自麝鹿雄兽肚脐下方的香腺囊，这种琥珀色的麝香仁是世界上最昂贵的香料之一，其香气浓烈持久，宜人而复杂的芬芳中含泥土香气、花香与木材香。

尽管四者闻起来都气味扑鼻，但是吃入口却是另一回事，不是我们想象中的"香"，而是微微的麻舌感，甚至是苦，一点也不可口。所以，"闻"才是这类香汤很重要的用处，难怪《居家必用事类全集》对冲泡香汤作出特别提醒："如点带香汤茶，必须当面烹点……慎勿背地烹点供上。如背处烹点，则香气已散矣"。意思是，需当着客人面冲泡香汤，若在别处点汤，待端上奉客则已无香气。

"檀香汤"，其实含有三种香料：用檀香末三钱，脑、麝少许，入姜汁三两，再加甘草膏一同和匀，用沸汤冲点，饮之辛辣中透着甘甜。"无尘汤"呈现龙脑香最纯粹的状态，只用水晶糖霜（冰糖）加梅花片脑，均磨成粉末泡饮，猜测是薄荷味的甜汤。

花香亦被运用起来。首选桂花，因其香气持久而馥郁。添加桂花的汤饮，一般称作天香汤、木樨汤，天香与木樨均代指桂花。做法不一，《居家必用事类全集》版"天香汤"取去蒂桂花研成泥使用，

《易牙遗意》版"木樨汤"保留了花朵的完整性，两者均为咸味汤。而《事林》版"木樨汤"更为有趣，在桂花半开时，折取小段花枝，用瓷瓶装起，加两粒捶碎核的盐白梅，倒入生蜜浸泡着。使用时，取出一枝桂花搁茶盏里，再放一粒盐白梅，需当着客人面冲点，据说甜香馥郁，让人心旷神怡。

春寒时采收花蕾半开的梅花，撒盐，用数重纸包裹，待来年春夏才启用；茶盏内滴少许蜜，放花二三朵，滚汤冲泡，称为"暗香汤"。早在南宋，文人之间已流行这类梅汤，林洪《山家清供》就载有"汤绽梅"，其风雅之处在于，梅花浸泡后会张开如绽放。最后介绍一款"茉莉汤"：将蜂蜜、甘草粉和姜汁同研极匀如稠膏，涂抹在茶碗内壁；凌晨采摘茉莉花二三十朵，用此茶碗倒扣于花堆，使蜜膏熏染上茉莉的香气，至午间，即可点汤享用。

〔茉莉汤〕

蜂蜜 / 二十克　　　　生姜 / 取汁一滴
甘草 / 两克　　　　　茉莉花 / 鲜花二三十朵

制 法

① 采摘二三十朵茉莉花，放在盘中。首选单瓣茉莉，如无，可用双瓣茉莉或重瓣茉莉。含苞欲放的花蕾香气最为浓郁，花骨朵、大开的花朵则香气较弱。

② 将甘草粉添加到蜂蜜中，再加姜汁一滴，搅匀，涂在茶碗内壁。

③ 将茶碗倒扣在花上，外用保鲜膜封裹，静置一上午。拿起茶碗，冲入冷水（或温水、热水）调成蜜汤，饮之芬芳满颊。

这份"北宴"菜单,具有多民族特色及异域风味,其中七成菜肴,都添加了羊肉或羊杂等物。

有蒙古宫廷享用的养生膳食六道,包括用羊肉煎炸的"肉饼儿""姜黄腱子""鼓儿签子",割取羊皮与羊杂烩煮的"羊皮面",还有加羊肉与羊汤熬制的"乞马粥"和"沙乞某儿汤"。

宴席冷荤攒盘有两款,一是用鸡脯肉、羊肚、虾仁、笋、藕等八种菜丝合攒的"聚八仙",二是女真族菜肴"厮刺葵菜冷羹",以鸡肉丝、羊肉丝、羊腰片、笋丝、蛋皮丝和葵菜等十一种食材攒配,口感丰富多样。女真族菜肴还有一道"鹌鹑撒孙",此为滋味咸香的鹌鹑肉酱,亦堪佐酒。

"锅烧肉"展示了如何使用一口密封的锅充当烤炉,烤制一只喷香焦黄的整鸭,此法在北方似乎更为常见。酿菜推荐"油肉酿茄",即在经炸香的茄子内酿入油润的羊肉熟馅。"一了百当"以猪牛羊肉与虾米等料翻炒喷香,是某位元朝官员喜爱的耐存型下饭肉酱。

有两款皮子半透明的粉面蒸点,其中"水晶角儿"里包的是羊肉杂馅与七宝素馅,"荷莲兜子"则用羊肉果料杂馅。而从外国传入的汤面片"秃秃麻食",则添加羊肉臊子、羊汤和酸奶酱拌成异域之味。还可以品尝一道古老的面食"玲珑拨鱼",拨鱼儿今为北方特色餐点。

还有甜点三道。"古刺赤"与"卷煎饼"均来自亚洲中西部,前者是果仁夹馅蜜饼,后者为一款香甜的果仁馅蜜糖脆卷。"柿糕"则属女真族传统米糕。更有饮料"杨梅渴水",其原料杨梅虽为江南土产,然渴水乃是源自西亚的甜饮制法,彼时在北方地区颇为流行。

精羊肉十斤，去脂、膜、筋，捶为泥；哈
昔泥三钱；胡椒二两；荜拨一两；芫荽末一两。
右件，用盐调和匀，捻饼，入小油炸。
——元·忽思慧《饮膳正要》

肉饼儿

锤肉如泥丸饼炸

没有哪种家畜能比绵羊更受蒙古人喜爱了，它是草原上数量最多的畜类，其重要性相当于农耕地区的谷物，是牧区最主要的食物来源，能提供高蛋白的肉与奶。

在入主中原前，蒙古人对羊肉的处理方式似乎较为单调，他们把肉块简单分切，在火堆上烤得吱吱冒油；或像手把肉那样在锅中稍加炖煮，几乎不加什么花里胡哨的调料，最多不过是蘸点盐进食，如法国传教士鲁布鲁克所言，"他们把肉切得很薄，放在盘里用盐水浸泡"。就连首领的饮食也不例外，定宗元年（1246）八月底，贵由汗（蒙古国第三代大汗）在哈剌和林举行登基典礼，来自意大利的传教士柏朗（作为嘉宾）亲眼所见，现场大多数宾客分到的是"一些没有放盐的熟肉"，只有在宫殿里和大汗待在一起的官员才得以享用"带有调料盐的肉和汤"。

虽说元朝地大物博，但从《饮膳正要》之"聚珍异馔"条目来看，羊肉菜仍占了八成之多。与传统游牧民族食谱相比，这些羊肉菜肴更为精致，其烹饪技巧愈发多样，兼融合汉地与西域突厥、波斯、阿拉伯等若干民族风味的元素。调味罐中的香料也成倍增加，比如有草果、姜黄、胡椒、生姜、芫荽和葱，以及味似胡椒、形似短棍的荜拨。还有一些不常见的异域香料——现称为藏红花的"咱夫兰"、从大马士革玫瑰花瓣中提取的芬芳精华"玫瑰水"、从阿魏植株中采集的树脂"哈昔泥"，也被偶尔用来给羊肉调味，以便达到某种食疗上的效果。

皇室似乎特别热衷吃一类汤食。用经过滤的羊肉汤打底，加入蔬菜茎块、菌菇，切成小块的熟羊肉、羊心、羊肝、肚肺肠之物，通常还会拌入一些小面片、粳米或熟鹰嘴豆，烩煮成一锅。此类汤食营养丰富，品种十分多样（下文将在"沙乞某儿汤"一章专门介绍）。

相比起将羊卸成件块后丢进清水锅里煮（既能吃肉，也能喝汤），烤肉其实是十分浪费燃料、折损油脂的奢侈做法，多用于宴会场合，比如在上都举行诈马宴期间，通常会供应很多烤羊肉串（诗云"万羊脔炙"）。宫廷里有时会做一种称为"柳蒸羊"的烤全羊。此菜需要一座地炉，在地上挖掘一个三尺（约一米）深坑，以石块码砌坑壁；坑炉内堆置燃料，点火，待炉壁烧得赤红，将带毛的羊（未明是否剥皮、掏净内脏）搁在铁制的箅子上，把箅子吊入坑炉内，然后封炉。炉口先用柳枝密铺，再铲土覆盖密实，等约莫烤熟了，去土开封。可以设想，这只羊将会趴在大铜盘上被抬上筵席，按部位分切大块，再由各人亲自动刀割肉，蘸作料吃。坑炉烤羊在今天依旧流行，像内蒙古阿拉善盟及新疆维吾尔族的烤全羊。其中维吾尔族烤全羊的做法是：将羊剥皮，羊身涂抹厚厚一层由姜黄粉、孜然粉、蛋黄、芳香的杂疢、盐和面粉拌成的金黄色面糊，将其竖着吊挂在坑炉壁，用木板封炉口，之后盖上棉毯，再用沙土覆盖。经过三小时焖烤，羊肉吃起来外皮酥香、肉质软嫩。

油炸法制作的羊菜有若干道，今日看来仍令人垂涎。将哈昔泥、胡椒、荜拨和芫荽碎末、盐，掺进捶打成泥的羊肉中，捻作小饼，入油锅中炸香。在这道"肉饼儿"中，起点睛作用的是四种辛香料，混合的浓郁芳香掩盖了羊肉的膻味，其中胡椒和荜拨又是辣味来源，使之口感香辣，足以刺激味蕾。须注意，油炸所用油料，食谱注明是"小油"，亦即素油，当时北方一般将芝麻压榨的油料称作小油。宫廷制作其他油炸羊菜、炸鱼或煎炒羊肉，充当烤饼的起酥剂，偏好使用小油，有时候也用一些酥油。（后两章介绍的"姜黄腱子""鼓儿签子"也属于油炸羊菜。）

也有蒸菜，比如这道"盏蒸羊肉"。羊肉块用草果、良姜、陈皮和花椒，以及杏仁泥、松黄粉、生姜汁、炒葱和盐抓匀调味，码入盏（小碗）内，蒸至软熟适口即可。吃盏蒸羊肉，多半搭配几个"经卷儿"（一种大花卷）。

元大都的羊市、马市、牛市、骆驼市、驴骡市都在顺承门羊角市一带，是牲畜的贸易集散地，其中，羊市除了卖活羊，还销售屠宰分割好的羊肉、熟肉之类。《朴通事谚解》有这样一幕，"明日到羊市里，五钱银子买一个羊腔子"，送给张千户补祝生日。说到民间羊肉菜，《居家必用事类全集》饮食部分所载的羊肉菜占比不小，某些可能曾经流行于北方地区。

书中两份羊肉汤食谱，做法与宫廷的大相径庭。"炒肉羹"即肉丝鲜汤，精羊肉切丝，肾肱脂肪切成丁块，葱二握（一大把，要切碎）。锅里先倒入水四碗烧滚，下肉丝和葱来煮，加酒、醋调味，俟肉煮软，放脂肪丁和姜末少许略煮即成。

"骨插羹"是羊肋浓汤。羊肋一斤斩小块，加水两碗，煮至肉一变色，放两匙研碎的粳米糁、葱三握煮上一会儿，再放山药块，俟汤汁稠滑、米也软熟，下酒半盏、盐、干姜末少许和醋半勺调味，建议再加些乳饼、熟笋和蘑菇，会更美味。

此书亦有烤肉，集中在"筵上烧肉事件"这一节，介绍了可供家庭宴席的烧烤菜单，其中有数种烤羊。通常做法是，羊膊最好煮熟了再烤，羊奶肪要煮半熟后烤，羊肋枝、苦肠、蹄子、羊肝、腰子、脊肉、羊耳、羊舌均适宜直接生烧。上述食材切成合适的大块，用签子穿起来置于炭火上，其间蘸以油、盐、酱和辛香作料，再用酒、醋加面粉调成稀面糊抹在烤肉上，目的是保护肉表层，防止烤煳，频繁翻动烧烤至熟，便剥去外层硬面壳。若是烤全羊，就将之腌过五味调料，再放到坑炉里烤制。

再来介绍一道能当宴席下饭小菜的"法煮羊头"吧。将挦燎净的羊头放入大锅，只加葱五根、橘皮一片、良姜一块、椒十几粒，沸水放盐，慢火煮熟，捞出放冷后去骨切片。大约相当于白切羊头肉，只不过非凉菜，须将肉片装碗，浇些好酒，蒸热，再码入小碟内才上席。

牛肉、马肉

现代人食用牛肉的随意性和普遍程度，是古人所无法想象的。在农耕地区，耕牛如同拖拉机，是提高耕种效率的必备工具；而在游牧地区，牛则充当可靠的运输助手，并担负产乳重任，牛乳是生

《元人三羊开泰图轴》（局部）
元　佚名
台北故宫博物院藏
—
当时北方主要食用绵羊和山羊。

《老乞大》描写道，两位商人在大都城街头见一人赶着一群
羊走来，便问价："这个羖羊（公羊）、膁胡羊、羯羊（去势
的公羊）、羖羺（山羊）羔儿、母羖，都通要多少价钱？"

《文姬归汉·溪岸炊食》（局部）
南宋　佚名
波士顿美术馆藏
—
北方游牧民族煮肉的场景。在金属三足大锅中，放入分切成
一脚子（一只羊的四分之一，可理解为"一大块"）的羊或
整只鹅雁，熟后捞起，稍加分切就上桌，人们用随身携带的
小刀割肉吃。

产酥油、酸乳酪的主要原料。元末生活在浙江宁波的孔齐就曾在《至正直记》中谈及，他已决心不再食用牛肉，除了遵从母亲的遗命，亦因牛肉品质堪忧，须知从正规渠道只能买到老弱病残的劣质肉，不仅口感差劲，长期食用病牛肉还会导致慢性中毒。孔齐还坦言曾在病弱时买过牛肉来补充蛋白质，"因猪肉价高、牛肉价平"，因生活窘迫不得已而为之。他也不敢去买好牛肉，当时政府数度颁布禁屠牛马法令，屠宰健壮的牛和出售这些牛肉都是违法的。

马匹在蒙古人心中排于首位，是不可或缺的军事战略物资，马奶能酿造他们最喜爱的酒精饮料。总之，草原上的牛、马不会被随意宰杀，除非老死或不幸病亡，才会成为牧民的盘中餐。如鲁布鲁克所观察，若牛马在夏天死去，肉会被切成细条，挂起来晾成肉干，留着过冬食用，并将马的内脏制成腊肠。即使在宫廷，非大型祭祀、宴会等隆重场合，都不会宰马，而且这些场合通常仅宰一匹。

值得一提的是，马肉腥味重，纤维粗大难嚼，灌马肠比马肉本身更受欢迎。可以做"马驹儿"，将马肉和羊肉剁烂拌和香料，酿入马核桃肠[①]里，线扎煮熟，切块，蘸芥末肉丝酱便可大嚼，是能上筵席的下饭小菜；若做"马肚盘"，往马肠中灌满白血（油脂、脑浆等物）煮成，亦佐以芥末料。《南村辍耕录》记录了一件被传为佳话的逸事：元大都的著名歌姬顺时秀由于生病，食欲不振，一时只想吃马板肠，宠爱她的翰林学士王元鼎，竟命人杀死自己所骑价值千金的五花马，取肠以供馔。

① 马食管下肚板与百叶之间的部分，因形似核桃，故名。

（原）（料）

〔肉饼儿〕

精羊肉 / 三百五十克

阿魏粉或蒜粉 / 一克

胡椒粉 / 四克

荜拨粉 / 两克

芫荽叶 / 五克（或芫荽籽粉两克）

盐 / 酌量

植物油 / 油炸的量

芫荽：芫荽原产于地中海沿岸，在元朝已经是遍地种植，主要用芫荽叶和芫荽籽作为烹饪香料，前者芳香浓烈，后者调性温和，略带柑橘的香感，这两种香料在《饮膳正要》中使用了十几次。此处可用芫荽叶切碎末，或芫荽籽磨粉。

小油：通常指芝麻油。我们熟知的芝麻油，是芝麻经烘烤后压榨的熟油，油色深如红茶，但由于其发烟点低，加热后油烟很大，多用作凉拌，并不适合煎炒炸。而生芝麻所榨出的油才适合油炸，这种油颜色浅，发烟点高。亦可用其他植物油代替，如葵花籽油、花生油等。

（制）（法）

① 羊肉要取没有肥肉与筋膜的精肉块，如有，要剔净脂肪和筋膜。将羊肉切碎，然后来回剁上数十遍。

② 用肉锤将羊肉捶烂，或将剔好的净肉直接锤为泥。经过捶打，肉饼的口感较有弹性。

③ 芫荽洗净沥干水，只取菜叶，切碎末。

④ 羊肉泥中加入芫荽叶末、荜拨粉、蒜粉、胡椒粉和适量盐。

⑤ 反复揉捏，让调料均匀分布，并拍打肉团挤出空气。

⑥ 将肉泥分为十五份，取一小团肉泥，用手随意捏成饼形，但不要太厚，否则容易夹生。

⑦ 油锅烧至六成热，下肉饼，用中小火油炸。约炸十分钟，至表面呈焦黄色。

羊腱子一个，熟；羊肋枝二个，截作长块；
豆粉一斤；白面一斤；咱夫兰二钱；栀子五钱。
右件，用盐、料物调和，搭腱子，下小油炸。
——元·忽思慧《饮膳正要》

　　元朝所谓"咱夫兰"，源自阿拉伯语 za'farān 的音译，明朝通用汉名"番红花"，大约清朝时，又因经由青藏高原输入内地这条路线而得名"藏红花"。

　　番红花为鸢尾科草本植物，植株矮小，球根，叶片细长似兰草，秋季开出鲜艳的紫花。使用部位，其实是花心三根艳红的雌蕊柱头，需采收七八万朵花才凑够一斤成品。由于单位产量低得惊人，又极为耗费人工，历来是贵重香料。这些暗红色的细丝散发着微妙果香，因富含黄色素，只需很少一撮，足以泡出一碗金黄色的汁液，常充当食品染色剂。在广泛栽培番红花的地中海沿岸国家，比如西班牙、摩洛哥和希腊，以及位于欧亚之路的土耳其和伊朗，人们喜欢用番红花汁液给米饭染上诱人的金黄色。

　　此种世界上最昂贵的香料，曾现身于元朝皇家的餐桌上，从宫廷食谱《饮膳正要》"聚珍异馔"一章所载九十五道美食来看，含有番红花的菜肴竟占大约十分之一。究其原因，或许是当时医学宣称番红花具有大为缓解"心忧郁积、气闷不散"、活血的神奇功效。而在元朝之前，书籍里很少提到番红花，多半是蒙古人在开疆拓土的过程中，接触了这些异域食材并带入中国（元朝人主要通过进贡和商贸取得番红花，似乎并未移植本土，直到1965年才开始大规模引种并取得成功，上海崇明岛是国内主要产区，新疆塔城、喀什亦有广泛种植），又或许源于色目官员比如忽思慧的建议，这位膳食官似乎很熟悉波斯和阿拉伯香料的药性。

　　伴随番红花传入的，还有一些外国食谱。《饮膳正要》有道古印度菜"八儿不汤"，是由番红花、羊肉汤调煮而成的黄色浓汤，内有羊肉丁块和萝卜，一眼看有点像咖喱；"黄汤"则是一碗由鹰嘴豆碎末和羊肉、粳米熬成的黄色浓汤粥（黄色来自姜黄和番红花），内加羊肉丸子、羊肋骨块、一些熟鹰嘴豆粒和胡萝卜丁。这套食材组合极具异国情调，很可能来自亚洲中西部。

御厨在制作烤羊心和烤羊腰时，还会边烤边涂上由玫瑰水浸泡而成的番红花汁。玫瑰水，从大马士革玫瑰中提取的芬芳汁液，这种粉红色重瓣玫瑰在今天的叙利亚和土耳其地区多有栽培，土耳其软糖中就添加了此种香料。考虑到番红花和玫瑰水的产地，这款元朝宫廷版烤羊杂，或许借鉴了古老的中东菜。

此外，有三道油炸羊肉菜都添加了番红花，均是浸汁使用。以"姜黄腱子"为例：将熟羊腱子切块，羊肋排也斩成段；番红花和栀子分别浸泡出汁，加豆粉和面粉、混合香料，调成姜黄色面糊；肉块裹面糊后下油锅，炸香。

虽说菜名中有"姜黄"二字，却并没有使用姜黄。姜黄，是干燥的姜科植物姜黄或郁金的根茎，由于其外形似生姜，"姜肉"呈饱满的黄色，故得名。这种香料富含天然食用色素——姜黄素。在其原产地印度，姜黄堪称国民香料，印度人将之磨成粉末，和若干种浓郁香料粉配制出风味独特的"咖喱"，咖喱标志性的金黄色调和味觉灵魂所在（那股果木香和姜苦辛味），就是来自姜黄。姜黄约于隋唐时期传入中国，并在南方落地生根，它们多被用作药材，甚少充当烹饪香料，顶多偶尔作为食品染色剂和药膳配料出现在厨房中。事实上，姜黄的染色效果足以媲美番红花，就如安德鲁·达尔比（Andrew Dalby）在《危险的味道——香料的历史》中所言，"由于番红花价格昂贵而姜黄很便宜，所以世界各地都把姜黄当作番红花的替代品"，故有"假番红花"之称。

在姜黄腱子中，却是番红花和栀子联手，呈现类似姜黄的色泽。作为厨房调料，栀子纯粹在染色方面发挥作用，其味微酸苦，实在算不上是可口的香料。栀子是茜草科植物山栀（山栀开白色花，是单瓣的，散发浓郁香气）的干燥果实，今天多用作医药及食品着色剂，这种棕黄色的果子，与番红花一样含有大量藏红花素，是相对廉价的黄色染料。栀子在中国的栽培史相当久远，早在东汉时期，皇家染园就用栀子给皇帝染制御服（印度人则有用姜黄染衣物的传统。由于价格高昂，番红花很少用于织染）。目前，栀子广泛见于食品加工业，应用到黄油、芥末酱、糖果、冰淇淋等产品中，家庭烹饪通常拿它改善菜肴的品相，比如，为了使白斩鸡的皮色金黄油亮，在鸡煮熟出水后，抹上一层麻油以及栀子汁。

元朝宫廷时常使用的食用色素，还有胭脂。胭脂大多是从红花（又名红蓝花）中提取，这种约在两千年前传入中国的草本植物，彼时种植广泛。红花是菊科红花属，花冠由一簇丝状花瓣组成，取花瓣晒干使用。有趣的是，尽管红花与番红花两者从科属到采集部位都完全不同，但由于明代中国人所接触的是番红花成品而非植株，误认为与本地红花很像，故取名"番红花"。而从气味来看，红花散发草叶之气，番红花有一股迷人的果香。

红花的花瓣同时含有丰富的黄色素和少量红色素，能分别提取使用（黄色素溶于水，红色素溶于碱性溶液），但人们更加青睐其红色素——毕竟含有黄色素的作物已经够多了。它能将丝绢织物染成迷人的鲜红色、橙红色、红褐色等系列暖色调；古代化妆品胭脂，就是取其红色素汁液浸染胡粉制成。顺便一提，红花籽能榨油，名为"红蓝花油"，出油率低，食用不普遍。

正如《饮膳正要》载，胭脂应用在多种食品中。"春盘面"的面汤加了胭脂染成淡红色，灰白的面条泡在面汤中，颇似春日桃花盛放之意境；薄切的生鱼片（鱼脍），也由于涂抹了胭脂而呈现开胃的肉红色；姜黄鱼在摆盘时点缀的白萝卜丝，亦经胭脂染色，与黄的生姜丝、绿的芫荽叶组成三彩；剪花馒头蒸熟之后，须用胭脂水在面皮上点染花样。

由于稀有而昂贵，番红花仅在宫廷、北方上流社会及外国人中流行，食用范围并不广。而在民间烹饪中，若需要给食物比如糕点染色，红色多用胭脂或红曲，黄色用姜黄或栀子，绿色用菜汁，黑色可用墨。

其他香料

从《饮膳正要》来看，宫廷常用的香料约有二十八种，其中多数是当时中国本土常用的，少部分属"西域香料"，比如有番红花、马思答吉、阿魏和稳展。

阿魏的使用频次，比番红花还稍微高一些，蒙古人称之为"哈昔泥"（唐宋文献常通称之为"阿魏"，据说是吐火罗语"ankwa"的译音），这是从植物阿魏中分泌的树脂，呈现胶质疙瘩形态，质地软，指甲能掐动，色泽从黄白至棕黑不等。阿魏多产自沙地与荒漠，在古代南亚、中亚一度十分流行，而其在唐宋药典中亦记载颇多，元朝则常用于食疗菜和医药方面，偶尔出现在家常菜中。

阿魏闻起来臭得让人倒胃口，加热后却变为葱蒜香，入口微有些苦味，据说能促进食欲。当时人们认为，阿魏擅长"以臭除臭"，将其与发臭的败肉炖煮，可解除肉毒，兼且祛除败肉的臭味、改善口感，若用"稳展"（未榨树脂的阿魏树根）来腌渍羊肉，大能增添肉香。御厨通常是在以野味肉炖汤的时候添加阿魏，大概为了压低熊、狼、鹿、狐这些未经驯养兽肉的膻臊之气；此外，炸制羊肉和炸鱼丸，也要掺入些许阿魏增香；我们还能在两道古印度式羊肉汤中发现它——当然，只要看一看今天印度家庭的调味罐，就会明白阿魏仍旧备受喜爱，人们将它磨成粉来炖煮肉蔬或调酱。而在中国，阿魏目前常用于入药、制鱼饵，罕见于烹饪。

所谓"马思答吉"，是一种来自地中海的芳香树胶，汉名"熏陆香"或"乳香"（希腊文 Mastiha），当时西域茶饭用此香料来给腌肉酱拌味。有一道"马思答吉汤"，以羊肉、鹰嘴豆和粳米熬成，最后加马思答吉一钱。

1. 栀子；2. 姜黄；3. 红花；4. 阿魏；5. 荜拨；6. 番红花

荜拨也很受欢迎。这种长胡椒原产于印度东北地区，为胡椒科植物荜拨的未成熟果穗，短棍形，剥开深褐色外皮，可见一包粒如小米的籽实，它在中世纪的欧洲曾备受追捧，后来由于胡椒及辣椒的普及而逐渐没落。最迟在魏晋时期，荜拨已经进入中国，元朝时期已广泛种植于岭南地区（当然，舶来品质量上乘，味更辛香）。作为胡椒的近亲，荜拨拥有与胡椒相似的香气但更为浓郁，其辣味强烈而尖锐，甚至不输某些辣椒。而与胡椒不同的是，此棍状香料更常出现在药品中而非佳肴里，由于其辛辣高于其他椒类，古人相信它的药效也该特别强劲。

在《饮膳正要》"食疗诸病"这一章，多份食谱使用了荜拨，比如羊肉羹、白羊肾羹、羊脊骨羹、鲫鱼羹、牛肉脯等，甚至拿荜拨、胡椒、官桂和豆豉熬成荜拨粥，目的是缓解某些不适症状。此书还记载了一张数百年前的著名药方"牛奶子煎荜拨"，传闻唐太宗不幸患上慢性痢疾，太医均束手无策，后来依靠术士进献的这张药方，才得以神奇治愈。有趣的是，印度传统的"阿育吠陀"（Ayurveda，一种类似中医的传统养生学）至今仍然推崇此方，为了强身健体，人们将这杯加了大勺荜拨粉的牛奶一饮而尽，据说火辣烧舌。

【姜黄腱子】

羊腱子 / 二百五十克

绿豆淀粉 / 五十克

面粉 / 五十克

番红花 / 约三十根

栀子 / 两个

胡椒粉 / 三克

荜拨粉 / 两克

蒜粉 / 两克

植物油 / 油炸的量

盐 / 略咸的量

豆粉：指绿豆淀粉。其粉质洁白，价格比玉米淀粉、木薯淀粉、豌豆淀粉都要高。今天很少用这种优质淀粉来挂浆勾芡，常用于制作凉粉和粉丝。

番红花：藏红花，在西班牙、土耳其和伊朗等国家是常用香料。中国一般不用作调味品，中医认为其对已孕子宫有刺激和危害，可能导致流产，妊娠期禁止食用。

料物：一般指混合香料。可选择胡椒、荜拨、阿魏（用蒜粉代替）、陈皮、干姜、茴香等。

（制）（法）

① 将羊腱子放入锅，加水没过，放一粒草果，烧开后转小火，煮二十分钟。原方中还用了羊肋排，如有羊肋排，可加两根，每根斩作三四块。

② 捞出腱子，放凉，切片，厚度一厘米左右。

③ 将绿豆淀粉和面粉混合均匀，加入现磨胡椒粉、荜拨粉、蒜粉和盐，搅拌。原方使用绿豆淀粉和面粉共两斤（约一千克），分量过多，可能作者表述有误。

④ 提前一夜，取栀子剪开外壳，加番红花，倒入一百二十毫升开水浸泡备用。

⑤ 将栀子和番红花的汁液滤净渣滓，倒入面粉中，搅成稠面糊。

⑥ 面糊似酸奶般浓稠，呈姜黄色。

⑦ 油锅烧至油温六成热，将腱子块裹上一层面糊，下锅炸制。挂糊要挂厚点，薄的话就会透出肉的褐色，厚的才呈姜黄色。

⑧ 中小火炸约十分钟，至炸透。用笊篱捞起，沥油，便可上桌享用。其皮糯而有弹性，带一股淡淡的果木香。你也可调整绿豆淀粉与面粉的比例，使之呈现更脆的口感。

鼓儿签子

鼓儿酿肠油煎金

羊肉五斤，切细；羊尾子一个，切细；鸡子十五个；生姜二钱；葱二两切；陈皮二钱，去白；料物三钱。

右件，调和匀，入羊白肠内，煮熟，切作鼓样。用豆粉一斤，白面一斤，咱夫兰一钱，栀子三钱，取汁，同拌鼓儿签子，入小油炸。

——元·忽思慧《饮膳正要》

在十四世纪，中国北方人已经开发出很多关于羊杂的美味菜肴，如灌肺、灌血肠、鼓儿签子（灌肉肠）、羊肚羹、肝生之类。除了羊毛，没有什么是不可以吃的，那些心、肝、肚、肺、红白腰子、羊肠、羊血，羊脂、羊胰，甚至包括羊骨，每个部位都被物尽其用。姑且介绍其中某些特别之作。

王恽曾作七言律诗《琉璃肺》：

> 击鲜为具乐朋簪，辣品流馨涨绿沉。
> 犀箸喜辛忘海味，霜刀争割快牛心。
> 四筵谈屑霏余烈，一缕冰浆濯病襟。
> 胜过屠门矜大嚼，梦云飞绕蹄林深。

此诗描述了他在某次宴聚中享用"琉璃肺"的难忘细节——当他将这块汁水辛辣的、冰凉的食物，夹入口中咀嚼时，不小心滋出一缕汤汁，弄脏了衣袍的前襟。这位生活在十三世纪的元朝谏臣，似乎对眼前并不常见的珍馐很是喜欢。

所谓琉璃肺，是一种生食的灌肺。由于羊肺质地似海绵，内含许多孔隙，可从肺气管口灌进浆液，再通过挤压使之流入肺叶血管中，填满孔隙。灌满的羊肺发胀似气球，如同吸饱了水。做琉璃肺首选羖羊（公羊）肺，浆液则用杏仁酱四两、生姜汁四两、酥油四两、蜜四两、乳酪（酸奶）半斤、酒一盏、熟油二两及薄荷叶汁二合，将之混合，细绢布过滤两三遍以去净渣滓，然后灌肺。制作期间，生肺要摊在冰块上，再盖上湿布，冰镇着保鲜。灌肺完毕，即由仆人抬至筵前，在宾客的眼皮底下分切入碟，端给在座各位享用。

其口感，估计是带些果仁与油脂的甘香，有酸奶的乳味与混合蜂蜜之后的酸甜，还品尝到姜汁的辛辣，以及难以掩盖的脏器腥膻味，难以想象会是多古怪。然而，生灌肺似乎颇受欢迎，当时还有两张配方——"生肺""酥油肺"。两者均首选獐肺或兔肺，若无才用山羊肺；其浆液配方差不多，都有无须加热的奶制品、果仁，还必用辛辣的生姜、蒜、韭菜之类，不然难以入口。至于说为何得名"琉璃肺"，大概是因为冲净血污的生羊肺色泽雪白，还略显半透明，似朦胧的琉璃（玻璃）。熟灌肺则是淡黄色的，像撕了皮的熟土豆。

当然，熟灌肺才是饮食主流。《居家必用事类全集》所载家常版"灌肺"，羊肺内所灌面浆，由面粉、豆类淀粉、芝麻酱、杏仁酱、生姜汁、熟油、盐和肉汤组成。将灌肺放入大锅中煮半小时，至面浆凝固，羊肺中的孔隙被填得密密实实，切面如年糕般平滑，口感既软又弹。

同书还介绍了"河西肺"，一种从河西（甘肃、宁夏一带）传来的配方，也是使用了五种配料：面和粉，辛香汁（河西人用韭汁），坚果（松仁、核桃），油料（用酥油），味料（用蜜糖）。食时浇蒜酪。对比而言，元朝宫廷所享用的河西肺则更辣，其在辛辣方面加了重料，韭汁（六斤韭菜取汁）、生姜汁（二合）和胡椒粉（二两）三者并用，且去掉了坚果。

生、熟灌肺均可充当高级筵席的下酒菜，后者还时常现身于街头小饭馆和夜市食摊。比如，北宋开封人能在瓠羹店吃到灌肺和炒肺；而在南宋杭州城夜市的流动食摊中，在酒肆兜售醒酒菜小贩的托盘里，在沿街叫卖熟食小贩的担架上，能买到香辣灌肺、香药灌肺，食客公认最好的一家灌肺店开在涌金门。当时杭州城已有灌肺作坊，小贩无须自制，只管到作坊中批发现成熟食，是一项成熟的小吃产业。

灌肺最早的发源地已无从考证，这道古老的菜肴在宋元时期最为活跃，当时西北、华北、中原甚至江南地区，都曾经流行过灌肺。然而，进入明清之后，相关记载骤然减少，近二十年来才又以新疆伊犁维吾尔族特色小吃"面肺子"的名称再次广为人知。今天维吾

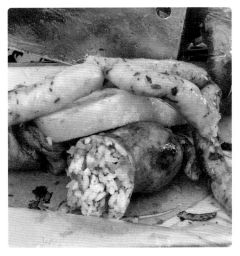

新疆面肺子、米肠子
—

面肺子和米肠子是维吾尔族的风味小吃。面肺子色如
熟土豆，米肠子点缀了缤纷色彩，通常两者搭配着卖，
均切滚刀块，浇上辣椒酱汁。

米肠子：浸泡过的大米，加切碎的羊肉（或心、肝）、
洋葱、胡萝卜等煮半熟，以花椒、胡椒码味，然后灌
入羊大肠内，扎紧。小火煮十五分钟就能出锅。

尔族人民做灌肺，多用洗面筋余下的淀粉浆、清油、一些盐，有时也加几个鸡蛋，通常切滚刀角块后搭配米肠子，浇醋、辣椒油、蒜泥、芫荽等香辣酱拌食，也有人喜欢淋上酸奶、果汁。

其他羊杂菜肴

羊肠往往用来灌制血肠。宰羊时，取羊盘肠（小肠）和大肠洗净，将冒着温气的鲜羊血收集一处，兑入等份凉水搅匀了用，这是为了防止羊血凝固过快而造成肠道堵塞，方便灌制。膳食官为皇帝所制"鼓儿签子"，是一种灌肉肠。在羊白肠内塞满调味羊肉馅，煮熟后横切为鼓形小段；再取面粉、豆粉，加番红花与栀子泡成之汁，调作姜黄色面糊；肠段挂糊，下油锅里炸香。然而，这道美味的炸肉肠仅在忽思慧的笔下昙花一现，配料中的番红花表明，此菜可能来源于中亚、西亚地区，或者说至少参考了相关外国食谱而创。

羊肚像口袋，无论是在羊肚内装入粳米、煨至烂熟的"羊肚羹"，还是塞满熟制羊肝、肾、心、肺，缝合再经炖煮的"羊藏羹"，都发挥了其形状优势。元朝宫廷在烤雁（或鹧鸪、鸭子）的时候，习惯将整只雁用羊肚裹起，待烤熟，取出雁享用。

人们会生食新鲜的羊肝。御厨在处理"肝生"上很有一套，羊肝先用凉水浸净血水，才切细丝，辅以辛辣去腥的菜丝（生姜、萝卜、辣蓼）与味料（盐、醋、芥辣），使之更为可口。民间如请客饮宴，也会做一道"肝肚生"，生羊肝丝配上薄批缕切的生羊肉、生羊百叶，肉上均涂抹炒葱油去腥，簇辣菜丝，浇酸辣的脍醋然后上桌。

红白腰子（白腰是白肾、外腰，即公羊的睾丸）很受重视，常被用作补肾妙品。忽思慧就给皇帝收集了一些此类食谱。白羊肾切片，加肉苁蓉（经酒浸制）、羊脂、胡椒、陈皮、荜拨等调料，煮成汤食，最后下面棋子，御医认为这道"白羊肾羹"对治虚劳、调理阳道大有奇效。假如皇帝想换个口味，还有一道"枸杞羊肾粥"：用腰子、枸杞叶、葱白和炒过的羊肉一起熬成汤，滤渣只取清汤，加米熬粥进食。又有将羊腰穿起来烤，据说可治疗腰眼疼痛。

再说回羊血，除了灌肠，亦常煮作血脏羹（又有羊血粉羹、羊血汤），是廉价的解馋美食。宫廷有一道"红丝"，是用羊血代替水来和面，擀切的细面条呈暗红色。

羊尾子是绵羊扁而肥大的尾部，主要由脂肪组成。这种羊油时常被应用在面点与菜肴中。可将之切碎，拌入剪花馒头、水晶角儿、撒列角儿、酥皮奄子、天花包子、荷莲兜子的羊肉馅中，增加甘香的层次；也可在鲤鱼肉泥内加入剁成泥的羊尾子，如此油炸的鱼丸会更加香口。

羊尾子还是食用油的来源，可入锅熬出清油，只是有股膻味。在十三世纪的阿拉伯地区，羊尾油是比橄榄油更重要的煎炸用油，当时有一部食谱，教授人们如何从绵羊的尾巴中提炼这种厨房必需品。元朝时期生活在中国北方地区的人，在食用"哈里撒"（用小麦加牛羊肉慢煮成糊状）时，会浇一大勺羊尾油；而在制作"秃秃麻食"（汤面片）时，那些焦香的羊肉臊子，最好用羊尾子油、羊头油或羊脂来炒制。

羊大骨，敲开，可刮出髓脂。若用熟羊髓、熟羊脂、白沙蜜、生姜汁和生地黄汁，小火煎为稠膏，即为"羊蜜膏"，这是御医给元朝皇帝准备的膏方，建议每日以温酒调一匙服下。再来介绍一道称得上是罕见的菜肴：拿三四十个羊膝盖骨，加水熬成浓汤，取汤滤净油滓，在低温下静置，使之凝结为肉冻。此菜名为"颇儿必汤"，收录于《饮膳正要》中，据说具有"主男女虚劳、寒中、羸瘦、阴气不足。利血脉，益经气"等功效。

〔鼓儿签子〕

羊肉 / 四百五十克

羊尾子或羊油 / 六十克

鸡蛋 / 三个

生姜 / 两克

葱 / 十二克

橘皮 / 一克半

料物（胡椒粉、荜拨粉）/ 各一克

羊白肠 / 一段（六十厘米长）

绿豆淀粉 / 六十克

面粉 / 六十克

番红花 / 三十五根

栀子 / 三个

植物油 / 油炸的量

盐 / 酌量

羊尾子膻味较重而且不容易购买，可用其他羊油代替。

羊白肠即羊大肠，因大肠壁挂着一层白似霜雪的穗子油而得名。大肠很长且粗细不一，选择其中较粗的一段使用。

（制）（法）

① 羊肉剔去筋膜，切成碎丁。羊油也剁碎，一同放入料理碗。

② 生姜切末；葱切碎；橘皮碾成末；鸡蛋敲开，打成蛋液；再加胡椒粉、荜拨粉和适量盐，充分搅拌成馅。

③ 清洗大肠：先用温水冲洗大肠；把大肠翻个面，放面粉抓洗几分钟，冲净，再抓一把食盐搓揉一会儿，也用温水冲净；然后将肠子翻面，如上法清洗，即基本能将黏液与脏器味除净。羊大肠油面在内，光面朝外，一头用棉麻绳扎紧，开始灌肠。

④ 每塞进一大团肉馅，用手将馅捋至尾部，并将多余的空气挤出。分多次灌制，直至填完为止。馅要塞得稍紧一些，使肠身饱满。也可像灌香肠那样隔一段扎一根绳，分为三小节。

⑤ 灌肠冷水下锅，可放姜片和葱段，烧开转小火。煮制前期，用竹签在肠壁上扎数个孔排气，以防肠壁胀破，直到气孔不再滋血水，将血沫撇净，加盖煮五十分钟。

⑥ 将肉肠捞出晾凉，切成形似小鼓的厚片。

⑦ 取番红花和剪碎的栀子，加一百三十毫升热水浸泡一夜，滤净渣滓。绿豆淀粉和面粉各半混合均匀，倒进橙色汁液中搅拌。面糊浓稠如酸奶，能挂厚糊。

⑧ 起油锅，待油温达到六成热，将肠段蘸糊后下锅。

⑨ 中小火炸十分钟，直至炸透。

羊皮面

细批羊肤充汤饼

羊皮两个，抖洗净，煮软；羊舌二个，熟；羊腰子四个，熟，各切如甲叶；蘑菇一斤，洗净；糟姜四两，各切如甲叶。

右件，用好肉酽汤或清汁，下胡椒一两，盐、醋调和。

——元·忽思慧《饮膳正要》

多亏南宋使臣洪皓撰写了《松漠纪闻》，让我们得以窥见十二世纪北方民族的某些饮食趣闻。比如，有这么一则：当金朝的达官贵人在款待贵宾时，只要摆上连皮烹制的羊肉，主人必定会指着它向客人夸耀——"此全羊也"。

如非特地标注，那时烹饪著作所介绍的羊肉食谱，默认使用去皮者，难怪"千里肉"（一种肉脯）要注明原料使用"连皮羊浮胁"，即带皮的羊排骨肉。这样看来，《饮膳正要》收录的这道"羊皮面"，简直就是其中的异类。制作此菜品，需拿羊皮两大张，先将之煮熟，切如面条状，再配以切片的熟制羊舌、羊腰子、蘑菇和糟姜，用鲜美的肉汤烩作一锅，这大概是在模仿一碗羊杂汤面。羊皮富含胶原蛋白（比猪皮更为细腻），嚼起来弹牙爽滑。即便至今，整个北方地区都甚少食用羊皮，而南方则不然，这里的红烧羊肉、白切羊肉都要带皮，究其原因，就如当代学者梁实秋在其美食散文集《雅舍谈吃》中所言"因为北方的羊皮留着做皮袄，舍不得吃"。

使用皮草是古人在保暖设施不发达时的无奈之举。在当时，绵羊皮是北方人家较易获取的现成保暖衣料。法国修士鲁布鲁克亲眼所见，为了抵御酷寒，蒙古人过冬至少要套两件皮袍，里面那件毛向内贴着身体，外面那件毛向外——此层通常是更美观的狼皮或狐狸皮；穷人则用廉价的羊皮和狗皮。而在相对温暖的元大都，居民往往只穿一层带毛的皮袍就足够了，下身也套着窄管皮毛裤，人们总是在来年回暖的三月、四月间，把这身冬衣低价出手，待寒冬才又急忙添置，完全不在乎是不是二手货。

当然，羊皮的品质分三六九等。用成年绵羊皮料硝制的羊皮袍，

《元世祖出猎图》（局部）

元　刘贯道

台北故宫博物院藏

——

这件华丽的皮裘由上百片带尾银鼠皮缝制，点缀的黑条，即为鼠尾尖。衣领及袖口的镶边毛茸茸的，应为紫貂。《析津志辑佚》所言"有以银鼠带尾为衣饰，缘以黑貂尤为精美"，正是图中这款。

北齐徐显秀墓室壁画（局部）

太原北齐壁画博物馆藏

——

墓主身穿带尾银鼠袍。

总是有股除不掉的膻味，皮张也太过厚重，毛色通常是灰白的，毛丝摸起来粗糙刺硬，总之既不舒适也缺乏美观性，好处在于量大价廉。上流社会则更青睐羔羊皮，此种皮料轻薄柔软、手感细腻且又不膻，属于高档面料。在大德元年（1297），元成宗曾对帽匠新制的"黑羔儿细花儿斜皮"暖帽表示十分满意，其料子就取自黑毛的小羔羊。只不过，羔羊皮的生产颇为残忍，被选中的小羊顶多只能存活七个月，更有甚者，明末刊印的《天工开物》中提到，顶级羔皮来自胞羔（尚在腹中的胎羊）和乳羔（刚出生的小羊）。

元朝宫廷消耗了大量上等皮料，供皇室自用以及赏赐。其中，他们对"一白一黑"两类皮料最为偏爱——白色，指银鼠，属鼬类动物，成体约巴掌大小，辽东多产。银鼠的毛色随季节脱换，在夏季，其背部和四肢均呈咖啡色，腹部毛色洁白，以便隐匿于树石丛中，冬季通体雪白（腹下微黄），仅在尾部末端混生黑褐色毛，换了冬毛的银鼠与积雪融为一体。人们通常在严冬猎取银鼠，无论是从厚度上还是色泽上来说，冬毛都最为优质，况且游牧民族偏好白色，视白为吉祥之意。

黑色，即指紫貂，与银鼠同属鼬科，体重约为银鼠的十倍，体格与家猫相当，身体细长如黄鼠狼，尾部长而蓬松。紫貂又别名黑貂，其毛色既非紫又非黑，最深时会呈现黑褐色（因品种及个体差异，亦有灰褐、黄褐等），因皮毛在光照下会略微闪着紫光而得名。当时的人们认为紫貂皮的皮板很轻，没有让人不适的重坠感，皮毛又软又厚，绒毛密度高因而保暖性能极优越，富有光泽的毛丝具有华贵的视觉感受，故一度被誉为皮毛之王。[①]

可以在多种场合见到这些奢华的料子。按《元史》载"天子质孙"冬服，其中一套是由银鼠制——银鼠袍，搭配银鼠比肩、银鼠暖帽，通常在元旦举办的大朝会上，皇帝要穿戴这类白色盛装。又据马可·波罗观察，蒙古人"衣金锦及丝绢，其里用貂鼠、银鼠、灰鼠狐之皮制之"，即面上用华丽的织金锦、底下缝了银鼠皮衬里来保暖，此法可以做出花样繁丽而又暖和的服饰。《红楼梦》王熙凤就拥有若干套这类昂贵的衣物，比如五彩刻丝石青银鼠褂、石青刻丝灰鼠披风、大红洋绉银鼠皮裙。

有一种银鼠袍华丽无比，但以今日目光来看难免透露着"惊

① 紫貂现为国家一级重点保护野生动物，受到相关法律保护。

悚"——这是用许多张带鼠尾的银鼠方皮，整齐拼接缝合而成，一根根鼠尾悬在上面，像蘸了墨汁的笔头，形成点状装饰。粗略估算，制作一袭裘袍，需用上百只银鼠。这袭裘袍的边缘部分，如衣领、袖口均缝缀了紫貂皮，元朝人认为紫貂皮名贵，故将之使用在多种皮袍上。紫貂皮亦可用于制裘，元朝达官所穿的貂皮衣，通常会在前襟缝上金锦织物。

次等的银鼠和貂鼠皮（间杂色，或毛丝相对稀疏者），则多充当皇宫里的软装，如随处可见的帷幄、帐幔、被子以及褥垫。在元大都皇宫中多处"便殿"（处理政务或奉佛事、休憩的小型殿室），都张挂着银鼠壁衣。所谓"壁衣"，是一种墙壁保暖物，用数不清的银鼠皮缝成一张巨大布幕，能将整幅墙壁遮盖起来，以减少室内热量散失。而在宫里等级最高的殿室——大明殿（此为举行登基典礼、寿节庆贺、正旦及大朝会之场所），为了营造威严之气，殿中有用整张虎皮缝缀的壁幔，这是比貂鼠皮更加难得的皮料，一张虎皮能折合貂皮五十张。

香阁，除了布置银鼠皮壁幛，还架设了一顶以黑貂皮缝制的暖帐，置身帐内风寒不侵。据说"皮暖帐"直至清末仍流行于北京，

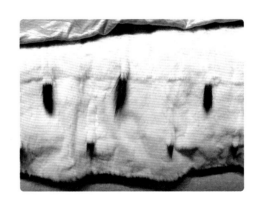

加冕斗篷
莫斯科克里姆林宫历史文化博物馆藏
—
带尾银鼠袍的流行时间很长，地域跨度亦广。公元六世纪，山西太原北齐墓室壁画中的贵族画像，就身披这样一件袍子。而在1856年，俄国玛丽亚·亚历山德罗芙娜皇后所披的加冕斗篷，亦以此种方式制作。

有的大型暖帐如同一间房中房，能容纳床榻、桌椅、杌凳等家具，人们便在暖帐内休憩、读书和游戏消遣。制作暖帐的皮质不拘，但以黑貂为上品。由于皮料不透光，进入帐内往往漆黑如夜。清康乾年间的曹庭栋说起，人们会在皮帐前方开一些圆形窗口，再糊上薄纱或安装更明亮的玻璃片以采光。此外，由于银鼠皮纯白易改色，为皇室供造皮毛制品的"貂鼠局"曾将银鼠皮染上五彩，再根据颜色剪裁，缝缀，拼成一幅金龙盘绕关王（关羽）的画像，用作端午节之驱祟挂饰。

青鼠（灰鼠），皮毛质量次于银鼠，这种松鼠科小动物的背部毛色为青灰色，腹部呈灰白色。剪裁时，元人一般会将毛皮按颜色裁开，青灰部分用来制衣，灰白的皮张则缝缀为褡护（半臂皮袄），时人认为后者更值钱。狐狸毛也很受重视，有带银白色针毛的银狐、棕红色的赤狐等，还有尾部有红褐相间条纹的九节狐（俗称小熊猫），均常被用于制暖帽及帷帐等物。所谓猞猁（土豹），是一种形貌类似于野猫的"大猫"，其皮毛呈灰褐色，上布满斑点，元宫曾把贵重的猞猁皮制成比甲（长马甲），用来赐给贵妃。毛短淡绿带黑斑点的海豹皮较为少见，其产于东北海边，鲁布鲁克首次拜见蒙哥汗时，见"他坐在一张榻上，穿着一件带斑点的光滑的皮衣，很像是海豹皮"。

在元朝北方人的皮草名单中，还包括金钱豹、豺狼、香獐、獾子、水獭、貉、各种狸（黑狸、青狸、花狸）、各种鼠（山鼠、赤鼠、花鼠）等，人们将所有能找到的御寒之物都尽可能地利用。

相对而言，在长江以南穿戴皮货并非十分必要，皮毛也只在富裕阶层中流行。由于南方饲养鹅鸭普遍，较早使用羽绒。在唐朝岭南风土记《岭表录异》和《北户录》中就曾提到，当地酋豪过冬盖的是鹅毛被，这种被子既暖和又轻软，不输丝绵被。精选鹅头顶及腹下的细软毛（需蒸过再用）做被芯，以布帛做被面，等装好鹅绒，再像稻畦那样纵横缝纳，以固定鹅绒使之更匀。人们认为鹅毛被尤宜给婴儿保暖。

【羊皮面】

羊皮 / 一小张（边长三四十厘米）

羊舌 / 半个

羊腰 / 一个

鲜蘑菇 / 五十克

糟姜 / 二十克

羊肉清汤 / 六百毫升

胡椒粉 / 两克

醋 / 酌量

盐 / 酌量

羊皮：宜选羊背、羊身之皮，其厚薄均匀，规整
度亦佳；而羊腿上的皮厚薄不一致。

羊腰、羊舌：均需清洗干净，加料去腥，白水煮
熟备用。鲜羊杂不易买到，洗煮亦较为烦琐，可
到白切羊肉铺购买现成熟食。

（制）（法）

① 最好找一张形状比较规整的羊皮，将羊皮内面紧贴的皮下肉膜剔净。

② 羊皮冷水下锅，焯煮两分钟，取出冲净泡沫，换新水，加姜片、葱段，小火煮五十分钟至六十分钟，至软弹而易嚼动。

③ 捞出，平摊散热。若羊皮卷得厉害，拿平板压在其上，使之平整。

④ 蘑菇去柄，焯煮三分钟，攥干水后切小片。

⑤ 熟羊舌和熟羊腰分别切片。把糟姜表面的糟泥洗净，亦切小片。

⑥ 可用直尺辅助定位，把羊皮均匀切成长条，粗细随意，可切宽度四毫米至六毫米，看起来形如面条。

⑦ 提前备好羊肉清汤。可用六百克带骨羊腿肉，放姜片、葱段，加水熬煮一小时，滤出清汤备用。将羊肉清汤放入小锅中烧开。

⑧ 下羊皮、菜码搅动，关火。加盐、醋、胡椒粉调足味，即可享用。

乞马粥

香鲜甘肥肉汤粥

羊肉一脚子，卸成事件，熬成汤，滤净；
粱米二升，淘洗净。

右件，用精肉切碎乞马。先将米下汤内，
次下乞马、米、葱、盐，熬成粥。或下圆米，
或折米，或渴米，皆可。

——元·忽思慧《饮膳正要》

与一般理解中以清水来熬煮的粥不同，《饮膳正要》所载粥品，
大多是用各类汤汁熬制。这些由忽思慧团队从过往典籍中搜罗的粥
方（此法在唐宋食疗粥方中很常见），是为给元朝皇帝滋补身体。

其中一类是肉汤粥。首先来熬制肉汤，汤渣不要，只需滤取
清汤，再加入谷米熬煮而成。假如拿一副捶碎的羊骨熬取清汤做粥，
即为治疗虚劳、腰膝无力的"羊骨粥"；"枸杞羊肾粥"需用枸杞
叶一斤、羊肾两对、葱白一茎和经油炒的羊肉半斤，来熬制用于
煮粥的肉汤。此外还有"猪肾粥"，清汤由猪肾、草果、陈皮与缩
砂熬成。

所谓"乞马粥"，是一种羊肉汤粥。乞马，蒙古语意为碎丁、小
块。先取一大块羊肉剁成小块炖取清汤，在这锅鲜美的汤内添加粱
米，熬煮至熟，之后放切作乞马的精羊肉和调料，调出一锅香鲜黏
滑的肉汤粥。粱米还可换为"圆米"（亦称"渴米"，粳米经粗捣，
挑选出颗粒圆净的碎米）或折米（将粟米舂捣，挑拣圆净者）。如今，
甘肃岷县的牛羊肉糊糊、宁夏的传统羊肉粥，均属于肉汤粥一类，
前者讲究用牛骨头汤或羊肉汤，与粳米、碎肉片同煮至浓稠，美味
又暖身。

假如在"乞马粥"配方的基础上，去掉羊肉乞马，则谓之"汤
粥"；若将羊肉和羊汤都去掉，只用清水熬成素粥，则叫"粱米淡
粥"；另外，把粱米替换为河西米（河西地区产的某种谷物，据说
颗粒较硬），如法烹煮的是"河西米汤粥"。

还有一类药汤粥，用香料或草药的汤汁来代替清水。比如，用
于疗养脾胃虚弱的"荜拨粥"，由荜拨和胡椒各一两、官桂少许，

再添豆豉半合煮汤，做成棕色的咸辣汤熬粥；调理心腹冷痛的"良姜粥"，使用高良姜粉来调煮汤汁，这种产于中国南方的地下茎块，散发浓郁的芳香且味道辛辣。有一道针对虚弱、骨蒸的"生地黄粥"，将生地黄切碎后榨取一合（约一百毫升）汁液；再把酸枣仁磨成泥，然后兑水，用布帛包起绞取汁液两盏，用这两种汁液混合熬粥。而煮"荆芥粥"所用汤汁，用荆芥穗和薄荷叶各一两，加三合豆豉制成，粥米建议选用白粟米。当然，种种药粥大概都谈不上有多好吃。

在当时，日用粥种类多样，在此不详列。有趣的是，十三世纪杭州人煮腊八粥，多用核桃、松子、柿干、栗子之类果品；而元大都的腊八粥则完全不同，人们会食用红色粥——寺院煮红糟粥，官员士庶均做朱砂粥（朱砂，一种红色矿物），红糟与朱砂的加入，是为了将粥染红。

粱米

从《饮膳正要》一书来看，宫廷煮粥的谷物，多用粳米、粟米和粱米，当时药典认为粱米最益脾胃。粱米，其实是粟类的一个品种，粟中最广为人知的作物是小米，而古人将品质好、颗粒略大的某种粟称为粱。据明代《本草纲目》介绍，可从谷穗的外观来区分两者，"大穗、长芒、粒粗"即为粱，而"穗小、毛短、粒细"即为狭义上的粟（小米）。据学者考证，在目前尚存的谷子品种中，穗毛较长的"毛粱谷""大毛粱""赤巴粱""毛粘谷"，应该就是古文所指的粱。

在粱米类目下，又包含若干品种。按种粒颜色划分，有黄粱米、白粱米、青粱米。黄粱，顾名思义是黄色的，形圆如小米，在一众粱米中公认是颗粒最大、口感最好的，香美胜过粟米。至于白粱米，口感稍次，据说未脱壳的谷子略扁长，不像小米那么圆，其米粒灰白，与黄粱均宜蒸饭。青粱米，其米粒微呈青黑色，颗粒比黄、白两者都要小一些，口感更差，色泽亦欠讨喜，故人们不愿意多种，但其颇受道家的欢迎，被视为"轻身延年"之物。此外，青粱米尤宜加工饴糖，其糖色清透而洁白，品质比其他谷米所制的都要好。今天市面上还能看到青黑色的和灰白色的"小米"，或可据此想象青、白粱米。

由于粱米的亩产低，容易折损耕地肥力，因此人们更愿意种植高产的粟。早在两宋时期，粱米的栽种量已呈下降趋势，数百年来，随着粮食作物的选育与演化，小米成为食用最为普遍的一种粟，粱米却几乎无人知晓。

话说回来，黄粱米曾在文艺作品中扮演重要的配角。"黄粱一梦"之典故，至少传播了上千年——自唐朝《枕中记》起，至今演绎出很多版本，元杂剧作家马致远亦曾参与改编了新版《黄粱梦》。虽说每个版本的角色设置与故事细节不尽相同，但总会有一个核心剧情，即主角在等待黄粱米饭炊熟期间，困倦不支堕梦，在梦中享尽梦寐以求的富贵荣华，但最终落得云烟散——真个"黄粱未熟荣华尽"！这使得主角感叹诸事皆虚，遂大彻大悟。

水饭

炊黄粱饭，大概是先将淘好的黄粱米倒进滚水锅，煮至六七成熟，然后捞出沥水，置入饭甑中猛火蒸熟。由于古代没有电饭锅，人们做饭常用蒸、煮二法：蒸饭做法如上（操作可控，不会焦煳，米饭颗粒分明），闷煮法则是将米与适量水入锅，烧煮至米粒涨大、水分也收得差不多时，便撤火，闷上好一会儿，饭就软熟了（对水、米分量与火候的掌控要求更高，锅底通常有锅巴）。元朝人会用小米做粟饭，也会用大麦仁做麦饭，"白米饭"由稻米所制，亦称大米饭，大米包括籼米和粳米，用粳米炊煮的则称粳米饭，"香粳米干饭"用的是"香粳米"这个品种。此外还有一种水饭。

元大都的商贩、工匠等小市民习惯吃"水饭"作为早晚便餐，水饭用大乌木盆盛着，一家人围坐，以木匙分食。下饭之物，不外乎是切碎的辛辣生菜（葱、韭、蒜）、一碗自家腌的咸酱，实在太穷就拿碟干盐。

所谓水饭，就是下锅时水多米少，煮至米粒如饭（不能像粥般糜烂）。若将煮好的米用漏勺撩起，打一桶扎凉的井水，投之淘拔凉透，便捞起盛碗享用，即为元杂剧《立成汤伊尹耕莘》这句戏词"新捞的水饭镇心凉，半截稍瓜蘸酱"所提及的水饭。入口凉齿，饭

福建省将乐县光明乡元墓壁画（局部）

—

灶台上有一只桶状饭甑，桶身用木条箍成，桶中应装有蒸隔，带竹编盖子。

粒之间不粘连，三伏天扒拉起来特别能清热解渴，而就着水饭下肚，总要有极咸或辣的小菜。

在宋元时期，这类水饭既是普罗大众喜爱的饭食，也能上得了席面。北宋开封城每到六月，那些设在街衢巷陌的食摊多有开卖"大小米水饭"，此类食摊兼售炙肉、干脯、莴苣笋、芥辣瓜儿等，可能被拿来佐饭。宋人黄休复在《茅亭客话》中讲述了一件神怪故事：袁氏留客吃了一顿水饭和咸豉的家常饭。三日后，暴雨溪涨，村民捕获一条大鲤鱼。剖鱼腹发现内有水饭及咸豉少许，袁氏醒悟客人原来是鱼。再来看宫廷宴席，比如宋徽宗的生辰宴，第九盏下酒物为"水饭、簇饤下饭"，后者估计是由若干种重口味小菜组成簇饤拼盘。就连在金朝接待南宋使臣的官宴上，也曾经于宴会末尾，把一套"粟米水饭"和"大簇饤"端上席。

明清以来，关于绿豆水饭的记载就更多见了。明末清初长篇小说《醒世姻缘传》第二十三回，有一段关于水饭及其佐餐小菜的描述："一大碗豆豉肉酱阑的小豆腐、一碗腊肉、一碗粉皮合菜、一碟甜酱瓜、一碟蒜苔①、一大箸薄饼、一大碟生菜、一碟甜酱、一大罐绿豆小米水饭"，这一桌子饭菜想来很能调动胃口。也可从金受申所著《口福老北京》获知，在民国时期的北京城，切面铺"用熟米饭煮为水饭，汤、米两分……绿豆也不去皮"。当时卖水饭的小贩会这样吆喝："水饭呐！豆我儿多啊！豆我儿多啊！败心火耶！绿豆儿水饭啊！要先尝啊！我的绿豆水饭呐！"

现如今，水饭在东北地区仍见流传，多俗称捞饭，常用小米、高粱米或玉米渣，也会用旧时稀罕的大米。将饭煮好并淘洗完毕，便兑入些凉水拌吃。人们习惯在闷热难耐的夏天制作水饭，食之爽口开胃。

① 今作蒜薹。

【乞马粥】

带骨羊肉 / 六百克
黄小米 / 一百二十克
小葱 / 六根
盐 / 酌量

粱米不容易找，可用常见的小米代替。粱米是一种像小米，但比小米颗粒略大的粟，为粟中精品。

山西特产沁州黄小米、辽宁朝阳大黄米

黄小米和大黄米，都是北方多见的谷类粮食。小米是"粟"，大黄米即"黍"，分糯性和粳性，糯性的又称糯黍子、软糜子米，适合磨面蒸年糕、煮粥；粳性的糜子米，能做黄馍馍、酸饭、炒米。

脱壳后的小米与大黄米较像，但若把两者对比着看，区别会很明显。图中左边的为小米，颗粒小，颜色更深；右边的为大黄米，谷粒看起来大一倍，呈淡黄色。

小米谷穗、大黄米谷穗

两者的谷穗则完全不同。左边是大黄米的谷穗，由多条分散的细穗子组成；右边是小米的谷穗，谷粒紧聚在一起，像一根粗麻绳。

⊛ 制 法

① 羊肉块冷水入锅，焯去血水，捞起，放入汤锅，加足量水，煮沸后捻小火。可放草果一粒或姜片、葱段。

② 煮六十分钟左右。

③ 将羊肉捞出，羊汤滤净杂质。

④ 剔取熟肉块上的精肉部分，切作丁片。葱洗净，切碎。原文并未说明"切碎乞马"的精肉是熟肉还是生肉，这里可用熟肉切用；或参考宋朝养生著作《养老奉亲书》"羊肉粥方"，另留下四两生羊肉来切用。

⑤ 提前将黄小米清洗，加清水浸泡十五分钟。

⑥ 黄小米沥干水，倒入羊汤中。

⑦ 约煮五分钟，至米粒半开。

⑧ 放肉丁片、碎葱、少许盐，搅匀。

⑨ 滚煮一会儿至熟即可。

● 注意事项
梁米二升，约合今一千九百毫升。

羊肉一脚子，卸成事件；草果五个；回回豆子半升，捣碎，去皮；沙乞某儿五个，系蔓菁。

右件，一同熬成汤，滤净，下熟回回豆子二合，香粳米一升。熟沙乞某儿切如色数大，下事件肉、盐少许，调和令匀。

——元·忽思慧《饮膳正要》

沙乞某儿汤

鹰豆蔓菁汤粥滑

在当今欧亚之路上，最经典的豆类应属鹰嘴豆。它是西亚、北非与南亚次大陆地区十分重要的口粮，无论是在埃及、以色列、巴勒斯坦，还是在黎巴嫩、土耳其，人们餐桌上都能看到一盘称为"胡姆斯"（hummus）的奶油色鹰嘴豆泥，它是皮塔饼（pita）的最佳搭档，亦常充当沙拉与烤肉的蘸酱；若将鹰嘴豆磨成粉制饼再入油锅中炸得香脆，则是埃及人和印度人都熟悉的街头小吃；而一碗正宗的伊朗经典浓汤"阿什"（Āsh），须用鹰嘴豆与蔬菜块同炖。

令人意想不到的是，这种圆球形带一尖嘴的淡黄色豆子，在元朝宫廷膳食中同样很常见，通常用于炖汤。在《饮膳正要》收录的数十道羊肉养生汤食中，其中有十五道都添加了鹰嘴豆。

以"沙乞某儿汤"为例：用羊腿一个、草果五粒，半升磨碎去皮的鹰嘴豆和五只沙乞某儿，加入足量水炖煮；滤掉汤渣，取用清汤；然后在这锅兼带羊肉鲜与豆香的清汤中，再倒入鹰嘴豆一小碗、香粳米一升，熬至豆米软熟；最后将熟沙乞某儿和羊肉分别切作骰子丁块，投入肉汤粥中搅匀，撒少许盐，即可享用。

读音奇怪的"沙乞某儿"，并非什么神秘食材，它是阿拉伯语"saljam"的音译（亦作沙吉木儿），即指蔓菁的块根，俗称圆菜头、大头菜，原产于地中海沿岸，早在两三千年前就已广泛栽种于中国北方地区，至元朝仍是备受普罗大众信赖的救荒作物，价廉又高产。蔓菁根形似圆萝卜，肉质与口感颇似白萝卜，味微甜，切开有一股难以形容的气味（有人说像铁锈）。

当元朝皇帝表现出脾胃不适、食欲减退的症状时，膳食官可能就会给他试试这碗肉汤粥。今天看来，沙乞某儿汤亦称得上可口，肉汤打下鲜香的基调，而鹰嘴豆析出的淀粉带来了浓稠顺滑之感，似板栗的香糯，也提升了风味，蔓菁则融入甜味，大颗的豆子、肉菜丁和小粒的粳米交织而成的口感层次丰富，食之饱肚暖胃。

有必要对此类型的羊肉汤食进行着重介绍。它们在宫廷食谱中留下了相当浓重的一笔，相反却在民间食谱中缺乏记载，似乎并不为大众所了解；它们的烹法如出一辙，风味相似，然配料十分多样，甚至运用一些进口食材；它们各具滋补效用，担负保健摄生之责。以下是部分汤名：

马思答吉汤　大麦汤　八儿不汤　沙乞某儿汤　杂羹　木瓜汤　瓠子汤　松黄汤　秒汤　大麦筭子粉　大麦片粉　糯米粉挡粉　河豚羹　黄汤　鸡头粉馄饨　鸡头粉雀舌棋子　鸡头粉血粉　鸡头粉撅面　鸡头粉挡粉　阿菜汤　荤素羹　珍珠粉　团鱼汤　三下锅　葵菜羹　苔苗羹　苦豆汤

总体来说，做这类汤食，首先需要熬制羊汤并滤净渣滓——以羊肉、草果为基础，按不同配方需要，有时另加良姜、官桂，有时添入磨碎的鹰嘴豆。待备好底汤，接着，往汤中加入诸色食材烩煮。

有肉类——要么用炖汤的熟羊肉，切骰子块、丁头块、条状或指甲片；要么另取生羊肉，切细乞马（碎丁块）后炒成羊肉焦丁，或制馅料包作馄饨；又有拿羊后腿肉剁碎了抟为肉弹儿（肉丸）；还有将风干羊胸子片切使用。当然了，羊头、羊心、羊肝、羊肚、羊肺、羊舌、羊腰子、羊尾子、灌入血脂的羊白血双肠等杂碎，均可煮熟了切用。其中，只有"团鱼汤"没放羊肉，而是用了熟甲鱼块。

有蔬菜——常选择蘑菇、白萝卜、胡萝卜、山药、瓠子、蔓菁、蒲笋、黄瓜、藕这些耐煮的块茎与瓜果，偶尔也用白菜、台心菜、葵菜、韭菜等叶子菜，最后再加些糟姜、瓜齑、乳饼、煎鸡蛋皮、罗勒、芫荽叶和葱充当配菜。

大部分都有添加主食——其中五道像"沙乞某儿汤"那样，汤内同时加了鹰嘴豆和香粳米，"大麦汤"则放了两升大麦仁，它们都相当于肉汤粥。但显然，人们更喜欢往汤中添加形形色色的面食：

"大麦篓子粉"，放了由大麦粉与豆粉和面、制成算篓状的细棍形面段（让人联想到新疆的炮仗子）；"苦豆汤"，可添加圆薄片状的河西兀麻食（秃秃麻食），或形如米粒的米心棋子面；"鸡头粉雀舌棋子"，即以两份鸡头粉掺一份豆粉和面，擀薄，切成雀舌棋子（菱形面片）添入汤中；"鸡头粉撅面"，是将鸡头粉、豆粉与面粉同和，做撅面（类似揪片子）下汤。此外，"河豚羹"搭配的是一种带馅面食，用面皮包着羊肉馅，捏作河豚（应是形似河豚的小饺子），油锅里炸好，便投入热气腾腾的羊肉汤中为羹；"鸡头粉馄饨"里的馄饨，则是用鸡头粉与豆粉混合做皮来包羊肉馅，做成枕头馄饨；"三下锅"汤中浮沉的羊肉指甲匾食，也许是一种扁平而迷你的羊肉饺子。有时候，汤里的食料堪称混杂，想象一下，在一碗"鸡头粉馄饨"汤里既有馄饨，也能吃到香粳米和鹰嘴豆；而"三下锅"竟同时含有大个羊肉丸子、丁头棋子面和羊肉指甲匾食，料多而丰足。

调味品决定了每碗汤的味觉基调。在许多例子中，这类汤常以胡椒、少许盐、醋调味，口味清淡，而其中某些则较为特别。"八儿不汤"使用番红花、姜黄、胡椒和阿魏等香料调汤，使之呈现似咖喱般的土黄色调；"马思答吉汤"的灵魂配料是乳香，这种芳香树脂闻起来有股甜味；"木瓜汤"突出的风味是酸甜，由两只木瓜榨取的极酸的木瓜汁和四两砂糖调成；至于"荤素羹"，加入一斤麻泥（芝麻酱）和半斤杏泥（杏仁泥）调汤，使汤汁具有果仁的油脂风味，此做法并不常见。

种种迹象显示，这类养生肉汤并非纯粹的蒙古传统风味，而是融合了多民族元素。现代美国学者加里·保罗·纳卜汉（Gary Paul Nabhan）在《香料漂流记》一书中提到，1939 年出版的《美味浓汤》中有一份"将羊肉与鹰嘴豆炖煮"的羊肉食谱，此与忽思慧收录的某份食谱几乎完全相同；在对"哈利拉汤"（harira）这道古老的传统菜肴进行研究之后（从其著作中收录的这份哈利拉汤配方来看，那些熟悉的食材，如干鹰嘴豆、羊肉、蔬菜块、各色香料粉和番红花，无不在提示着它与上述羊肉汤食之间的巧合），再考虑到元朝与欧亚各国之间的频繁接触，他声称，忽思慧很可能对波斯、阿拉伯与突厥菜肴颇为熟悉，并将这些富含营养的异国风味引入元朝宫廷。

《备宴图》（局部）
内蒙古巴林左旗滴水壶辽墓壁画
——
可以根据这只圆腹三足釜鼎和这套餐具，想象蒙古人
熬煮肉汤、食用肉汤的场景。

《饮膳正要》插图（明刊本）
台北故宫博物院藏
——
沙吉木儿，又称沙乞某儿，即蔓菁
的块根。

此外，外国学者查理斯·帕瑞曾在一本刊物中谈及一道十六世纪（约在明代中后期）的"蒙古汤谱"，与上述羊肉汤食显然也是一脉相承——这是将肉块、鹰嘴豆加水煮软，再放入大米煮半小时，并调以鲜姜、胡椒粉、桂皮粉、小豆蔻、丁香等味料，最后下洋葱片及蒜泥，做成鲜香浓郁的肉汤粥。这则重要的史料表明，在元朝灭亡后两个世纪，蒙古人仍然流行此类汤谱。

　　毫无疑问，在异国风味东传的过程中，中国西北地区受到的影响最早也最深，许多外来饮食与当地饮食并存甚至融合，继而保留至今。无怪乎从那些羊肉汤食中，还能发现今天内蒙古及新疆回族人民传统的烩粉汤、杂碎粉汤、粉汤饺子、新疆汤饭（雀舌头面旗子、揪片子、炮仗子、麻食子等）的影子。如今，新疆喀什维吾尔族人喜爱的那碗名为"亚麻阿西"的杂蔬炖汤，显然与"沙乞某儿汤"颇有相似之处，其做法是将当地盛产的"恰玛古"（即蔓菁）切丁，配以鸽肉块、鹰嘴豆以及数种蔬菜丁，小火炖煮为汤食。

【沙乞某儿汤】

带骨羊腿肉 / 六百克
鹰嘴豆 / 一百一十克
粳米 / 一百一十克
草果 / 一粒
蔓菁 / 三百五十克
盐 / 少许

鹰嘴豆：起源于西亚及近东，是中东地区广为栽种的豆类。早在辽金时期，中国北方曾有关于鹰嘴豆食用与种植的零星记载，时称"回鹘豆"。而在中国古文献中，鹰嘴豆烹饪食谱很少，且大多集中在元朝宫廷。

新疆食用鹰嘴豆的历史悠久，自1997年新疆农业科学院选育出优质高产的良种后，更是大规模推广种植。其中，木垒哈萨克自治县是全国最大的鹰嘴豆产地，纪录片《新疆味道》介绍，鹰嘴豆磨成粉能做面条，只是筋性和黏性较差，一般需加两份面粉来和面，然后擀薄刀切，放在羊肉汤中煮熟。炖肉汤、烩汤饭、焖煮手抓饭的时候，都可加入鹰嘴豆粒。当地人还用旧式米花机来制作鹰嘴豆爆米花，其口感酥脆，散发板栗香气。

要选干鹰嘴豆，用前泡发。罐头鹰嘴豆虽开盖即用很方便，但因经过熟制加工，香味大打折扣。

蔓菁：很多人对蔓菁的认识，就是通过那种腌成的盐疙瘩，它的菜叶和茎块都能腌制咸菜。如今在西藏、新疆、四川、浙江等地区，人们还会将新鲜蔓菁视为蔬菜，新疆维吾尔族称之为"恰玛古"。

制 法

① 取七十五克和三十五克鹰嘴豆，分别加清水浸泡十二小时。捞起豆子，沥干水。

② 将七十五克那份鹰嘴豆剥去外皮。

③ 然后用木杵捣碎成泥。

④ 蔓菁洗干净，削去外皮。羊肉先焯过血水。

⑤ 锅中放羊肉、蔓菁、草果、鹰嘴豆泥及鹰嘴豆粒，加水至三千毫升处，煮开后转小火，撇净浮沫。约煮四十分钟。

⑥ 捞出羊肉、蔓菁、鹰嘴豆等汤渣。将鹰嘴豆粒拣出备用。

⑦ 将羊肉和蔓菁分别切骰子丁。

⑧ 羊汤滤净渣滓。粳米提前泡半小时，沥水，倒进羊汤里。原方应放约二百二十克粳米，这里减少了一半，更突出鹰嘴豆的香味，亦可按个人口味增减。烧开后，小火熬煮十分钟，至米粒软熟。

⑨ 倒入羊肉丁、蔓菁丁和鹰嘴豆粒，加少许盐，搅匀煮几滚即可。鹰嘴豆本身有鲜香，不宜过咸。

● 注意事项

元代一升约合今九百五十毫升。一合为十分之一升。

熟鸡为丝，衬肠焯过剪为线，如无，熟羊肚针丝；熟虾肉、熟羊肚胘细切；熟羊舌片切。生菜，油、盐揉；糟姜丝、熟笋丝、藕丝、香菜、芫荽，簇碟内，鲙醋[1]浇。或芥辣，或蒜酪，皆可。

——元·无名氏《居家必用事类全集》

巴黎金银匠威廉在匈牙利期间不幸被蒙古人俘虏，后来他专职为忽必烈的兄长蒙哥汗服务，哈剌和林宫殿门前伫立的那一株巨大的银酒树，就出自他之手。

树身有若干银枝，枝条上装饰着银叶子，还垂挂着银果实，法国使者鲁布鲁克描述："在它的根部是四只银狮，各通有管道，喷出白色马奶。树内有四根管子，通到它的顶端，向下弯曲，每根上还有金蛇，蛇尾缠绕树身。一根管子流出酒，另一根流出哈剌忽迷思，即澄清的马奶，另一根流出布勒，一种用蜜作成的饮料，还有一根流出米酒，叫做特拉辛纳的。树足各有一特制的银盆，接盛每根管子流出的饮料。"

为了使这座精美绝伦的酒器巧妙运转，"顶端这四根管子之间，他制作了一个手拿喇叭的天使，而在树的下部，有一个穹窿，里面藏有一个人。……那个藏身于穹窿里的人，一听见命令，马上拼命往那根通向天使的管子送气，天使就把喇叭放在嘴上，大声吹响喇叭。于是窖里的仆人听到喇叭声，把不同的饮料倾入各自的管道，从管道流进准备好的盆中，管事再取出送给宫里的男男女女"。

忽迷思（马奶酒）

当鲁布鲁克初次目睹"美酒喷泉"时，除了对其独具匠心的设计赞赏不已，还对管中流出的"白色马奶"和"哈剌忽迷思"印象深刻。这是由新鲜马奶发酵、含有少量酒精的草原饮料，在蒙古族、哈萨克族乃至整个欧亚游牧民族中广为流行。

[1]《居家必用事类全集》鲙醋："煨葱四茎，姜二两，榆仁酱半盏，椒末二钱，一处擂烂；入酸醋内，加盐并糖，拌鲙用之。或减姜半两，加胡椒一钱。"

171

由于马奶乳糖含量高（比牛奶高一倍），极易乳酸化，酿制马奶酒不需要酒母，而是通过频繁的"搅动"来促成发酵。在当时，蒙古人将刚挤好的马奶倒入一只半人高的大皮囊中，再用一根由木头挖制的下端粗若人头的空心杵槌使劲搅动，直至马奶泛起泡沫，静置，接下来每天搅动数次（其间取走浮在面上的奶油），约二三日即可享用。新鲜马奶比牛奶味薄但清甜，而马奶酒却是酸酸的，微辣喉。它看起来呈奶白色，浑浊，有絮块沉淀物，这就是从银酒树狮口喷出的"白色马奶"，西方人称之为"忽迷思"（英语作Kumis，源自突厥语的音译，汉语俗称"马湩"）。

南宋人徐霆曾出使蒙古，他坦言白色马奶酒有股难喝的酸膻味，而对黑马奶（哈剌忽迷思，即澄清的马奶）却颇有好感。这是一种经精制的马奶酒，在白色马奶的基础上，延长搅动时间至七八日，可使白色奶渣沉淀，酒液清澈似白葡萄酒，口感更为柔和甘甜。黑马奶被视为北方八珍之一，这种"玄玉浆"是统治者专属享用的高级货，而诸王和百官、一般族人只能喝粗制的白色马奶酒。据马可·波罗回忆，专供给忽必烈及其亲族的黑马奶，其产奶马匹须纯白无杂色，这些为数逾万的白牝马，被精心饲养在上都城外某处丰美的草原上。

马奶酒的酒精浓度还不到百分之四，酒劲可能与生啤相当，饮之使人兴奋但不易醉。由于无法随时随地找到卫生的解渴水，蒙古人习惯将白色马奶代水饮用，尤其是在夏季母马下驹的高峰期，马奶产量充足，人们甚至只靠马奶酒和少量其他奶制品就能维生（马奶酒通常在夏季生产，冬天他们酿造谷物酒和蜂蜜酒）。定都大都后，马奶酒仍然是宫廷生活中不可或缺的饮料，总体消耗量排在首位，既时常出现在皇帝、贵族与臣僚的金杯中，也用于供奉神灵和祖先。

葡萄酒

没有哪种外国佳酿，能比葡萄酒更受蒙古人的喜爱了，此酒多被应用在庙祭、宫宴和赏赐等重要场合中。这种古老的果酒，早在汉朝就经由西域来到中国人的酒杯中，往后数个世纪植根于西北地区，到元朝更是有向东南方蔓延的趋势。正如马可·波罗沿着新疆和田、吐鲁番，入甘肃，到山西，至河北涿州，一路从西北往东部走来所目睹，此间很多城镇都拥有大型葡萄园。

山西平阳和太原、哈剌火州（今新疆吐鲁番）及西番（泛指西方少数民族聚居之地）等地，是当时的葡萄酒生产中心，尤以哈剌火州所产葡萄酒最是优质——吐鲁番日照充足，昼夜温差较大，结出的葡萄含糖量高，是极好的酿酒原料。而在元大都城内，除了葡萄种植，也大量生产和销售葡萄酒，就连南京、扬州这些江南城市，也在尝试加入酿造阵营。官方所用葡萄酒，除了从上述地区运来，宫城中也建造了葡萄酒室自行酿造。

熊梦祥《析津志辑佚》有一段关于如何酿造葡萄酒的介绍：酿酒室用砖石铺砌，地面挖坑埋入大陶瓮，瓮口与地面持平。把堆如小山的青葡萄在地面摊开，人们光着脚来回踩踏葡萄，之后拿大木板压在葡萄上，再用羊皮或毡毯将之整个覆盖起来。经过十天半月的发酵，酒酿成，只见大瓮中灌满了葡萄酒。第一瓮称为头酒，质量最好，酒性亦烈；将头酒舀出另存，然后再次踩踏葡萄渣滓，如前发酵，顺次称为二酒、三酒。

当时葡萄酒的味道是甜的，有暗红（如柿漆）和浅黄（色如金波）两大色系，相当于今日之红葡萄酒与白葡萄酒。造成酒色差异的要素，是果皮颜色和浸皮时间，酿制时间越长，红葡萄皮的色素浸出越多，酒色则愈深。葡萄酒酿造业在元朝迎来了一个发展小高峰，此酒不仅获得京城上流社会的垂青，就连普通百姓，也能到酒坊中随意购买品尝。

蓝色琉璃高脚杯
内蒙古通辽市科尔沁左翼后旗吐尔基山辽墓出土
——
一只伊斯兰风格的吹制玻璃杯，应为进口商品。

饮用葡萄酒的标配是玻璃杯。耶律楚材在《西域蒲华城赠蒲察元帅》诗中言："琉璃钟里葡萄酒，琥珀瓶中把榄花。"

元代琉璃酒瓶
西安博物院藏
——
南宋人徐霆曾在蒙古人的金帐中见到一种进贡的葡萄酒：以琉璃瓶装盛，每瓶可得十余杯，酒色似南方的柿汁，味道甚甜。

《备宴图》（局部）
河北宣化下八里张世卿墓壁画
——
这类高身酒瓶需置于木架上，不然容易被撞翻明朝取代了元朝之后，这股葡萄酒饮用风潮随之逐渐消退。

米酒

由于口味习惯的不同，葡萄酒的流行范围集中在西北、华北地区。马可·波罗在杭州逗留期间发现，尽管这里也有从国外进口的葡萄酒，但本地人并不喜欢，他们更习惯喝一类用糯米和酒曲发酵的黄酒型米酒，城中的酒坊大量生产甘美的米酒，且质优价廉。这种汉人传统酒类，在中原及南方地区仍然具有不可撼动的地位，其饮用范围最广，在国内的消费量也是稳居第一。

此外，米酒也是元大都酒糟坊的重要产品，其占据的市场份额不容小觑。据记载，每年从江南船运至元大都的稻米，有时高达三百万石，它们中的一部分或许就被酿成杯中之物。相较而言，马奶酒和葡萄酒则主要流行于上流社会。

元朝人已经能够生产接近现代黄酒的优质米酒，色如琥珀，黏稠顺喉（劣质酒既薄又酸还泛着淡绿）。当时人们制作养生酒，多用米酒作酒基，直接将药材丢进成酒中浸泡，或加药材和辛香料一同发酵，相关工艺在《居家必用事类全集》中多有介绍。比如"天门冬酒"，这是发酵型养生酒，用煎煮如糖稀的天门冬汁，加曲末及糯米饭拌匀，酝酿七日至十日即成。此类汉人传统药补酒也受到蒙古皇室的关注，皇帝除了饮用由上好香莎、苏门糯米所酿米酒，也饮用添加虎骨、枸杞、地黄、松节、茯苓、腽肭脐、五加皮等配酿的养生药酒，御医认为此物能壮筋骨、滋补身体。

文人消费的酒水仍以米酒为主。有趣的是他们的侑酒游戏，值得我们一探究竟。比如，折下一朵正开的荷花，置小金卮于花心中，卮中斟满美酒。宾客从歌姬手中接过这朵荷花，一手持荷花枝

元代黑釉葡萄酒瓶
内蒙古博物馆藏
—

酒瓶高瘦，高四十三厘米。瓶肩刻"葡萄酒瓶"四字。

在河北宣化下八里辽墓中，曾出土了一只装满橘红色液体的黑釉酒瓶。经检测，确定液体为葡萄制成的酒精饮料。

柄，一手拨开花瓣，饮尽卮中之酒，名为"解语杯"。陶宗仪正是在松江泗滨夏氏清樾堂上饮宴时以此行酒，他认为此法之风致远胜碧筒。另有一种，可谓恶俗至极。好色之徒杨维桢喜欢将酒盏放在鞋内，号曰"金莲杯"。以洁癖闻名的倪瓒当时也在现场，他连呼龌龊，愤而离场。

阿剌吉（烧酒）

如果说黑色马奶、葡萄酒和米酒都是顺喉的小甜水，那么辣喉的蒸馏酒——阿剌吉（阿拉伯语 'araq）那超乎寻常的酒精浓度，瞬间征服了酒鬼的胃。阿拉伯语 'araq 意为"汗水"。因这种酒中含有茴香油，兑水后会变为乳白色，故黎巴嫩、巴基斯坦等国家称之为"狮子奶"。目前学者考证，这种阿拉伯蒸馏酒工艺早于辽宋时代已进入中国，而它正在元朝社会中迅速普及。

根据工艺特点，汉语名之为"烧酒"，即通过一套特制器具烧煮、蒸馏，将酒精、芳香物质跟随蒸汽分离出来，得到的酒液如同清水。《居家必用事类全集》中"南番烧酒法"提到，蒸馏一次，能将酒液浓缩至三分之一，其酒精浓度显然大有提升。事实上，元朝人已熟练掌握二次蒸馏，甚至三次蒸馏、四次蒸馏技术，随着回锅次数增加，酒精浓度越来越高，酒劲儿越来越烈。首次饮用者必定会对此感到震惊，仅靠酿造，是无法得到这样纯净如水又酽辣甘香的烈酒的。

当时的人制烧酒，对原料酒的种类与质量无特殊要求，既可以选择谷物酒（糯米、粳米、黍、秫、大麦），也会用马奶酒、枣酒、葡萄酒之类，人们还用此项技术处理那些酒味酸涩、变质或味薄的劣质酒。

下酒菜

饮酒少不了过口菜。《居家必用事类全集》有"肉下酒"类目，记载了十种用于筵席的佐酒荤菜，似乎是北方口味，均属冷盘，其中大部分都添加了酸醋作浇汁。

"重口味"的生灌肺有三种。粗略来说，拿新鲜的羖羊肺、羯羊肺、獐子肺或兔肺，像面肺子那样往肺叶内灌满由韭汁、蒜泥、姜汁、酥酪、蜜、杏仁泥等拌成的浆液，无须加热即可端上餐桌。

肉脍有三种。一是鱼鲙，鲜活鱼取净肉切成薄透细丝，浇芥辣醋，口感酸辣鲜爽。另外两种则以畜肉做成。"肝肚生"取生的精羊肉、生羊肝和生羊百叶，切丝码盘，装簇韭叶、芫荽、萝卜丝、姜丝等香辣菜丝，浇脍醋；"曹家生红"用羊脊肉（脊肉）和熊白（黑熊胸背间的爽脆脂肪），加糟姜丝、水晶脍、乳酥、萝卜丝、嫩韭菜、香菜作配，亦浇脍醋。如今看来，上述六道生食菜肴实在太过古怪。

水晶肉冻有两种。所谓"水晶脍"，是用猪皮熬制并经滤清的浓汤，在低温下凝固为果冻状，然后把整坨肉冻随意切作小块或条片摆盘。书中还介绍了另一做法——刮取大鲤鱼的鱼鳞来熬制成冻（今天俗称鱼鳞冻）。"水晶冷淘脍"（冷淘即凉面）做起来更费功夫，需将猪皮浓汤分次浇入大平盘中，俟其凝作一张薄饼，揭下，细切如面条——总之就像一碗凉面。三者都可浇浓醋、芥辣醋或五辣醋佐味。

还有两种熟荤冷盘。其一，羊脊肉大片拍上粉（粉可能染作黑褐色），经槌打拍松、蒸熟放凉，再按斜纹切条，目的是模仿微卷的鳝鱼肉。装盘，缀以木耳、香菜，浇脍醋，名为"假炒鳝"。

其二为"聚八仙"，相当于什锦拼盘，使用八种食材：熟鸡丝、熟衬肠丝（或羊肚针丝）、熟虾肉、熟羊肚胘丝、熟羊舌片、糟姜丝、熟笋丝、熟藕丝，以香菜和芫荽作青头缀盘。这些熟制丝片均未经调味，而是通过淋入酱汁来获得五味，可以选择酸中带甜辣的脍醋、冲鼻的黄芥辣汁，或是蒜味咸酸奶酱。即使以今日目光来看，这份食谱也完全不输当代菜肴。

〔 聚八仙 〕

鸡脯肉 / 一块

羊肚 / 一块（要选两种部位）

羊舌 / 一个

大虾干或鲜虾 / 八个

糟姜 / 一块

笋（干或鲜）/ 一段

莲藕 / 半截

罗勒叶 / 几片

芫荽 / 一棵

葱 / 一根

甜面酱 / 十二克

生姜 / 八克

现磨胡椒粉 / 一克

花椒粉 / 两克

香醋 / 四十毫升

盐 / 酌量

糖 / 酌量

罗勒：当时北人所说"香菜"，指罗勒类或薄荷类香草，种类不明，有一股标志性的像"牙膏"的薄荷味。除了作香料，元朝人摘其嫩叶作为蔬菜食用。这里可选择留兰香（绿薄荷），或其他容易买到的罗勒。

芫荽：当时别名胡荽、香荽。

糟姜：用嫩姜，加盐、酒糟腌成。此处使用的是红糟姜，因酒糟中含有红曲而呈现红色。糟姜吃起来咸鲜爽脆，极能开胃。

（制）（法）

① 虾干用热水浸泡两小时，倒入锅中煮十分钟。将虾去壳，沿虾背批开，挑出虾线，可切成薄片，也可捶碎虾肉或撕成丝用。

② 鸡脯肉蒸十五分钟，放凉，顺着纹路撕成细丝。两种熟羊肚亦切成细长条。

③ 熟羊舌横切成片。生鲜羊舌和羊肚不容易买到，可到白切羊肉店购买现成熟食。

④ 糟姜冲洗净表面的红糟，抹干水。先切薄片，再切成丝。

⑤ 鲜笋剥壳，焯煮至熟。将笋对半切开，然后切片。如想放点生菜（如莴苣片），可将之洗净控水，加热油、盐拌腌一会儿即用。

⑥ 莲藕削去皮，焯煮三分钟，切成长条。最好保持半生的脆口感，不要过于软熟。

⑦ 调制脍醋。将葱放入热锅，小火烘烤软熟，切碎。将生姜去皮，磨成姜蓉。舀出酱，加葱末、姜蓉、胡椒粉、花椒粉，拌匀。

⑧ 再倒入香醋，搅拌，然后加少许盐、砂糖调足味。可直接使用，或滤掉渣滓。原文并未给出醋的用量。此方根据《事林广记》"五辣醋"配比来推算，你也可以根据个人口味增减酸醋。

⑨ 将八种食材按同心圆整齐码放。再将香菜、罗勒叶切碎，放在中心点缀。浇上酱汁或配蘸碟上桌。另，酱汁亦可选芥辣汁或蒜酪。

● 注意事项

《事林广记》亦载"聚八仙"，且对烹饪的描述更详细：

"熟鸡为丝。鹿角菜拣净，走水洗控干。衬肠如常法净，略焯过，剪为线，如无，以羊肚针丝之亦可。糟姜为丝，笋蒸熟为丝，半熟藕丝。虾米极新者，滚汤煮微软，净洗拣，捶碎，虾蜡亦佳。草肚胘细切，羊舌皆煮熟片儿，装簇在碟内。以芫荽、香菜作青头，用鳖生醋或以芥辣浇食之，极能醒酒。"

厮刺葵菜冷羹

筛辣捣酱冰齿寒，葵心鸡丝簇冷盘

葵菜去皮，嫩心带稍叶长三四寸，煮七分熟，再下葵叶，候熟，凉水浸拔，拣茎叶另放。如簇春盘样，心叶四面相对放，间装鸡肉皮丝、姜丝、黄瓜丝、笋丝、莴笋丝、蘑菇丝、鸭饼丝，羊肉、舌、腰子、肚儿，头蹄肉皮皆可为丝。用肉汁淋蓼子汁，加五味[1]浇之。

——元·无名氏《居家必用事类全集》

元初农学家王祯在《农书》中提到，金朝曾流行一道上等宴席冷盘，名叫"冷羹"，是用葵菜、韭菜、鸡肉加辣蓼汁拌和而食。这道菜到元朝依然流行，当时印行的两本百科全书式食谱集均有记载，只是用料各有不同。

事实上，冷羹所用食材并不固定，熟肉和蔬菜随意搭配，比如《事林广记》版冷羹就只用了葵菜、羊肉和黄瓜，而《居家必用事类全集》版的食材阵容堪称豪华，包括鸡肉、鸡皮、羊肉、若干种羊杂（羊舌、羊腰子、羊肚儿或头蹄皮皆可）、黄瓜、竹笋、蘑菇、莴苣、鸭蛋饼、生姜和葵菜。除葵菜外都切作丝，在盘中整齐攒放为拼盘。以上两版，都浇入特调的咸辣汁——用冷肉汤和辣蓼汁、盐、酱等调配而成。菜丝浸润在汁中，入口带汁，食之鲜醇爽口，十分开胃。

这道菜的全名为"厮刺葵菜冷羹"。所谓"厮辣"，意思是火辣刺痛。（《朴通事谚解》有这样一句对话"挠时厮刺疼"，因他被挠破了皮。）由于墨绿色的辣蓼汁能带来辛辣，使口腔感受到刺激，故得此名。总而言之，冷羹的显著特点是：冷的、辣的，且需用到两种今天并不常见的蔬菜——葵菜和辣蓼。

葵菜

许多我们如今常见的蔬菜，其实都是从外国引种的，诸如土豆、番薯、番茄、玉米、西葫芦、辣椒、芦笋、秋葵、口蘑和西兰花，元朝人大概是从未见过。有时，会发生后来者取代了"原住民"的情

[1] 参考《事林广记》版，"五味"使用盐和酱。做法是："用蓼子汁，以盐、酱调和元肉汁，淋细蓼汁，浇之。"

181

况。当时所谓芦笋，是指初春芦苇冒出的幼茎芯，形似细长的绿竹笋，如今顶部带花头的芦笋，其实是石刁柏的嫩芽茎，据说引进中国不过百年，而进驻普遍农贸市场也就一二十年。还有一种蔬菜，外形奇特似山羊角，横切呈五角星状，竖剖可见一排珍珠般的白籽，分泌出很多透明黏液（水溶性膳食纤维）的秋葵，即黄秋葵的嫩果，原产于印度、西非等地，近十几年才在国内兴起。而在元朝，秋葵其实是指夏种秋收的葵菜。

相信很多人对葵菜感到陌生。其叶片像一把七角小蒲扇，菜秆细长，叶子正背两面披白色纤毛，粗看不易察觉，但在吞咽叶片的过程中，喉咙会感觉到些微由纤毛造成的粗粝感。葵菜有两大优点：一是带着颇为讨喜的鲜味和清香（这种清香多见于野菜）；二是其"滑"——用它煮羹，可使汤水呈现黏滑的口感（煮得越烂越滑），就类似于我们熟悉的木耳菜汤（木耳菜古名"落葵"）。不过，其缺点也很明显，葵菜只有足够嫩才好吃，而且老得快，一旦老了，叶面的绒毛变粗，菜秆也嚼不动，这时要撕掉外皮，并多煮一会儿，不然有些拉嗓子。

煮羹，是古人最常用的烹饪方法。在汉乐府诗歌中有这样一幕，当"十五从军征，八十始得归"的老兵终于重返家园，但见昔日屋

葵菜
——

葵菜有绿色和绿中带紫两种，《重庆蔬菜品种志》介绍："冬寒菜有小棋盘及大棋盘两品种。前者较早熟，较小型，枝叶绿色；后者较晚熟，开花迟，生长期长，茎绿色，节间紫褐色、叶绿色，主脉七紫褐色。"一般认为，绿色的口感更佳。

院破败不堪，园中杂草丛生，井沿边冒出很多野葵。老兵就地采集粟米炊成饭，拿葵菜煮为羹，才得以充饥。古人还将葵菜腌制成咸菜，汉室皇家在祭祀场合通常会摆上这类"葵菹"。北朝农书《齐民要术》描述了当时山东人如何腌咸葵菹：将葵菜择好捆作束，以高浓盐水涮洗干净，然后入大缸码放，再泻入澄清的洗菜盐水浸泡着菜，一直腌着就好，待吃，捞出洗去盐分再煮食。

这种古老蔬菜在中国的人工栽培历史超过两千五百年，曾经地位辉煌，被视为"百菜之主"，却随着新品蔬菜的出现和普及而日渐衰微。比如，隋唐从西域引进的菠薐菜、莴苣等，很可能对葵菜造成了一定冲击，到唐宋时期，葵菜的受众明显变少。与此同时，白菜正在走进更多人的厨房中，此菜茎叶肥厚，鲜嫩多汁，拌炒煮炖皆宜，单亩产量高又更为耐存，从多方面来看都明显优于葵菜。明中期又迎来海上贸易高峰期，随着商船驶入港口的还有一些闻所未闻的新奇蔬果，再次丰富了人们的餐桌。十六世纪末，当李时珍在编撰其巨著《本草纲目》时，曾到很多城镇进行实地考察，他声称，几乎没有人会在菜园里种葵菜。

当然，今天葵菜并没有彻底消失，在四川、湖南、浙江和江西一带还有小范围种植，然而不叫葵菜，多俗称"冬寒菜""冬苋菜"。葵菜可清炒，煮汤的时候加蛋花、豆腐块，四川人喜欢将葵菜切碎了和米煮稀饭吃，做肉丸汤的时候也放葵菜，十分鲜香。

辣蓼

一簇簇谷子似的花穗微垂，或雪白，或粉红，或紫红，这是秋天常见野草——蓼的标志特征。如今，蓼登上餐桌的概率比葵菜还要低。

中国人很早就注意到蓼的食用价值，古时被列入菜谱中的蓼有数种，如青蓼、紫蓼、香蓼，而其中最常用的是水蓼。因叶片嚼起来有一股强烈的辛辣（甚至不输普通辣椒），俗称辣蓼。辣蓼入馔主要用叶，有时也使用籽实，籽实的辣味较淡。晋唐有在立春咬"五辛盘"的习俗，蓼芽与葱、薤、韭、蒜等辛辣蔬菜一起出场，人们生食之以祛除邪气。

早在先秦时期，人们就用辣蓼来烹调猪肉、鸡肉、鱼和鳖等菜肴，在《齐民要术》的食谱中也可看到辣蓼，比如"生脡法"（速成生肉酱），将经豆酱清腌渍的羊肉、肥猪肉切丝，打入生鸡蛋，再加生姜，春秋季需加紫苏或蓼叶拌和即成；若腌生蟹，则把母蟹用糖水浸泡一宿，捞起，放入极咸蓼汤中泡着，密封后能久存。

在十二世纪、十三世纪，将辣蓼视为烹饪香草，似乎多见于北方地区。由于温暖的南方能种生姜，东南活跃的海外贸易带来无数胡椒，西南川蜀一带则盛产花椒和木姜子，而生活在东北方的金朝人，多从芥、蒜、韭、蓼获取辛香滋味。想象一下这幅上流社会聚餐场景：用木盘盛着或烤炙或烹煮的大肉块（如猪、羊、鸡、牛、马、驴、獐、鹿、狐、雁、鹅、鸭、鱼等肉）上席，宾客自行拿小刀切割肉块，蘸佐料进食。其时常用佐料有芥辣汁，蒜泥汁，切碎的生韭和葱、辣蓼叶，他们吃生荤也是用这些辛辣料腌拌。据说，宋朝人普遍使用的生姜，在金朝却曾是奢侈品。宋使臣洪皓提到一则趣事，当时运到金朝的生姜要价不菲（每两生姜价值一千二百钱），平日用不起，只有在宴请重要宾客时，才缕切数丝置小碟中，作为远方异品奉上。客人生嚼姜丝，而非用之做菜。

白花辣蓼
——
白花辣蓼的叶片狭长，叶面偶有大褐点，嚼之有刺激辣味；茎部呈浅绿色、微泛着淡红，辣味不明显；花簇也是浅色的。另有一种红蓼，叶片较宽，叶面亦有褐色点，但嚼起来一点也不辣，而它的茎和花穗是紫红或粉红色。两者很容易区分。

元朝宫廷膳食也会使用辣蓼，可拌在羊汤面里，或作为生食肉类的佐料。比如做"鱼脍"，生鲤鱼丝的配菜，要用姜丝、萝卜丝、葱丝、香菜丝及蓼叶丝；"肝生"的腥味很重，一个切丝的生羊肝，需要用到四两姜丝、两个萝卜的细丝、香菜和蓼叶丝各二两，否则可能难以入口。

辣蓼在南方常被用于制作酒曲。以宋代《北山酒经》的"法曲"为例：取苍耳、蛇麻（啤酒花）、辣蓼锉碎捣烂，加井水浸泡榨出汁，将之和面，制作曲饼。这种酒曲药力强，酿的酒甘辣醇厚，今天在宁波仍能找到此类土法甜酒药。之所以添加辣蓼，据学者研究，是因蓼末可成为酵母菌的附着物，对酵母的生长有促进作用，同时能有效抑制其他有害杂菌，如金黄色葡萄球菌的繁殖，从而最大限度保持曲菌的纯度，并防止酒质酸败和产生异味。

其他女真菜肴

在《居家必用事类全集》和《事林广记》的食谱部分，介绍女真传统风味菜共六种，这大概是当时广为民众所接受的口味。以下简介冷羹之外的五道菜肴：

一、蒸羊眉突（干焖羊肉）——将羊腔分割为八大块，加地椒、香料粉与酒醋浸腌着味，架在空锅中，用湿泥将锅盖缝隙封严实，小火焖烤。

二、塔不刺鸭子（肉汤煮鸭）——先炒葱油，倒入半锅调味肉汤，放整鸭慢火煮熟。

三、野鸡撒孙和鹌鹑撒孙（凉拌野鸡肉末／鹌鹑肉末）——熟野鸡脯肉或鹌鹑肉，剁成肉末，用咸辣汁拌。汁用豆酱汁、芥末汁和辣蓼叶调成。（后文详述）

四、肉糕糜（羊头肉糯米饭）——羊头炖烂，脱净骨；肉汤则滤出用来煮糯米，要煮得糜烂如饭糕。盛饭入碗，搁一些羊头肉拌食。

五、柿糕——用干柿泥、枣泥和糯米粉拌和蒸成软糯甜糕，糕内点缀松子、核桃碎。

〔厕剌葵菜冷羹〕

葵菜 / 二十棵

鸡 / 半只（一个大鸡腿或带皮鸡胸）

羊肉 / 一百五十克

羊腰 / 两个

羊肚 / 一块

生姜 / 一块

黄瓜 / 半根

鲜笋或干笋尖 / 一根

莴苣 / 一段

大香菇 / 两朵

鸭蛋 / 一只

辣蓼叶 / 一百克

豆酱 / 十克

盐 / 酌量

葵菜：一般在秋冬春三季上市，要选刚抽发嫩芽叶的葵菜心。可网上订购。

黄瓜：约在汉朝经由西域传入中国，早期名"胡瓜"。在元朝，黄瓜常被用来腌渍咸瓜、酱瓜。经现代选育的黄瓜品种多样，有带刺和光皮之分，长短不一，不拘选哪种。

蘑菇：选择适合切长条的蘑菇。比如大香菇、杏鲍菇、平菇、蟹味菇、口蘑之类。

辣蓼叶：可自行采集野生辣蓼，也可网上订购，最佳品尝期是三月至七月，往后会又硬又老，不堪食用。

㊛ ㊛

① 羊肉和鸡焯去血沫，入锅中，加水没过，放小块生姜，水开后转小火煮二十分钟。不要煮得太软烂，保留一点嚼劲。把大块鸡肉掰下（不要弄碎鸡皮），鸡骨头丢回锅中继续熬汤二十分钟，直至肉汤收稠约剩一碗。

② 将三百五十毫升清汤舀进小锅，煮滚，加豆酱搅开，滚上几滚，加够盐调味，关火。滤净汤汁，置入冰箱中冷却。待肉汤变冷，将面上凝结的油脂撇净。

③ 辣蓼只摘叶子，洗净，在锅中焯烫半分钟。

④ 辣蓼切成菜泥，用纱布包起，挤汁。然后把辣蓼汁与肉汤混合，加盐调得足够咸。仍放冰箱冷藏层备用。

⑤ 将鸡皮揭下，剪成皮丝。鸡肉也撕成细丝。羊肉切成丝，羊肚切细丝（长约七厘米），羊腰对半切开，切片。若有羊舌，也切丝。生羊肚、羊腰、羊舌不易买到，可到白切羊肉铺购买现成的熟食。

⑥ 鸭蛋磕开，放少许盐，打匀蛋液。锅烧热，浇入油润锅，浇鸭蛋液煎成薄饼。取半块鸭蛋饼，切丝。

⑦ 黄瓜削皮，切丝；姜去皮，切细丝；笋剥壳焯熟，切丝；莴苣去皮，切丝；蘑菇焯熟，切丝。

⑧ 葵菜摘取嫩心，约十一厘米长。另摘十几片葵菜嫩叶，也剪成相同长度。将葵菜焯烫两分钟，用凉开水拔凉。捞起，沥干水。

⑨ 码盘。先将葵菜心和葵菜叶对着摆放，摆成十字形。其他菜丝整齐码放其间，注意色彩搭配，尽量显得缤纷多样。打卷的鸡皮丝放在中心装饰。沿着盘边，浇入咸辣肉汤。

● 注意事项

如无辣蓼，可用小米椒代替。将两三个小米椒剪碎，投入肉汤中浸泡。待辣味浸出，滤去辣椒。辣蓼的辣感类似辣椒，是单纯的刺激的辣，不带其他香味（如姜辣有姜油酮芳香，胡椒的辣中有浓烈的复合橘香）。

鹌鹑煮熟，去脊骨，剁碎烂。蓼子叶数片，细切。豆酱研细，纽取汁。芥末煞熟，水调纽汁。右件，入盐少许，一处拌匀，盛于碟内供之。

——南宋·陈元靓《事林广记》

鹌鹑撒孙

肉末入芥蓼，调酱真味足

毫无疑问，我们还可以从盛大庄严的皇家荐新祭礼中，一窥元朝宫廷的饮食偏好。所谓"荐新"，是把时鲜之物供奉给神灵或祖先。这种古老的祭祀礼仪从先秦时期一直延续至清末，早期献祭标准无定，到唐朝基本形成一套每月荐新的成熟规仪。祭品大致会包含谷物、果品、蔬菜和牺牲，从中选择较具代表性的那些，像麦、稻、粟、羔、豕、鸡、鲤鱼、韭、笋、樱桃、瓜、枣、梨、芡、栗等，种类多样。通常而言，朝廷会在参考历代享荐品类的基础上，再根据当时实际物产来制定名单，且不定期作出合理的调整。比如，北宋景祐二年（1035）议定了一张荐新名单，但四十三年后的元丰元年（1078）又再次修改，替换了其中六个品种。

元朝皇家的荐新祭品显然颇具漠北风情，其名单中可见若干种猎获，比如说孟春用野彘，仲春用雁、天鹅，仲秋用黄鼠，季秋用鸂鶒，孟冬用鹿，仲冬用麋、野马，季冬则使用黄羊与塔剌不花。

倘若将宋元两朝宫廷餐桌上的饮馔进行比对，不难发现，两者的风味差异是如此明显——当宋室投降后三宫"北狩"，忽必烈安排了盛宴接待，这些久居杭州习惯"蟹酿橙""香螺生"的南方人，此刻餐盘里的食物却是炙天鹅、淋以杏浆的烧熊肉、蒸麋、烧麂，还有驼峰、胡羊肉、鹌鹑和野鸡。可以说，猎获也是蒙古人餐桌上不可或缺的一部分，而其中某些品种尤其受欢迎。

鹿类就是其中一种，包括梅花鹿、马鹿、驼鹿、麋、獐、狍、麝（香獐），猎获以此为多。鹿是宫廷常备之物（也有圈养），全身都被认为是滋补品，御厨用它来制作各种食疗菜。止烦渴、治脚膝疼痛可食"鹿头汤"，此汤用鹿头和鹿蹄一副，用油略炒再加水炖

《太平风会图》（局部）

（传）元　朱玉

芝加哥艺术博物馆藏

—

卖鹅雁的小贩。

《元世祖出猎图》（局部）

元　刘贯道

台北故宫博物院藏

—

蒙古人擅长狩猎，围猎相当于一场军事演练，勇猛的战士在与猛兽的搏斗中得以提高战斗技能；就牧民来说，还能收获肥美的肉和保暖的皮毛。

忽必烈是狂热的狩猎爱好者，他曾带着上万随从，数百鹰隼和若干驯化的狮子、豹子和猎犬出猎，捕获的猎物堆积如山。

煮软熟；鹿尾熬汤并滤得清汤，加姜末及盐调味饮用，也能达成上述疗效。"鹿蹄汤"被用于治疗腰脚疼痛，制法是将鹿蹄炖至烂熟，然后连肉带汤吃尽。"鹿肾羹"取雄鹿的睾丸，加豆豉、粳米煮粥，据称能调治肾虚耳聋。未骨化的幼角（鹿茸）和已骨化的硬鹿角，也在食疗名单中，如将新解鹿角烧至发红，投入酒中浸泡两宿，便是疗理腰痛的"鹿角酒"。

这类温顺的动物遍布南北，数量充裕，故在元朝民间食谱中也不乏鹿肉的踪影。那些烹饪书建议，鹿肉（其纤维比羊肉稍粗，油性小）最好煮至七八分熟，且加些肥猪肉或肥羊同煮，才不会口感干柴；如果要做筵席烧肉，鹿腿需预先煮熟，才能刷上酱汁来烤；若作烤肉串，鹿肉切作小块，加辛香料淹一二时，再用签子穿起来烤。不过，鹿肉大多会被制成肉脯，以便储存。肉脯做法和腊肉一样，切条、腌渍，然后用绳子穿起晒干。自汉朝就已存在的"鹿醢"——用生肉加香料发酵而成的鹿肉酱，到元朝仍有市场，当时皇家祭祀会供上这种古老的肉酱，亦是人们餐桌上的下饭菜。

鹿尾总是被割下单独使用，尤重马鹿尾、梅花鹿尾。契丹人耶律楚材（曾为成吉思汗和窝阔台汗服务）曾在跟随大汗秋猎期间，享用了一道令他难忘的蒸鹿尾，蘸着用野韭花和芥辣调和的浓酱来吃。至于味道，生活在十八世纪的藏书家汪启淑声称，鹿尾也不过如此，形味似肥猪肉，只是稍带甜味而已。要知道，在他生活的年代和地区（江南），鹿类资源锐减，一条鹿尾的售价甚至跟整头鹿相当，竟比熊掌、猩唇还要受欢迎，宴会只要摆上鹿尾，马上显得豪华起来，尽管只是将它整根蒸熟，切薄片，每客只分得几小片。同时期的美食家袁枚，也在抱怨鲜鹿尾很难碰到。

人们对某些部位抱有狂热的偏好。例如"鹿唇"，即驼鹿的唇部（一说包括舌头），这种体格高大的鹿类长着肥厚的唇肌，被游牧民族视为"八珍"食材之一。

再有熊掌。虽说熊肉臊腥味烈缺乏吸引力，但人们甘愿冒着极大风险捕猎这种凶猛动物，仅仅是为了两对熊掌。早在春秋时期，此种食材就地位尊贵，忽必烈也曾给故宋皇帝赏赐了"熊掌天鹅三玉盘"，而权贵钟爱熊掌，很大程度上带有猎奇与炫耀性质。由于熊掌为结缔组织，主要由筋腱组成，最难熟透，火候不足根本咬不动，加上前期的泡发和褪毛，总之处理起来十分烦琐费时。这盘珍稀美食据说吃起来像炖烂的肥猪蹄，最好再经酒糟渍透，以消减油腻。

"熊白"（又名熊肪），是从熊前胸和后背剔取的脂肪，也令美食家们赞不绝口。时人将之批成极薄片，水焯微卷，蘸蜜食用，据说有点像牛肉火锅的"胸口朥"，是略微脆口的肥肉，微甜。数世纪后的清朝人仍沿用此法食之。

驼蹄、驼峰来自野骆驼，亦是御宴常见珍馐。驼蹄的质地类似于熊掌，处理同样耗时，要用文火养煮软化，十分考验耐心，人们尤其喜欢用"腊糟微浸软驼蹄"。驼峰看似一大坨脂肪，含有大量脂肪组织与胶质，口感软中带脆，可对标熊白。总而言之，上述特殊部位都离不开黏腻软糯的筋腱或爽口的脂肪，似乎是当时珍馐所追求的微妙口感。此外，从驼峰中能提炼出"峰子油"，油加温葡萄酒调匀服用，这是元朝皇帝用于调理"虚劳"的偏方。

元朝宫廷餐桌上的野生肉源，还包括虎、豹、黄羊、野兔、野狼、狐狸、野猪（蒙古人认为野猪味胜家猪）、獾、水獭、野驴、野狸猫，以及好几种啮齿类动物——"塔剌不花"，实为土拨鼠的蒙古语名称（tarbagha）音译，其体型肥硕，比一只野兔还要巨大，吃法不外乎炙烤、炖煮。土拨鼠栖身于北方的沙地和草原，它们在地下挖掘的洞穴四通八达，藏身其中的土拨鼠简直泛滥成灾。这种短尾鼠是蒙古人熟悉的肉食补充，传闻年轻的铁木真（成吉思汗）在那段避难的艰苦时期，靠吃土拨鼠来补充蛋白质；在外征战的伯颜军队面临粮草断绝，为使士兵免于挨饿，抓捕了上万只土拨鼠。

与家鼠体格相当的黄鼠（毛色灰黄，又名地松鼠），也是蒙古人的盘中餐，在上都街头能看到兜售这种小型啮齿类动物的商贩，通常将之涂酱汁烤熟，佐以地椒。李时珍曾听到一则传言，说在辽、金、元三朝，供给御膳使用的黄鼠，从初生起即用羊乳精心饲养，十分娇贵。黄鼠的分布区域与土拨鼠相近，两者在南方很少见。

宫廷的野禽食谱，则有肥大的天鹅、灰雁、鹧鸪、野鸭、野鸡、鸨、鸳鸯、水札、漓鹕、鹁鸽、斑鸠、寒鸦、黄雀、鹌鹑，不一而足。当时御厨制作烧雁、烧鹧鸪或烧鸭子，都喜欢拿一个羊肚把禽鸟裹起来，隔火烤熟。水札，一种外貌似鸭但个头较小的水禽，学名小鹭鹚，其中一种烤法类似面包烤鸡，即把面粉、酥油与水和成水油面，擀作面皮，包裹着水札，再入烤炉烘制。人们还确信鸳鸯具有神秘巫力，若夫妇间生嫌隙，就将鸳鸯煮成羹汤，偷偷让对方吃下，据说能恩爱如初。

御厨至少会烹调两道鹌鹑菜肴，以酥油将之煎香，或是用肉汤烩煮。民间食谱集记载了一道"鹌鹑撒孙"，则是女真人的传统菜。女真族为满族的直系祖先，"撒孙"可对应满语"ŠaŠun"（肉酱、肉泥），意为鹌鹑肉酱。这道风味特殊的冷盘做起来不难，把熟鹌鹑肉剁烂，加豆酱汁、芥辣汁和辣蓼叶混合即成。此菜入口细嚼，咸香而富有滋味。假如换成野鸡的脯肉，则名为"野鸡撒孙"。

将目光投向南方，你会发现其他另类野味。由于江浙多布溪塘，人们有食蛙之俗；江西信州（今上饶）的市头有售红糟鲮鲤肉（穿山甲）。而在温湿葱茏的广西地区，有时村民会组织起来捕捉大蟒蛇，并分食其肉；还有，中州人视为珍奢宠物的孔雀，在此地却位同鸡鸭，被大量宰杀晒作腊肉来吃；而那些毛色彩艳的鹦鹉竟多至成群结队，当地人往往张网捕捉，将之切块腌为鲊。

（原）（料）

〔 鹌鹑撒孙 〕

鹌鹑 / 三只
辣蓼叶 / 二十片
豆酱 / 三十五克
黄芥末粉 / 十五克
盐 / 酌量

鹌鹑：切忌捕捉野生鹌鹑。鹌鹑是传统人工养殖禽类，可到菜市场或网上订购。鹌鹑肉有股特殊的味道，肉质也较鸡肉略柴，总体感觉与鸽肉相似，故亦可用鸽肉代替。

黄芥末：黄芥子是十字花科植物芥菜的种子，研磨成粉即为黄芥末粉，味道微苦，需经过泡发才能产生冲鼻的辣味。

黄芥末

（制）（法）

① 鹌鹑治净，剪掉头颈、尾部和脚爪。沸水中焯烫两分钟，捞起，洗净血沫。放入锅内，加水没过，加几片姜，烧开后转小火，煮二十分钟。

② 将鹌鹑捞出，散热。拆出净肉，皮不要，筋亦去掉。

③ 将肉剁成碎末，装入碗中。

④ 提前泡发芥末。黄芥末粉放进小碗，浇入四十摄氏度温水，水不要太多，搅拌成糊状。盖好碗口，置于四十摄氏度左右的温暖处发酵两三小时。发好的芥末酱可暂放冰箱冷藏层保存，需尽快食用。

⑤ 取泡发好的芥末酱，加两大匙凉开水搅匀，用滤布包起，挤汁备用。

⑥ 将豆酱研磨成泥，用滤网滤取细腻的酱泥。

⑦ 辣蓼叶洗净控干，剪成细丝。

⑧ 在肉末中，添加豆酱泥、芥末酱汁、蓼叶丝和少许盐，拌在一起，可按个人口味增减料汁。

⑨ 抓匀，即可享用。原方未说明肉末与酱汁的比例，也可像肉末炸酱那样，多多放酱，使肉末被酱汁浸裹。

● 注意事项

若用野鸡来做，称为"野鸡撒孙"。

见《居家必用事类全集》野鸡撒孙："煮熟，用腩上肉，剁烂。用蓼叶数片，细切；豆酱研，纽汁；芥末入盐，调滋味得所，拌肉，碟内供。鹌鹑制造同。"

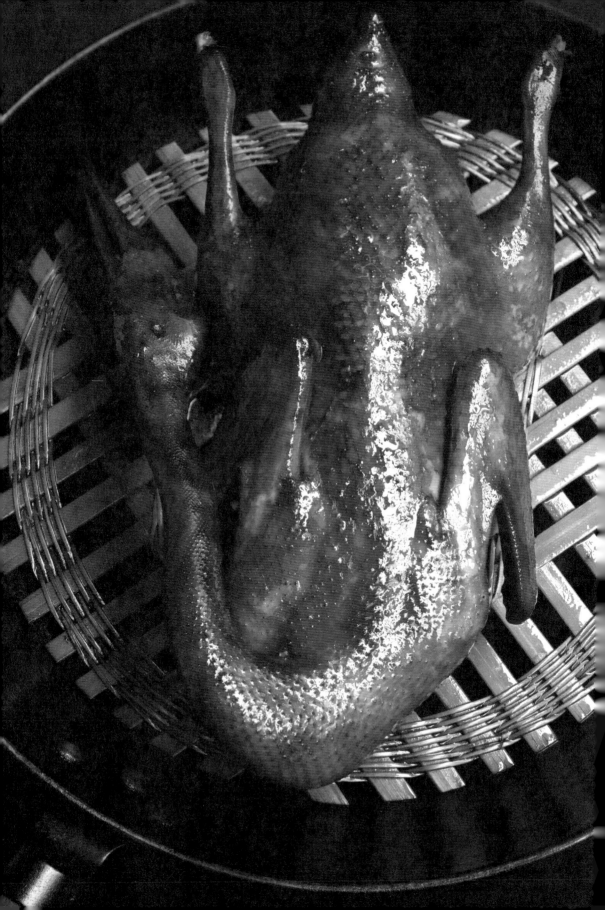

猪羊鹅鸭等，先用盐、酱料物腌一二时。
将锅洗净烧热，用香油遍浇，以柴棒架起肉，
盘合纸封，慢火煨熟。

——元·无名氏《居家必用事类全集》

锅烧肉

密架锅炉鸭，触烟炙黄香

1301 年，倪瓒生于无锡大地主家庭，父亲早亡，由长兄扶持成长。倪瓒的人生颇有戏剧色彩，自幼在物质生活上富足无忧，接受了良好的传统儒家精英教育，但从未步入仕途，唯对经史书画与佛道感兴趣，可谓风流快意。后来，由于兄长病故，倪瓒又不擅经营，以致家业渐落，加之元末江浙地区战火纷飞，社会陷入动荡骚乱，他在四五十岁时变卖田宅，携家眷隐居避难。据说倪瓒常年住在一座船屋上，有时也借寓寺庙或友人家里，长达二十年漂泊无定，窘迫时不得不靠卖字画为生。在艺术领域方面，倪瓒取得了不菲的成就，既被美术史列为"元末四大家"（另三位是黄公望、王蒙、吴镇），还曾参与苏州著名园林"狮子林"的设计。

话说，倪瓒心高气傲，性情冷淡，多半不太好相处。洁癖，是倪瓒身上最引人瞩目的标签。据老朋友在他病故后回忆，倪瓒对洁净十分偏执，简直堪称病态——每次盥洗要换几十盆水，总是不停地拂理衣服和冠帽上的皱褶；而对周遭环境，他也难以容忍哪怕一点脏乱。传闻他在书房里安排了两名童子，不停地擦拭那些落灰。就连室外，也被过度维护，他命令仆人每日擦洗园子里的赏石和梧桐树。不仅如此，倪瓒禁止仆人踩坏地面的苔藓，并要求用一根前端绑了针头的手杖，来挑走落于其上的花瓣和枯叶。

《云林遗事》收录了几件倪瓒的奇葩逸事，写得诙谐夸张，现已无从判断其真实性，有些很可能是故意编造的。比如，倪瓒派童仆到邓尉山，辛辛苦苦挑回一担七宝泉水，但只用前桶水煎茶，后桶水却倒了洗脚，毕竟后桶水有被童仆放屁污染之嫌。一天，倪瓒受邀到当地富豪的宅园里饮宴赏荷。正上菜时，倪瓒瞥见厨师，居

张雨题《倪瓒像》（局部）
元 佚名
台北故宫博物院藏
——

倪瓒衣着儒雅，倚坐床榻上，神情自若。左侧侍女手提水瓶、水洗以及一条长巾，左侧童子执白羽拂尘。传言倪瓒在书斋安排了两个侍童，整日不停地保洁。

清闲阁，倪瓒最喜欢的书斋，收藏了书籍上千卷、不少法书和画卷。其中精品有唐代褚遂良楷书《千字文》、张旭《深秋帖》、吴道子《送子天王图》，五代荆浩《秋山图》，北宋李公麟《三清图》、米芾《海岳庵图》等。他还热衷收藏古鼎彝、古玉器和名琴。

然立刻起身告辞，主人挽留不住，愕然问之，他答道："庖人多髯，髯多者不洁"——从厨师浓密的胡须，进而联想到饭菜恐怕会有卫生问题。又如，倪瓒留客夜宿，半夜听得客人咳嗽，唯恐啐了痰，他整夜辗转难眠，天还未亮就令让家童进行地毯式搜索，可一无所获，家童无奈谎称痰迹在窗外的梧桐叶上。倪瓒命家童将"带痰树叶"剪下，扔到十余里外才作罢。还有，若是倪瓒打算入城拜访老友周南老，他会提前派人投递名帖告知，周南老为了表示尊重，让人将会客厅，包括里外柱础均洗涤一新，才招待倪瓒入座。洁癖也影响了倪瓒近女色的兴致。元末《南村辍耕录》中有这样一则趣谈，倪瓒留歌姬赵买儿过夜，但因疑心其不洁，他近身仔细嗅闻，再三让赵买儿去洗浴，总之折腾到天亮，结果"不复作巫山之梦"。更有传言，倪瓒将如厕之事设计得十分巧妙。厕室修在楼上，与厕坑洞口正对的楼下地面，放置一只装满鹅毛的木箱，俟粪便从厕坑洞口落入鹅毛箱，仆人迅速移换木箱，倪瓒全程闻不到一丁点臭味。

云林烧鹅

烧鹅，是倪瓒最为人所知的一道私房菜。此菜实则并非"炙烤"，而是用"蒸"法制作。将大鹅治净，用盐、花椒、葱、酒揉擦鹅腹，外皮则抹上酒和蜜糖。大锅内倒入一盏水、一盏酒，安放竹棒作为蒸架，鹅腹部向上摆在蒸架上（这样蒸出来形状好看）。盖上锅盖，并用湿纸密封锅边缝隙，防止水蒸气逸出。需要烧三个大草把：先烧一个草把，待余烬熄灭，再烧第二个草把，停火，候约莫一顿饭的工夫，打开锅盖给鹅翻个身，如前封盖。再烧一草把，俟锅盖变凉，鹅就可以出锅。

在倪瓒去世近三百五十年后，袁枚出生于浙江杭州，这位清乾隆时期的诗人、散文家趣味高雅，对美食也颇有钻研。袁枚曾让家厨试着复原《云林堂饮食制度集》中某些菜肴，一轮品尝下来，只有这道烧鹅合他的胃口。他点评道："不但鹅烂如泥，汤亦鲜美"，故以倪瓒之号命名为"云林鹅"，收录在其美食著作《随园食单》中。值得注意的是，袁枚将"草把"更换成"茅柴"，设定烧三束茅柴，每束重一斤八两，看得出他有在认真试验。

只不过，倪瓒的烧鹅早就不再流行了。由于鹅皮涂了蜜，吃起来很甜，就连以嗜甜闻名的无锡，如今也难以适应这种口味，近年来才有名厨试着仿制这道古菜，用作文化推广。

烧鹅所用的烹法，可视为一种"焖蒸法"，利用水蒸气与锅内余温，共同将鹅肉焖熟。而家常蒸菜，多半不讲究封锅，封锅则能有效锁住热能，既节省柴火，又使肉容易达到软烂效果。《云林堂饮食制度集》中还有两道焖蒸菜，一是"烧猪肉"，二是"烧猪脏或肚"，后者需事先用水煮熟，再如法料理。当然，这种烹法不是倪瓒家厨研发的，而是社会上通行的做法。技术要点有四：保留食材的原体或仅切大块、架于锅中、锅里要放少量水、锅盖需密封。翻检当时其他食谱集，也能看到若干同类菜品，可举一例，比如"罯兔"：兔一只剥皮并开膛治净，腹内塞入良姜、橘皮、川椒、茴香、葱和"五七块"萝卜。锅中倒入水一大碗（水里加了酒醋盐油），如法架兔封锅。待水烧滚，即扯开柴火，不沸腾了再回火，约莫烧一顿饭的工夫即熟，斩成块上桌。

锅烧肉

假如将锅内的那盏水酒换成油，效果将会截然不同，《居家必用事类全集》所载"锅烧肉"正是其中代表作。可选一条猪腿或羊腿，一大扇肋排，或整只鹅、鸭，表面涂抹酱料，腌透待用。锅内浇的是香油，注意要把锅底和锅壁浇遍，如烧鹅那样架起食材（不接触锅壁以免烧焦）及密封锅盖，用小火来加热锅底——原理是利用锅内形成的高温，将肉块炕熟。相对焖蒸法，油不像水蒸气那样软化肉质，而是会让皮脂紧致，水分得以收干，表面烤得香黄，效果如同炉烤的烧肉——可以说，密封的锅相当于一台小型烤箱，人们依靠这种土办法在家里自制烤肉。此菜品亦载《事林广记》一书中，名曰"逡巡烧肉"。逡巡，指短时间内做成，意思是快速烧肉法。

在当时，"烤炙"型跟"焖蒸"型锅烧法同样流行，我们还能从《宋氏养生部》中，看到当时人们制作酱烧猪、油烧猪、炕羊、炙兔、鹅炙、烧鸡、烧鸭，以及烧制天鹅、雁、野鹅、野鸡、鹭、鹔鵏、鴾、鸠鸽、鹰鹘、白鹇、锦鸡、竹鸡、鹌鹑等一系列禽类野味，都使用了这套特殊的烤炙法。

以上食材，其中某些是生烧，某些需经事先水煮半熟或全熟再入锅烧，目的是缩短烤炙时长。烧制前，都会拿五香调料码味，通常使用缩砂仁、花椒、葱、酱、盐、酒、熟油这几样。如制"酱烧猪"，需涂抹盐、酱与缩砂仁粉、花椒粉、葱白末；若做"油烧猪"，则抹上一层熟油和盐、花椒粉、葱末。烧制过程中，有的需往锅内浇香油，有的则什么都不放（空锅），后者需在快烧好之时，揭开锅盖，往烧红的空锅中淋点香油或醋，嗞啦冒出一股白烟，便马上封锅盖，好让烟气闷在锅内，将肉表面熏出诱人的红黄色泽，吃起来亦带着些许烟熏的香味。

【 锅 烧 肉 】

鸭 / 一只（一千五百克）

花椒粉 / 两克

小葱 / 十根

豆酱 / 二十克

酱油（生抽、老抽各一份混合）/ 三十克

食盐 / 十五克

植物油 / 大半碗

香油的发烟点低，烤制时烟气重，比较熏人，也不容易散净。

在家里自制，也可选用烟气较淡的葵花籽油。

（制）（法）

① 选择当日宰杀的鲜鸭。去掉气管和脖上淋巴，剪掉脚爪尖，从尾部开一小口，掏出内脏，冲净膛内血污，控净水，并用厨房纸巾抹干。

② 将葱洗净，切碎。取食盐、酱、酱油、花椒粉和碎葱入盆，给鸭身内外擦匀，搓揉几分钟。

③ 静置腌渍两小时至四小时。其间不时给鸭翻身，涂抹腌汁，使之均匀入味。建议将腌好的鸭子挂起来，在通风处晾至表皮干爽。

④ 拿一口大铁锅，烧热，沿着锅壁一圈浇入大半碗植物油，使锅内都沾上油。

⑤ 再放一个竹木或金属蒸架。

⑥ 光鸭腹部朝上，摆在蒸架上。注意鸭子不要碰到锅壁。

⑦ 盖上锅盖，再将绵纸打湿，把锅盖的出气孔和锅间缝隙堵住。开小火，烤制大约一小时，关火，焖二十分钟。

⑧ 打开锅盖，把鸭子取出，倒掉腹腔内部形成的汤汁，然后翻个身，背部朝上放在竹架上。如前加盖和密封，再烤一小时。在烤制过程中，烤肉滴下的汤汁引发冒烟，形成熏烤效果。烤好的鸭子皮色棕红，口感类似于炉烤的烧鸭，兼带浓郁的烟熏味。

● 注意事项

附《事林广记》逡巡烧肉：

"将成腿猪、羊或肋枝、鹅、鸭等，先以料物、盐腌一二时略透。先将锅洗净，烧红，用香油匀遍浇，令锅四围皆有油，以柴棒架起肉，便以盆合，纸封四围缝，慢火烧一时许。取开，焦黄可爱，与炉内烧者同。"

油肉酿茄

油肉酿入银茄包

白茄十个去蒂，将茄顶切开，剜去穰。更用茄三个切破，与空茄一处笼内蒸熟，取出。将空茄油内炸得明黄，漉出。破茄三个，研作泥。用精羊肉五两切燥子，松仁用五十个切破，盐、酱、生姜各一两，葱、橘丝打拌，葱醋浸。用油二两，将料物肉一处炒熟，再将茄泥一处拌匀，调和味全，装于空茄内，供蒜酪[1]食之。

——元·无名氏《居家必用事类全集》

在元大都蔬菜市场，能买到至少三色茄子：白茄、紫茄、青茄。

白茄美称"银茄"，在当时的河北、浙江和江西地区均见记载，有数个品种，多为圆形。比如有一种"渤海茄"，个头大者如瓯，形较圆；还有一种白茄是扁圆的，谓之"番茄"；会稽出产一种据说从新罗（今朝鲜一带）引种的白色水茄，形如鸡卵。至于吃法，在《居家必用事类全集》中收录了三张相当新奇的白茄食谱。

"油肉豉茄"，将白茄切半月片，油锅炸黄；精羊肉用油炒成焦香的臊子；然后将两者放于大碗内，加生姜末、陈皮丝、葱粒，多放些盐、酱，加醋少许拌匀。茄肉与焦丁吸饱了油，咸香甘肥，最好再淋一大勺蒜酪。

"四色荔"由四份菜组成：一份是油炸半月茄片与羊肉焦丁拌和；一份是油炸荔枝花茄块（茄瓜对半剖开，像划腰花那样在茄肉上剞荔枝花，再分切四块）与羊肉焦丁及盐豉拌和；一份是将生黄瓜切半月薄片，用盐略腌后挤干水，加姜醋拌味；一份是生萝卜丝，亦经盐腌后挤干水，用醋炒过的细干酱来抓拌。把这四份菜装在大盘中，盘中央搁一碗蘸酱——这是用肉汤，加松子泥、酱和醋调制的稠质果仁酱。上桌再配几张胡饼，便是一份好饭。

"油肉酿茄"看起来最是别致。要用白茄挖空为茄瓮，蒸软，然后炸至皮色泛黄、吸满油脂。再将精羊肉切臊子，加松子仁和盐、酱、生姜、葱、橘丝等味料抓匀，多搁些油在锅中爆炒焦香，与熟茄子泥拌匀成馅料。在茄瓮内填满馅料即成，上桌带一碟蒜酪。

巧的是，《饮膳正要》也记载了一道羊肉酿茄，只是做法颇有不同，茄瓮不经油炸，羊肉也不炒焦香，只是将羊肉、羊脂、羊尾

[1]《事林广记》："乳皮甜酪调开，入生韭连白叶细切，加盐少许一处调和匀，糁入芫荽末些子，搅匀。吃羔子、舌、膊、羊肉用。去韭添蒜泥，名曰'蒜酪肉丝'，同上用。"

205

各种茄子
———
目前市面上是紫色系（鲜紫、暗紫、紫红）茄子的天下，近年培育的优良品种也以紫色系为主，其次是青皮茄，白皮茄较为少见。据说，往前推二三十年，在湖北、安徽某些地区，肥短的白皮茄才是人们餐桌上的常客。

从形状来看，分为圆茄、矮茄、条茄三大类。通常而言，圆茄的质地比较紧实，适合煎炸；条茄含水量大，口感软嫩，适合蒸食，油炸容易裂烂。

子分别切臊子，加葱、陈皮拌匀为生馅，酿入茄瓮，整个蒸熟，也要淋上蒜酪、撒香菜末，名为"茄子馒头"。味道较为清淡，不及前者诱人。

这两道酿茄的关键元素，均为茄子、羊肉馅和蒜酪。值得玩味的是，此种搭配仅在元朝昙花一现，且带着异国风情，很可能是从遥远的西亚传入中国北方，因为当时蒙古人对该地区的饮食风味接受度比较高，也因为在今天的土耳其，仍能找到多种不同版本的肉馅酿茄子——在这个狂热嗜茄的国度，人们喜欢将短肥紫茄对半剖开，挖瓤，油炸成茄船；再用羊肉或牛肉末加蒜、洋葱爆香，放番茄丁、茄子肉碎及数种香料粉，用高汤炖煮收汁制成酿馅，酿入茄船，再放进烤箱烤制约二十分钟。又或者，把油炸好的茄瓮，填满弄熟的牛肉蔬菜丁馅，之后码入锅中，浇橄榄油和番茄酱汁略炖。若将目光投向土耳其的邻国伊朗，发现也有相似的酿茄，这道名为茄子酿饭（Dolmeh Bademjan）的传统菜，是将切碎的牛羊肉和洋葱、欧芹等香料炒熟，加一份长粒香米饭拌为肉饭馅，填入茄瓮，加盖封口；随后将酿茄整只油炸，再置入炖锅，放番茄酱汁、酸橙汁和黑胡椒，烧煮至汁水收稠。

"蒜酪"更是其异域身份最直接的佐证。古人所说的酪，其实就是酸奶。用稠酪作为基底，加蒜泥、少许盐混合即成蒜酪，尝之是具有蒜辣味的咸酸奶。只不过，中国从古至今通常不把酸奶当作肉食的蘸料，即使习惯奶制品的蒙古族似乎也很少这样吃。

相反，在痴迷茄子的欧亚之路上，这类浓稠如膏的酸奶酱相当普遍。如果你在土耳其品尝过经典的蒜香酸奶酱，就会明白这几乎就是蒜酪的翻版——由原味酸奶、蒜末、些许盐拌成，再淋上橄榄油、撒一勺干薄荷叶粉。此外还有薄荷蒜黄瓜酸奶酱（cacik），在蒜香酸奶酱的基础上，加入黄瓜丝或丁（用盐略腌后挤干水），即为小黄瓜酸奶酱。土耳其的另一个邻国希腊，也有黄瓜酸奶酱（tzatziki），质地比薄荷蒜黄瓜酸奶酱更为浓稠。土耳其人用这类酱涂抹薄饼与面包，拌蔬菜沙拉，浇在牛肉饺子上，烤茄子、油炸茄子、肥腻的烤肉大餐，也靠这些清爽的酱汁来帮助消腻，十分百搭。伊朗人在大嚼烤肉串（kebab）的时候，蒜香咸酸奶酱也是最佳搭档，称得上是中东最流行的烤肉蘸酱。

回望七百年前，蒜酪似乎曾在元大都及周边地区流行，看情况是当地人已接受了这种异国口味，其用途广泛，除了被用来搭配羊羔、羊肉、羊舌、羊膊这类熟肉食用，若食用"河西肺"（一种面肺子），最好也淋上这种蒜香酸奶酱；而在吃"秃秃麻食"（羊肉臊子汤面片）时，不妨加点蒜酪提升风味；在一碗叫"托掌面"的肉汁凉面片上，除了鸡丝、黄瓜丝、瓜齑丝等八种菜码，浇上蒜酪也是标配；即使是下酒凉菜"聚八仙"（什锦拼盘），亦能以蒜酪佐味。元朝灭亡后，蒜酪也就逐渐淡出了中国人的餐桌。如今，无论烧茄子还是拌茄子，尽管酸奶酱早已无人问津，但蒜末依然是不可或缺的好配料。

在十三世纪、十四世纪的中国，人们常将自家菜园里的茄子简单清蒸，然后拌上盐、醋进食。茄子还普遍被加工为各种耐存的下饭小菜。有加盐、酒糟入坛腌成的"糟茄儿"，捣蒜和醋盐水所渍的"蒜茄儿"，用熟油、好酱、豉汁、糖、酒和醋腌透后晒干的"糠醋茄脯"，埋入酱缸里酱渍的"酱茄"，还能将之投到盐韭菜或盐韭花的缸中同腌……让茄肉组织吸满各路酸甜咸香的汤汁，总之要足够重口味，最能下饭。

"芥末茄儿"吃起来就像嚼肉干，咸香甘美颇能下酒。其做法是，将新嫩茄子切成条，晾晒至半干，入锅中多放些油来炒香，撒点盐，起锅，在大瓷盆中摊凉，最后撒一把芥末粉揉匀了，拿瓷罐装起来，储藏好一阵子不会坏，随吃随取。

《瓜茄图》（局部）
元　钱选
美国弗利尔美术馆藏
—
在唐宋，茄子别称"酪酥""落苏"，又有"昆仑紫瓜"之称。
园圃中常见白、紫、青三色，黄色老茄瓜则用于制药。早期茄
瓜多是禽蛋形，到元朝，圆茄仍是主流，但已培育出条形茄。

芥末茄儿

据《居家必用事类全集》仿制：

"小嫩茄切作条，不须洗，晒干，多着油锅内，加盐炒熟，入磁盆中摊开。候冷，用干芥末匀掺拌，磁罐收贮。"

其他蘸酱

和蒜酪（又名"蒜酪肉丝"）同时流行的特调酱料，还有以下六种，它们分别被用来搭配各色熟肉，以提升风味、刺激食欲。

韭酪肉丝：做法与蒜酪同，只需将蒜泥换为切碎的生韭菜。咸酸，带着点辣，韭香味浓郁。适于搭配羊羔、羊舌、羊腿这些熟肉。

芥末酱肉丝：豆酱兑入肉汁，擂匀后滤取汁；芥末加醋、蜜、肉汁，亦擂捣匀细，过滤去滓，只用汁；将两汁混为一碗。此酱汁咸而带辣，滋味醇厚，宜给猪肉、鱼肉增味。

芥末肉丝：与芥末酱肉丝类似。榆仁酱及面酱混合，加水调匀提取清汁；芥末、生姜汁、醋、蜜拌和，也过滤出清汁；两汁混合。这是一款咸辣酱，辣味比前者更刺激，专佐配味道浓郁的野猪肉、兔肉、鹿唇、熊掌和腊猪肉。若吃"马驹儿"（一种马肉肠），亦可浇芥末肉丝。

松黄肉丝：将面酱或榆仁酱研烂，再加姜汁、醋、松子泥和芥末等拌匀，滤取清汁，加盐调好咸淡，也是一款以芥末打底的咸辣酱汁，但比前两者多出一股果仁甘香。

黄瓜肉丝：在"芥末肉丝"或"松黄肉丝"的基础上，添加生黄瓜丝。口感更为清爽，很适合配羊羔、羊舌、羊膊食用。

卤汁肉丝：从面酱缸里捞出酱瓜（并带些卤汁），切成碎末，加肉汤浸泡出咸汁，滤滓。用这种酱香风味的咸汁搭配鹅、鸭等禽肉，可谓相得益彰。

总体而言，上述酱料可分为三类，一类以酸奶打底，一类含有芥末，一类是酱咸卤。为何在名字里都有"肉丝"二字？猜测，也许是由于某种民族方言习惯。

【油肉酿茄】

小白茄 / 五个

精羊肉 / 八十克

松仁 / 二十五个

生姜 / 十五克

葱白 / 八根

醋 / 五克

橘皮 / 两克

豆酱 / 十五克

无糖酸奶 / 一百克

大蒜 / 一瓣

盐 / 酌量

植物油 / 油炸的量

白茄：市面能买到的白皮圆茄，有新品种"鸡蛋茄"，可网上采购。若没找到合适的白茄，可用紫皮、青皮圆茄代替。

（制）（法）

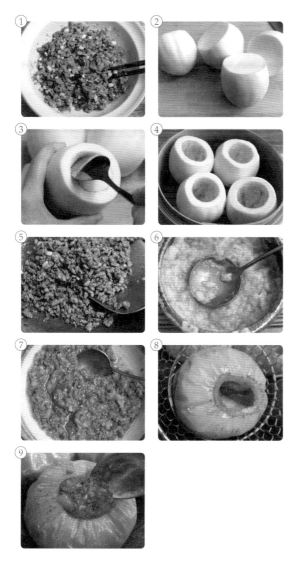

① 精羊肉切成豆粒大小的肉臊子。葱白切粒，加醋浸泡。生姜磨成姜蓉。松子剥壳切碎。把羊肉臊子、葱白连同醋、姜蓉、松仁、橘皮丝和豆酱、盐放入碗中，搅拌均匀。馅料可调得略咸一点，因为茄肉泥和茄瓮都是淡的。

② 茄子清洗抹干。

③ 选四个大小匀称的茄子，从顶端向下约两厘米处切开盖。留壁厚约八毫米，小心掏空肉瓤，底部茄肉可保留略厚，若掏太薄，蒸炸后容易塌软破裂。第五个茄子切作八瓣。

④ 茄瓮和茄块放进蒸锅，蒸制十分钟。蒸好的茄子取出散热，将茄瓮内壁的水分擦干。

⑤ 其间炒制肉臊。锅烧热，倒入三十五毫升油，放肉臊翻炒至熟，略呈焦香，连同油盛起。

⑥ 茄块去皮，捣成茄泥。

⑦ 将肉臊与茄泥拌匀。

⑧ 锅中倒入油炸的油量，烧热，将茄瓮放入，炸约十分钟，至内外炸透，外皮有点发黄，捞起沥油。

⑨ 将馅料装入茄瓮，塞满为止。浇上蒜酪。蒜酪由蒜瓣磨成蒜泥，与酸奶、少许盐拌匀即成。原方掺芜荑末少许同拌，也可不加。

牛、羊、猪肉共三斤，剁烂。虾米拣净半斤，捣为末。川椒、马芹、茴香、胡椒、杏仁、红豆各半两，为细末。生姜细切十两，面酱斤半，腊糟一斤，盐一斤，葱白一斤，芜荑细切二两。用香油一斤炼熟，将上件肉料一齐下锅炒熟，候冷，装磁器内，封盖，随食用之。亦以调和汤汁，尤佳。（粘合平章常用）

——元·无名氏《居家必用事类全集》

一了百当

牛羊豕虾椒姜，香油煎就酼酱

元朝有一种即食肉酱，名为"一了百当"，颇有些"万能酱"的意思。此酱使用了十七种食材：牛肉、羊肉、猪肉剁制肉末各一斤，干虾米捣末半斤，花椒、马芹、茴香、胡椒、杏仁、红豆粉末各半两，生姜十两、葱白一斤、芜荑二两，舀出面酱半斤，腊糟一斤，盐一斤。以上悉数备好，便可往锅里倒入一斤香油烧热，然后将所有食材下锅翻炒，小火炒透，充分释放出肉末与酱料的香气，候冷，用瓷器密封贮之，收在橱柜里。基于防腐与下饭的考虑，这种肉末酱做得咸极了，必须搭配干饭、水饭、面条、煎饼、馒头等主食入口，也可在煮汤时加一两勺，便大大提升味道，总之既宜佐餐，亦堪调味，近乎今天的牛肉末豆豉酱等物。

原方末尾附有六字"粘合平章常用"。粘合，是指粘合南合（其父粘合重山原是金朝贵族），忽必烈在中统元年（1260）授其"中书平章政事"一职，如此说来，一了百当是粘合南合常吃的一款肉酱。此酱不但少见地使用了牛肉，且又将牛羊猪三者与干虾米混搭一处（而非只用单一品种），今天看来亦觉十分考究。另外，在《事林广记》中亦载"一了百当"，相比而言更为平民化。其制作成本低，只用甜酱、腊糟、麻油和川椒、马芹、茴香、胡椒等七种香料炒一大锅。备肴时随意挑一点，可使饭菜料足味全，亦甚适合充当远行路菜，因其不含肉类，经久不坏。

酱，狭义上来说指用大豆或小麦面加盐发酵的糊状物，属于烹饪调味品，比如熟黄酱、生黄酱、小豆酱、面酱、豌豆酱、榆仁酱、大麦酱之类。当时还有一类重口味的生腌型肉酱，即使用生肉（鹿獐羊兔等皆可造）、曲霉、香料和重盐发酵而成，这种古老的食品

芜荑

三色酱
——

据《居家必用事类全集》三色酱仿制：

"熟面筋一埚碎切；酱瓜儿二个，糟姜半斤，各细切。
下油锅，加葱丝炒熟，食。无糟姜，生姜亦可。"

能远溯至战国时期，且仍然活跃于元朝人的餐桌上。以下是"鹿醢"
的加工方法：八斤鹿肉泥加一斤酒曲、一斤小豆曲，此为发酵的基
础，添加磨成粉的红豆、川椒、荜拨、良姜、茴香、甘草、桂心、芜
荑、肉豆蔻和葱白这些能去腥增香的香料，来达成风味。以上所有
材料加糯米酒调成稠粥状，封在小口缸内。白天将缸置于太阳下暴
晒、夜晚搬到暖处，促进成熟，使蛋白质分解为氨基酸从而形成鲜
味，发酵百日可食。这款生肉酱在今天已经难觅踪迹，而依然流行
的类似产品有鱼露、虾酱，它们闻起来有股腥臭味，但入口具有浓
郁的咸鲜滋味。

　　来自《居家必用事类全集》的"三色酱"，实则应当算是下饭
咸菜，如感兴趣的话不妨一试：用熟面筋一块、酱瓜两个、糟姜半
斤，各切碎丁块，将三者下锅，加葱丝油炒焦香。家常吃饭喝粥，
摆上一盘这种小菜，能使人胃口大开。

精制肉脯

　　在宋元人的餐桌上，常见多种精制型肉脯，这些经过细切、腌
味、熟制后再晒干或烘烤干燥的干肉，尤适宜即食，亦可简单蒸煮
或煎烤后享用。所谓"干咸豉"，其实是肉干粒。取精瘦羊肉切为

骰子粒，加盐，酒、醋各一碗，少许砂仁、良姜、花椒、葱和橘皮，慢火煮至收汁，再晒干即成，因成品粒粒如豆豉，故得此名。干咸豉能存放百日，在家用它佐酒下饭，又方便远行携带（这类食物又称"千里脯"），类似现代零食里的风干牛肉，耐嚼又美味。

和前者相比，"肉咸豉"的吃口加倍咸香。肉粒要用爆香的猪油来翻炒，之后还添加两大碗浓豉汁熬煮，故成品又黑又咸，豉香浓郁，无疑更似豆豉。

宋元时存在若干种"咸豉"，原料也不仅限于猪、羊。在北宋徽宗的某次寿宴上，"肉咸豉"作为御宴第三盏酒的下酒菜被端上席；而他的宠臣蔡京，据闻嗜吃一种奢靡无比的"黄雀脆咸豉"——取黄雀的胃部精制，估计需宰杀数百只黄雀，才能凑够一瓶，而蔡京拥有九十余瓶；而在杭州城的副食店里有售"肉咸豉"、"十色咸豉"（"十色"形容品种多样）。此外，清河郡王张俊为招待南宋高宗而大张盛宴，开胃前菜就有一碟"金山咸豉"。只不过，金山咸豉可能并非肉制，而是一种佛门素斋，传闻最早是出自镇江金山寺僧人之手，北宋梅尧臣曾写下诗句"金山寺僧作咸豉，南徐别乘马不肥"（裴煜在得到润州通判周仲章赠送的咸豉后，转送给好友梅尧臣一小瓶，故有此诗）。其做法或许类似《居家必用事

肉咸豉
—
据《事林广记》肉咸豉仿制：

"精肉一斤骰子切，盐一两半，拌煞去腥。生姜四两，薄切炸过。用猪脂烂刴，炒过。豉一斤，取浓汁两碗。马芹半两，椒子一钱。先下肉于铫内炒，次下豉、姜、橘皮，尾下马芹、椒，候炒干，焙之。收取可食，佳。"

类全集》的"金山寺豆豉法"，在用黄豆发酵豆豉的过程中，加入菜瓜块、茄块、莲子、蒜瓣、厚姜片及数种香料粉同腌，是咸香口味的素式什锦豆豉。

和金山咸豉同时登上御筵的，还有"肉瓜齑"。据猜测，这是一种形如酱瓜的肉脯。不妨来看《居家必用事类全集》收录的"牛肉瓜齑"：将肉料切成大片，加香料与盐腌入味，再用香油炒熟，下酱醋诸料煮至汁干，最后置筛子上摊开晒干。元代宫廷也有一款"蒲黄瓜齑"，但只需拿熟羊肉"切如瓜齑"，加花椒粉、混合料物粉、蒲黄粉和盐拌匀即可享用（属凉拌菜而非肉脯）。

有趣的是，人们往往基于形态来给肉脯起名。比如说，"水晶犯"是一张透明光洁的薄肉片；"影戏"应是宽大薄透如皮影；"筭条"是像算筹的短棍状肉脯；"皂角铤"多半形似皂角豆荚；若将肉块切为规整的方条状制脯，大概符合"界方条"之名；"线条"指细而长的肉干；"肉珑松"，即为呈蓬松茸丝状的肉松。"削脯"则代表一种加工方式，元朝人方回解释道，"削而生食谓之削脯"，意思是将大块肉干削为薄片即食。假如将猪肉切为较大的肉块（约四两每块），然后如法腌煮做脯，再用槌杵砸碎，则谓之"槌脯"。

腊肉

腊肉都是生制的，而且块头较大，通常不会直接食用，而是批切一番，再经蒸煮才端上餐桌。当时的人制作腊肉，要么风吹日晒，要么烟熏，总之是为了耐储，做好了留待整年吃，毕竟那会儿没有冰柜，新鲜肉类也并非随时随地都能买到。

獐子、鹿和麂等野生猎获物，是比较受欢迎的腊肉原料，成品称为獐犯、鹿脯。"腌鹿脯"做起来不难——将精鹿肉分割成大条，按配方加盐、花椒粉、莳萝粉等复合辛香料腌入味，用细绳逐条穿起，并在肉表面抹上油，晒干之后，暗红油亮、椒香暗溢。有时做成肚包肉——拿一个去掉草芽的羊大肚，用切碎并码味的鹿肉（或麂子肉）填满肚内，缝合口子，再用棍棒夹定，风干或暴晒。

羊肉型腊肉，也采用鹿类的方法来处理，先腌后晒是基础款，也有一种烟熏的"羊红犯"——肥羊肉切作半斤一条，以盐与酒糟涂抹腌渍，挂在灶上，用柴火猛烟熏干，晾至来年五六月即可食用。人们在烹煮食用前才将结如硬壳的糟泥剥洗干净，露出褐红色的肉。

南方的腊肉普遍使用猪肉。把现宰猪肉切大块，先后腌以盐和酒糟，腌透后悬于屋内晾上二十日，用旧纸逐块裹好，埋入装满火灰的大瓮中（火灰防潮），此为"江州岳府腊肉法"（江州属今江西）；若将猪肉经盐、酒、醋腌上数日，再放入大锅滚水里一烫，控干，趁热在肉表面匀刷一层芝麻油，吊在灶台上方，用日常灶烟慢慢熏制，等过一段时间，将肉取下放回缸里涂抹酒糟，腌十日，才又挂起继续熏晾，即为"婺州（今浙江金华地区）腊猪法"。

浙江食谱《易牙遗意》所载"火肉"，似乎是金华火腿的前身——刚宰的圈猪，卸下四条猪腿，拿盐和酒在猪腿上来回揉搓摩擦，俟擦透，以大石压榨水干，铺稻柴灰一层、间一层猪腿，相间叠入大缸内二十日，其间翻动三五次，再拿出，用稻草浓烟熏烤一整天，此后挂在灶上有烟处，经过长期慢熏即成，切开肉色红如火。

动物的一些特殊部位，如猪舌、鹿尾，会被单独做成腊味，如腌腊鹿尾，需剔除尾中主骨。此外，元朝人也制作鲤鱼、青鱼、鳙鱼这类大鱼的腊鱼干，以及像风鸡、腊鸭那样的禽类腊味。若是处理鹅雁，则将之开膛治净，用重盐、花椒、茴香、莳萝和陈皮粉末内外擦遍，腌制半月才进行腊晒。

〔 一 了 百 当 〕

精牛肉 / 一百五十克

精羊肉 / 一百五十克

精猪肉 / 一百五十克

净虾米 / 七十五克

花椒粉 / 六克

孜然粉 / 六克

茴香粉 / 六克

胡椒粉 / 六克

杏仁粉 / 六克

红豆粉 / 六克

生姜 / 九十五克

面酱 / 一百五十克

香糟泥 / 七十五克或斟酌减用

葱白 / 一百五十克

麻油或其他植物油 / 一百五十克

盐 / 酌量

腊月收取的酒糟，俗称腊糟。古人认为腊糟的质量更好，也不易变质，能保存一整年。酒糟不容易找，可网上订购袋装香糟泥。糟泥有一股酸味和苦味，酸味可使肉酱层次更丰富，但苦味则会影响整体味道，建议斟酌减少用量。亦可用传统酿制甜酒的酒糟，其口感较好，仍保持粒状，榨干汁水后同炒。

制法

① 虾干撕净残留的壳，先切薄片，然后用刀剁切作碎末。

② 生姜去皮，切成碎末。葱洗净控干，切葱花。按分量取现磨花椒粉、胡椒粉、杏仁粉、孜然粉、茴香粉和红豆粉，小碗装起备用。

③ 牛肉、羊肉、猪肉，分别剔净筋膜，剁成肉末，或用绞肉机绞碎。

④ 炒锅倒进麻油，烧热，先下姜、葱翻炒。

⑤ 炒上三五分钟，将姜、葱爆香。

⑥ 放肉料，翻炒至变白。

⑦ 倒入虾粉，翻炒均匀。

⑧ 再下香料末，炒至肉料熟透。

⑨ 加面酱和香糟泥，翻炒混合。原方使用一百五十克腊糟，此处减半，会更美味。捻小火，把肉酱慢慢炒透、爆香，收干多余水分。注意要不停地翻炒，以免粘锅底。尝味后加盐，最好略咸。盛出，放凉后用瓶罐密封收贮。若按原方放盐一百五十克，肉酱会咸得发苦，斟酌添加。

● 注意事项

1. 原方中有放芜荑，这是一种中药，俗称臭芜荑。用榆科植物大果榆的果实，经浸泡发酵，再加辅料同捣成糊状，成品像一块黄泥巴。味道微酸涩，很淡，无特殊香味，可不添加。

2. 附《事林广记》一了百当：

"甜酱一斤半，腊糟一斤，麻油七两，盐十两，川椒、马芹、茴香、胡椒、杏仁、姜、桂等分，为末。先以油就锅内熬香，将料末同糟、酱炒熟，入器收。遇修馔，随意挑用，料足味全，甚便行橐。"

薄馒头、水晶角儿、包子等皮

皆用白面斤半，滚汤逐旋糁下面，不住手搅，作稠糊。挑作一二十块，于冷水内浸至雪白。取在案上摊去水，以细豆粉十三两，和搜作剂。再以豆粉作糁，打作皮，包馅。上笼，紧火蒸熟，洒两次水，方可下灶。临供时，再洒些水便供。馅与馒头生馅同。

——元·无名氏《居家必用事类全集》

原方提及，馅可用"馒头生馅"。笔者从《居家必用事类全集》中选择两种比较特别的馅，作为水晶角儿馅。

肉馅

打拌馅：

每十分。用羊肉二斤半，薄切，入滚汤略焯过；缕切脊脂半斤；生姜四两，陈皮二钱，细切；盐一合；葱四十茎细切，香油炒；煮熟杏仁五十个，松仁二握，剁碎。右，拌匀包。大者每分供二只，小者每分供四只。

素馅

七宝馅：

栗子黄、松仁、胡桃仁、面筋、姜米、熟菠菜、杏麻泥，入五味，牵打拌，滋味得所，捣馅包。

元朝时，高丽为元朝的附属国，与中国的互动十分密切。自忠烈王二年（1276）起，高丽王朝就开设了通文馆，这是给贵族子弟教授汉语和蒙古语的官方机构。为了方便教学，相关机构编撰了一些简单易懂的汉语口语教科书，如《老乞大》《朴通事》。《朴通事》的作者似乎对元大都城市风貌相当熟悉，书中充满种种可信的细节。比如提到，在"午门外前好饭店"，能买到这些诱人的蒸作面点：羊肉馅馒头、素酸馅稍麦、水晶角儿、麻尼汁经卷儿。

馒头、包子

与今天的普遍定义不同，当时"馒头"并非指实心馒头，而是带馅馒头。通常情况下，带馅馒头与包子的区别就在于，前者使用发酵面皮，皮厚而蓬松多孔；包子皮更薄，皮薄馅大，褶亦细，有时用烫面皮。

羊肉馅馒头（或包子），在宫廷与民间食谱均有记载，做馅选用精羊肉，羊脂（或羊尾子）、姜、葱、橘皮、盐、酱是常见配料，有的会加杏仁、松仁来丰富口感。在《饮膳正要》一书中就有几款

《敬食图》（摹本局部）
内蒙古巴林左旗滴水壶辽墓壁画
巴林左旗辽上京博物馆藏

——

大漆盘中放着九碟面点，其中有两种打褶的大包子、
五盘大小不一的圆馒头（或带馅）、一盘馓子、一盘
带夹心的花卷。

《同胞一气图》（局部）
元　佚名
台北故宫博物院藏

——

孩童三人围炉烤包子。此包子个头较小，应是带馅。

羊肉馅馒头，如"仓馒头"，估计是呈形似谷仓的圆拱形；有包成之后用剪子剪出诸般花样，蒸熟，再以胭脂点染的"剪花馒头"；又有在羊肉馅的基础上，加切碎的天花蕈（一种蘑菇），并用薄面皮来包，谓之"天花包子"，添加藤花的称为"藤花包子"。

当今占据绝对主流的猪肉馅，元代食谱中反而著录不多。《居家必用事类全集》仅介绍了两款：一是生猪肉剁馅，加些羊脂、杏仁及炒香的油酱料码味；二是"熟细馅"，将熟猪肉与熟笋细切拌料，看起来就很好吃。

在宋元时期还流行某些意想不到的肉馅，比如鱼、虾、鸡、鹅、鸭、雁之类。做"鱼包子"，可选鲤鱼或鳜鱼净肉；如做鹅肉馅，要用熟肉切拌，两者都需加猪膘和羊脂使口感甘润，鸡、鸭、雁等馅亦同。有虾肉馅的虾包儿，也有裹以蟹肉的蟹肉包儿，还有单用蟹黄的蟹黄馒头。此外，羊杂也能制馅，如做"羊肚馅"，须用熟羊肚、熟羊肺、熟羊舌，均切碎，加少量生羊肉、羊脂，并以椒和茴香、炒葱等拌匀，这款口味今天不容易见到。宫廷有一道更罕见的"鹿奶肪馒头"，是取鹿乳房部位的脂肪，加羊尾子和馅，估计吃起来一嘴油脂味。

素酸馅，实际代指素斋馅。素馅馒头攒的褶儿一般较粗，以便和精细肉馅区别开来。馅料常用栗子、干柿、山药、蕈、笋、藕、蘑菇、面筋、松子、核桃、豆类、木耳、菠菜，经组合混搭为多种口味，比如麸蕈馅、枣栗馅、七宝馅、菜馅、豆沙馅等。"七宝馅"是什锦果馅，以栗子黄、松仁、胡桃仁、面筋、姜米、熟菠菜、杏麻泥七物拌制；有一种酸味的"菜馅"，一口下去，能吃到切碎的黄齑（酸菜）、熟红豆、粉皮、山药片和栗子。

豆馅常用红豆和绿豆。红豆一般做糖馅，将之焐熟后加糖拌馅，或去豆皮洗沙，掺砂糖与食香（麝香调配的香味料）做成甜香的"澄沙糖馅"。绿豆适合制作辣馅，辣味来自姜汁。做法是将去皮绿豆蒸烂，既可加姜汁、熟油和盐为咸辣馅，又可将盐换为蜜糖，即为甜辣馅。

除了常规型，人们还制作一些特殊馒头。比如有巨大的"平坐大馒头"，这款平底、半圆如山包、打褶收口的大馒头用料惊人，且按配方计算，每十个馒头用面粉二斤半，羊肉二斤半（每斤合今约六百克），即每个馒头竟耗费面粉与肉各一百五十克，估计得有面碗大。个头小一号的，称为"平坐小馒头"。还有用模具脱印的花馒头，如"掐花馒头""球漏馒头"，夏季祭祀和宴席供"荷花馒头""葵花馒头"，后者也出现在喜筵上；"寿带龟""莲龟馒头"均用于寿筵，因乌龟与莲花象征长寿。

那时，人们吃馒头通常搭配一碗粉汤（又名粉羹，即粉条汤），有干有稀，才算是一套好饭。如在《水浒传》第三十九回有这句："我这里卖酒卖饭，又有馒头粉汤。"又在《老乞大》可见："咱每做汉儿茶饭者……第七道纷羹、馒头。"

水晶角儿

水晶角儿，又作水精角儿、水明角儿，因外皮呈乳白半透明状而得名。制作关键是，面粉先用滚水烫成熟面，分作小块，入冷水盆中浸泡一段时间；然后，在这团湿漉漉的又黏又软的面团中，掺入绿豆淀粉，揉至软硬适中。擀皮，包角儿，馅料就用馒头生馅或包子馅。蒸法亦有讲究，须用大火，其间揭笼盖洒两次水，目的是给皮料添水（否则容易开裂），上桌前再洒一次水，如此皮子润泽，皮内馅料隐约可见。

这类水晶点心的历史至少有千年。早在南宋杭州城的点心铺中就能买到水晶角儿，元明清三朝烹饪书中均有记载相关食谱。现如今，广东粉果以澄面加生粉，山西玻璃饺子则用烫面掺土豆泥和土豆淀粉的办法，来使皮料呈现透感。除了包成角儿，人们也拿水晶皮子来做水晶包儿、薄皮馒头。《事林广记》载有一款水晶素包子，用水晶角儿的皮，包裹一兜由面筋、乳饼、蕈、胡桃、干柿、栗子和熟山药切拌的什锦甜馅。

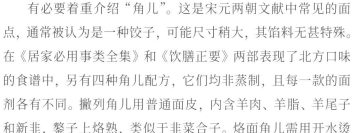

唐代的饺子
新疆吐鲁番阿斯塔那
唐墓出土

有必要着重介绍"角儿"。这是宋元两朝文献中常见的面点，通常被认为是一种饺子，可能尺寸稍大，其馅料无甚特殊。在《居家必用事类全集》和《饮膳正要》两部表现了北方口味的食谱中，另有四种角儿配方，它们均非蒸制，且每一款的面剂各有不同。撒列角儿用普通面皮，内含羊肉、羊脂、羊尾子和新韭，鏊子上烙熟，类似于韭菜合子。烙面角儿需用开水烫面，使皮子口感更柔软，亦排于炉鏊上烙制。驼峰角儿是油酥皮，以酥油及冷水来和面，烤熟后，入口十分酥脆。莳萝（或作"馉饳"）角儿，先加入香油略拌，再以滚水烫面制皮，包馅，捏作蛾眉角，往油锅里一炸，大概就像油酥角吧，若上筵席，每盘摆四只。

稍麦

稍麦，当时也写作稍美、烧麦，现在写作烧卖。"稍麦"一词最早出现在宋元话本《快嘴李翠莲记》中。《朴通事谚解》有两处提到稍麦，并附注文解释，大意为：用小麦面粉做成薄皮，包裹切碎的肉馅，收口处撮细似用线来系绑，顶部呈花蕊之态，需蒸熟食用，方言称之为"稍麦"。

显然，这跟今天内蒙古呼和浩特的传统烧麦颇为相似——面皮擀得十分柔薄，皮边碾出荷叶状花褶子，包着羊肉沙葱馅，将皮子拢起如石榴状，顶部面皮散开就像一朵重瓣花。这样看来，元大都食店所售"稍麦"应是类似此品。另外，清代《调鼎集》也记载了几款南方特色烧卖，比如"油糖烧卖"（核桃拌脂油丁、洋糖馅）、"豆沙烧卖"（红豆沙拌生脂油馅）、"鸡肉烧卖"（鸡肉、火腿拌时菜馅），还有蟹肉烧卖、海参烧卖。

经卷儿

经卷儿，容易被误解为佛经卷子（早期佛经多为卷轴装，后流行经折装、线装），其真实身份则是花卷。或许因卷面动作似卷经书，又或者从"蒸卷儿"变音而来，故得此名。按《饮膳正要》配方，面粉用温水和酵子、盐、碱发制酵面，擀开，面片上涂抹花椒粉、茴香粉和清油，卷成圆筒再切段，每斤面粉做两个经卷儿，想来个头不小。元朝皇帝在享用羊肉松黄汤时，例要搭配经卷儿同食。而元大都食店所售"麻尼汁经卷儿"，大概是夹层涂抹了芝麻酱，或配芝麻酱蘸碟。

在明代《宋氏养生部》一书中，此种食品名为"蒸卷"，书中介绍了三种口味。一是，夹层抹了花椒粉和盐的咸味款，如今椒盐花卷在北方地区仍然很普遍。二是，涂抹赤砂糖或蜂蜜来做夹层的甜味款。三是，将香甜的去核大红枣裹在夹层中，类似于山东地区的枣馍，各有各的美味。

【水晶角儿】

羊肉 / 二百三十克

羊脂 / 三十克

松子仁 / 十五克

核桃仁 / 十五克

水面筋 / 六十克

栗子 / 一百克

菠菜 / 五百克

小葱 / 七根

生姜 / 十克

橘皮 / 一小片

芝麻 / 五克

甜杏仁 / 十克

面粉 / 一百六十克

绿豆淀粉 / 约一百克

熟油 / 酌量

酱油 / 酌量

盐 / 酌量

面筋：不拘用水面筋还是蒸面筋，前者口感弹糯，
后者蓬松柔软，各有各的美味。

制法

① 将二百克开水浇入面粉中，边倒边搅，然后和成稀面团。分作六团，加冷水浸泡两小时。

② 其间备馅。将净核桃仁、松子仁切碎。栗子剥壳，加水煮五分钟，切成小碎丁，面筋也切成同样大小的碎丁。五克甜杏仁与芝麻研成泥。生姜切作姜米。

③ 菠菜去梗，只取净叶一百五十克。洗净，焯水一两分钟，放冷水中浸凉，攥干水，剁碎。

④ 拌七宝馅：将栗子、面筋、松子（半份）、核桃、姜米、菠菜和杏仁芝麻碎拌匀，加两匙熟油，适量盐、酱油码味。

⑤ 拌肉馅。精羊肉切成薄片，焯烫变白，切小片。羊油切成碎粒。小葱切葱花，用两匙油将葱花爆香，连油盛出。把羊肉、羊脂、炒葱、姜米三克、松子、杏仁碎粒、橘皮粉，加适量盐（要略咸）和一匙酱油，拌匀。

⑥ 把面团捞起，尽量沥干水，放进和面盆，酌量加绿豆淀粉，和成软硬适宜的面团。

⑦ 用淀粉做面扑（不能用面粉，否则皮不通透）。将面团搓成粗条，均匀切成面剂，每个约十二克。擀成圆面皮，搁上饱满的馅料。此皮韧性差，容易破，不能做太薄。

⑧ 捏紧开口，再按个人喜好捏点花边。

⑨ 将角儿码在蒸笼内，注意每个角儿之间留好空隙，不能挨着，否则蒸好会粘在一起。水开后上锅，蒸制八分钟。其间揭开笼盖，往角儿上洒两次冷水。关火后，再洒一次冷水，闷五分钟出锅。

● 注意事项

肉馅，亦可用《饮膳正要》"水晶角儿"方："羊肉、羊脂、羊尾子、葱、陈皮、生姜，各切细。右件，入细料物、盐、酱拌匀，用豆粉作皮包之。"

荷莲兜子

羊肉二斤，焯去血水，细切。粳米饭半斤，香油二两，炒葱一握，肉汤三盏，调面三两作丝，橘皮一个细切，姜米一两，椒末少许。已上，一处拌匀。每粉皮一个切作四片，每盏内先铺一片，装新莲肉去心、鸡头肉、松仁、胡桃仁、杨梅仁、乳饼、蘑菇、木耳、鸭饼子，却放肉馅，掩折定，蒸熟，匙翻在碟内供。用浓麻泥汁和酪，浇之。

——元·无名氏《居家必用事类全集》

  无论宋元，在其都城食肆与宫廷的餐桌上，竟然都能看到"兜子"，这是一种用粉皮包裹着一坨碎粒馅料，然后蒸制的点心。

  与包子、烫面饺、大馄饨不同，兜子的包裹方式颇为特别，属于开放式包裹法——将一张粉皮铺在瓷盏内，中心搁一团馅料，然后翻折粉皮四角，掩盖馅料。由于粉皮滑而不黏的特性，决定了开口无法像饺子那样捏紧闭合，若随意翻拿兜子，容易散架漏馅，故兜子仍需待在瓷盏中，并一同置入蒸锅，待蒸好，才用食匙小心拨进碟，让折掩的那一面坐地，跟盏底接触微微隆起的另一面朝上。此外，加热后的粉皮会变得透明，里头的馅料粒粒可见，就像某种潮州粉粿。

  有关兜子的古代文献不少，且集中在宋元两朝。例如，北宋开封食店的菜单中有一道"决明兜子"，馅里添加了从沿海运来的鲍鱼（干制或糟渍）；若到经营江南风味的"南食店"，便能吃到"鱼兜子"。再来看南宋都城，兜子记载就更多了，分茶酒店供应"石首兜子""鲤鱼兜子"，馒头店亦造"江鱼兜子"。在包子酒店中，除了鹅鸭包子、灌浆馒头，亦出售四色兜子作为过酒菜。四色，意为品种多样，其馅料多半也是水产。其中一张详细食谱被林洪收录在《山家清供》中，传闻"山海兜"乃是从宫内流出的御膳方，由鲜鱼、活虾、竹笋与蕨菜这四样杭州本土生鲜食材调馅。总体而言，从现身"南食店"、浙江品种较多、以水产为馅这三点要素看来，兜子的发源地无疑是在江南地区。

  相对而言，元朝出版的烹饪书中所载兜子食谱，显然南北风味兼具，它不再是单一的水产馅，而是与其他肉类展开合作，故而口味更为多元。

鲤鱼兜子

主料是鲤鱼净肉，每斤加猪膘和羊脂共小半斤，用于润泽口感（今天剁鱼丸亦常掺猪膘），韭叶、粳米饭、陈皮、生姜、炒葱、胡椒末、面酱、面芡的加入，形成浓郁滋味，又淡化了鱼肉的本味。这与山海兜仅使用基础味料，以便凸显食材之天然鲜香的调味理念大为不同。元朝记载的兜子食谱大多有如上特征，即使用的配菜与味料既多又杂。

蟹黄兜子

可见两种配方。《事林广记》版"蟹黄兜子"的食材包括：从二十个圆脐（雌）螃蟹中剥出的蟹肉和蟹黄，一斤黄蓟鱼肉（疑是鲫鱼），由于拌入小半斤羊尾子膘与羊脂，带来些微膻香，并添加与鲤鱼兜子相同的一套浓郁味料。如此搭配在今天十分罕见，我们熟悉的蟹黄汤包往往不放鱼肉与米饭，且多使用猪油。

《居家必用事类全集》版则是用三十个熟大螃蟹，搭配生猪肉一斤半（九百克），并加五个经香油炒碎的鸭蛋（可冒充蟹黄），没放米饭，调味料与前者差不多，都有炒葱、生姜、椒末、橘皮、面酱等物。但可以想象，照这两份食谱做成的蟹黄兜子，口感肯定很不一样。

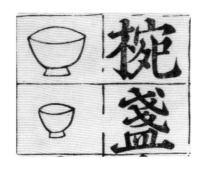

《魁本对相四言杂字》1920 年日本米山堂复刻本（底本为明初刊印）
东京学艺大学图书馆望月文库藏
—

"盏"是比碗更小的容器，有的呈斗笠浅碗形，有的似深杯。用于饮酒的名为酒盏，饮茶的称为茶盏。

鹅兜子

其馅料与当时人们所用的鹅包子馅颇为类似。需取煮熟的净鹅肉切碎，并添加猪膘和羊脂使之更为诱人，调味仍然走繁复路线——葱、姜、橘皮、川椒、杏仁、复合香料、盐、酱、酒、醋、面芡共超过十种，此馅吃起来甘香可口，滋味不俗。另外，人们还用野鸡肉、野鸭肉代替鹅肉制馅。

令人惊喜的是，食材分量被精准地记录了下来：每十个鹅兜子，需要用熟鹅肉半斤，猪膘一两，羊脂二两，姜、葱、橘丝共一两……若据此粗算，每个鹅兜子重约四十克，大小与粉粿相当，可以一两口一个。

杂馅兜子

杂，指羊杂。有两张不同的配方，亦分别载于《事林广记》与《居家必用事类全集》。前者馅料，使用三种脂肪（羊奶肪、羊尾子膘、羊脂共十一两），两种杂碎（羊肚四两、羊舌两个），同时还加了半斤（即八两）精羊肉，因此三类食材的分量看起来势均力敌。

《居家必用事类全集》版用了两种脂肪（羊脂、猪膘），三种羊杂（羊肺、羊白肠、羊肚），且羊脂与羊杂的重量比是一比三，没加羊肉。如果单从口感上来考虑，前者多半比后者更美味。当时北方人喜欢做羊杂馅馒头，照此推断，杂馅兜子极有可能是产生于北方的一种新口味。

荷莲兜子

这款点心的文献记录最多，至少见于三部古籍中，同时，它包含的食材比其他任何一款都要丰富。

从《饮膳正要》所载宫廷版来看，咬开如粉粿大小的兜子，能品尝到多达十三种食材：羊肉、羊肚、羊肺、苦肠、羊尾子膘；搭配八担仁、必思答仁、杏仁、胡桃仁这四种甘香的果仁；并添加鸡头米、蘑菇、山药三种清爽的蔬菜，还放了鸡蛋饼。事实上，忽思慧很有可能先对原版荷莲兜子进行了某些改造，然后才收录在此书中。比如说，馅内可见蒙古人熟悉的坚果，像八担仁、必思答仁均从西域引进，前者即今天新疆特产"巴旦木"，一种原产于西亚的扁桃仁（波斯语 badam），它在当时的杭州市场名为"巴榄子"，明清时期又多俗称"巴旦杏"，果仁扁大而甘香；后者源自波斯语（Pista）的音译，研究者认为必思答就是我们熟知的开心果。

《事林广记》和《居家必用事类全集》两书所载荷莲兜子，则能代表民间口味。二者的配方几乎相同，仅有一些细节出入（可能《居家必用事类全集》摘抄自《事林广记》）。这两个配方存在的时间，应早于宫廷版本，所用食材亦更容易在国内找到。肉类方面，只用夹精羊肉，不加羊杂；果仁亦有四种，包括松子仁、核桃仁、杨梅仁、榛子仁；其他还有鲜莲子、鸡头米、乳饼、蘑菇、木耳和鸭蛋饼。总而言之，宫廷版与民间版之间存在不小差异。

至于为何命名为"荷莲兜子"？今天已无法确知。推测有两种可能性，一是因民间版馅内含有莲子，故得此充满诗意的菜名；二是宫廷版有使用胭脂、栀子（用于拌馅还是染皮未明）的记载，它们分别为红、黄染料，假如将之泡汁来染制粉皮，那么会有红、黄两色兜子，分别对应荷莲的粉红色花瓣与黄色花心，再通过摆盘来呈现花形，让食客大饱眼福。

鸡头米
—
水生蔬菜，果皮外形似鸡头，剥壳可见一粒粒浅白圆形种仁。新鸡头米软糯鲜滑，能生食，晒干即为芡实。

值得注意的是，和宫廷版将所有馅料拌在一起不同，民间版的装馅方式更为有趣——在粉皮上，先匀铺莲子肉、鸡头米、蛋饼、果仁等碎粒，然后才盖上一团羊肉馅，折掩粉皮蒸制。上碟时，由于需要将兜子翻转过来，这样，就变为碎粒在上部、肉馅垫底，两者界限分明，等吃进嘴里才融为一体。

吃荷莲兜子，需淋一种特制酱汁。宫廷版搭配的"松黄汁"由松黄粉调制，这种取自松树花穗上的淡黄色粉末，数个世纪前就被列入道家养生服食的名单中，古人视其为"轻身不老"的美妙补品。我们有理由相信，忽思慧选择松黄汁，大概是受到当时养生观念的影响。而民间版，则搭配了一款口味古怪的酸酱——用芝麻酱和酸奶搅拌而成。很显然，这款酱汁并非来自南方，当时以元大都为中心的北方地区，流行着好几种类似的酸奶酱，比如韭酪、蒜酪。给荷莲兜子浇淋芝麻酸奶酱这种做法，不禁使人联想到他国食俗，如土耳其人习惯往"牛肉饺子"上倒入一大摊蒜味酸奶酱。

明清文献甚少提及兜子，翻检此中食谱，未能找到与兜子完全相同的食品，也许这种点心在元代之后日渐失传。清代《调鼎集》提到的"粉盒"略似兜子，此点心用米粉制皮，包馅为盒来蒸，馅料是用经过油炒或酱烧的熟馅。笋衣丝配鸡皮丝谓之"笋衣粉盒"，"蟹肉粉盒"中只用蟹肉及味料，"野鸭粉盒"馅含有栗肉丁、野鸭肉丁。只不过，这种米粉为皮、预制熟馅的组合，与其说像兜子，实则同粉粿的相似度更高吧。

【荷莲兜子】

带肥羊肉 / 一百六十克
粳米饭 / 四十克
面粉 / 十克
肉汤 / 酌量
鲜莲子 / 三十粒
松子仁 / 六十个
鸡头米 / 十五克
榛子仁 / 十五克
核桃 / 十五克
乳饼 / 五十克
香菇 / 十五克
干木耳 / 十克
鸭蛋 / 一个

绿豆淀粉 / 一百六十克
生姜 / 五克
小葱 / 八根
盐 / 酌量
香油 / 酌量
面酱 / 六克
橘皮粉 / 一克
花椒粉 / 一克
无糖酸奶 / 六十克
纯芝麻酱 / 十五克

（制）（法）

① 羊肉切薄片，下锅焯烫半熟，攥干，切碎。葱白切碎，放少许油爆香。生姜去皮，磨成姜蓉。面粉用清肉汤或水成芡。将以上放入大碗，加香油、橘皮粉、花椒粉、粳米饭、盐和面酱拌成肉馅。

② 鸭蛋液加少许盐，打匀，煎成蛋皮，剪碎。约用小半张蛋饼。木耳泡发后，焯水，剪碎。香菇焯水后切粒。取等份蛋饼、木耳、香菇，再加鸡头米（留下十粒先不用），撒少许盐调味。

③ 榛子仁和核桃仁切碎，二十粒松仁也切碎。莲子剥去外衣，其中十粒切成四瓣，其余切碎粒。

④ 提前用牛奶和白醋做好乳饼，将它切成细丁。乳饼做法参见第237页，或购买成品。

⑤ 做好绿豆粉皮。粉皮不能太薄或太厚，薄的容易破，太厚看不清馅料且吃起来一嘴粉，影响口感。

⑥ 将粉皮切成边长十三厘米的正方形，铺在斗笠盏中央。在粉皮中心，用鸡头米、莲子、松子摆成花形，然后铺一层乳饼。

⑦ 再撒上一些果仁，放一撮木耳香菇蛋饼。可按照个人喜好进行装馅。

⑧ 最后盖上一撮羊肉馅。注意馅料要稍微压实。

⑨ 先将粉皮对角折起，然后折另外两个对角，重叠处涂一点淀粉糊粘牢。须包裹得尽量紧，否则进食时容易散开。若只有一个斗笠盏，就将做好的兜子翻过来，坐在浅盘中蒸制五分钟。以上食材，大约可做十个。上桌配一碟芝麻酸奶酱，将无糖酸奶和芝麻酱搅匀即成。既有奶味，又有芝麻的油脂香。

● 注意事项

原方中的杨梅仁是杨梅核内的果仁，可用榛仁代替。另参考另外两版，加盐、酱拌制羊肉馅。各种内馅食材用量，可按个人口味定夺。

绿豆淀粉 / 一百六十克　　　清水 / 三百二十克

① 绿豆淀粉加清水，充分搅拌成浆水。

② 准备一壶开水，一只做粉皮专用的圆形平底金属浅盘，一大盆凉水。

③ 大半锅清水烧开，捻中小火，使水始终保持沸腾状态。

④ 金属盘漂在沸水上，烘热，单手拿起。另一手舀一汤勺粉浆，浇入盘中，迅速荡匀，放回沸水上。旋转，以保证粉皮厚薄均匀。

⑤ 见粉皮从液态变为干白色的固态，浇入开水覆盖粉皮。

⑥ 待粉皮呈透明状，表明已经烫熟。拿起金属盘，浸入凉水盆中，轻刮四周，小心揭出整张粉皮。做好的粉皮要洒上水，用湿布盖好，否则容易失水开裂。

原 料

全脂鲜牛奶 / 八百毫升
白醋 / 八十毫升
特殊厨具 / 纱布

制 法

① 将牛奶倒入锅中，加热期间不时搅动，至将要沸腾的状态，关火。慢慢倒入白醋，边倒边搅动。

② 先静置一会儿，等乳蛋白凝结，变成絮状。

③ 用滤网捞取乳蛋白。

④ 在小竹筐里铺好纱布，倒入乳蛋白。

⑤ 攥紧纱布，用力挤出多余乳清。把纱布四角对折好，注意要包裹紧实。

⑥ 乳团面朝上，置重物压一小时，这样能排净乳清及定型。

● 注意事项
1. 此配方做出乳饼约重二百五十克。鲜乳饼味微酸，清新芳香，有淡淡的奶香味，可蘸糖粉直接吃。鲜乳饼不耐存，应尽快食用。
2. 元朝人在烹饪中，会使用鲜乳饼，也会使用储存的乳饼。储存乳饼的办法是，将乳饼埋入盐瓮底，用时取出，洗净表面的盐分，蒸软备用。

以头面如水花面①和，伺面性行，圆成小弹剂，下冷水浸，两手掌内案成小薄饼儿，下元汁锅内煮熟，以盘盛。用酥油炒袍粗片羊肉，加盐炒至焦，以酸甜汤拌和。滋味得所，别研蒜泥调酪，任便加减，使竹签签食之。以羊头油炒肉为上，酥油次之，羊尾油又次之，如无，羊脂亦可。

——南宋·陈元靓《事林广记》

秃秃麻食

西来之羊肉臊子汤面片

江西人张保曾在马合麻沙的衙门中为奴作仆，据他回忆，在这位宣差的餐桌上，常见的是大蒜、臭韭（生韭或盐腌韭均有臭气）、水答饼（用面糊烙的煎饼）和秃秃茶食。张保声称，以上食物通通不对他的胃口，要知道他在家乡可是吃惯了各种海鲜、家常煎肉、豆腐和炒冬瓜的。虽说这是元杂剧《郑孔目风雪酷寒亭》的虚构桥段，而其中食物的确真实存在，不妨代入设想，当时南方人多半吃不惯秃秃茶食。

相反，在北方地区尤其是元大都，"秃秃茶食"却是为人熟知的清真面食，三番五次出现在典籍中：比如，翻看另一部元杂剧《十探子大闹延安府》，在朝廷为犒劳八府宰相而安排的一场筵宴中，官人当场呵斥厨子说他们做的"吐吐麻食"太难吃；而介绍元大都生活风俗的《析津志辑佚》一书提及，皇家在二月祭祀太庙时会准备"秃秃麻"；汉语教科书《朴通事谚解》也写道，舍人吩咐管事厨子，急忙准备好酒菜饭食，及用白面捏些"匾食"、撒些"秃秃麽思"接待过路的使臣们。此外，宫廷食谱《饮膳正要》亦收录"秃秃麻食"，忽思慧将这款面食列入皇帝的食疗菜单中，因其能补中益气。

马兴仁先生认为，这组读音奇怪的名词，其实是突厥语 tutmaq 的音译，继而衍生出若干读音相似但用字各异的中文名。而这种面食很可能是由信奉伊斯兰教的中亚、西亚人带入中国，当时坊间出版物《居家必用事类全集》（包括元至顺本《事林广记》）在饮食部分专门设一章节，介绍了易为大众接受的十二种外来清真菜品，其中也包括秃秃麻食。

这种面食的制作步骤如下。

① 即水滑面。《居家必用事类全集》水滑面："用头面。春夏秋用新汲水，入油、盐先搅作拌面羹样，渐渐入水，和搜成剂。用手拆开作小块子，再用油水洒和，以拳揉一二百次。如此三四次，微软如饼剂，就案上用一拗棒纳百余拗。如无拗棒，只多揉数百拳。至面性行，方可搓为面指头。入新凉水内浸两时许，伺面性行方下锅。阔细任意做，冬月用温水浸。"

《仆佣图》（局部）
内蒙古巴林右旗耶律弘世墓壁画
一
仆佣双手端着一朱色圆盘，内放一只大碗，似装满了
面条。

一是和面。秃秃麻食的面剂与当时的"水滑面"一样，是在面粉中加植物油、盐和凉水来和面，之后摘面疙瘩，搓成一个个小圆球，用冷水浸泡两个时辰；用双掌心将每个面球按扁为圆面片，由于这道工序动作，秃秃麻食又别称"手撇面"。按煮面条的方法下锅煮熟，捞起盛盘。

二是准备羊肉臊子。羊肉切碎丁，热油下锅炒至焦香，撒盐调味。炒肉的油料，首选羊头油，其次是酥油、羊尾油，如无，羊脂也可用。

三是拌汤。可用酸甜汤，在同书中有载这种"酸汤"的做法：先用乌梅加淡糠醋熬煮至脱核肉烂，滤取酸汁，倒入锅，加适量蜂蜜调和使之酸甜，再放些松子泥、核桃泥和酪搅拌略煮，即成浓缩稠汤，使用时，需兑肉汤来调稀（此酸汤颜色棕黑，滋味酸甜，不仅可拌秃秃麻食，人们还喜欢在汤中加入煮烂的羊肋块、寸骨、羊肉丸和熟鹰嘴豆来食用）。最后，根据个人口味淋上蒜酪（蒜香酸奶酱），拌开便可享用，书中还建议用竹签扎取面片进食，会很方便。此外，《饮膳正要》版秃秃麻食使用的是羊肉清汤，但由于进食时汤与蒜酪混合，故汤汁仍会表现为酸味。

这一碗秃秃麻食，可以理解为羊肉臊子酸奶汤面片，面片伴着酸奶汁入口，酸酸凉凉的，使人胃口大开。无独有偶，在汤中加酸奶、往面食上淋酸奶的做法，在今天伊朗、伊拉克和土耳其等国家依然十分普遍。土耳其有一道亚美尼亚风格的"牛肉饺子"，是在番茄汤饺子上，浇了一大碗蒜香酸奶酱。

自元朝至今过去了七个世纪，秃秃麻食早已深深扎根在中国西北及华北地区。无论是陕西关中、山西晋南及甘肃、宁夏、青海、新疆部分地区所通称的"麻食""麻什""麻食子"，还是陕北的"圪坨"，山西雁北一带流行的"碾疙瘩""碾饦饦""圪饦儿"，新疆吐鲁番人们喜爱的"杏壳面"，甘肃敦煌的"杏壳篓"，山西吕梁的"猫耳朵""圪朵儿"，这些乡土面食，都是从它衍生而来。除了小麦面，人们还用莜面、荞麦面、玉米面或高粱面等杂面与小麦面掺和制作麻食，纯用杂面也能做成，如莜面麻食，总之风味各异。

对比元朝的秃秃麻食与现代麻食，两者的关键元素显然一致：都是手工捻的面片（一个一个地搓，简直考验耐心），都拌有羊肉

麻食子

臊子、酸汤，前者用酸甜汤，现代麻食则有放西红柿臊子酸汤、老陈醋的。

只是，两者在某些细节上很不一样。首先来看面团处理。现代麻食的面剂无甚特殊，和家常做面条、饺子皮那样只用盐、水和面就好，秃秃麻食则需用油和面，并将面剂浸水——这种特殊工艺早在公元六世纪问世的《齐民要术》中就有介绍，当时的人制作"水引"和"馎饦"两种古老汤面时均需浸面，而宋元时期流行的"水滑面"，亦是沿用此浸面法。经过这一步骤，面团呈现的口感较为滑溜。当然，在整个汤面史当中，此工艺并不常用，故只有少数几例被记录下来。

再者是造型。现代麻食通常是打卷的，其中最为经典的造型，是取指甲盖面大小的面疙瘩，用大拇指摁着稍微使劲一推捻，形成一个半闭口的小卷儿，有时还会特意在有纹路的底板（如新草帽檐、高粱秆算子）上搓，使之印上草帽、箅子的棱纹；秃秃麻食则是光面圆片儿。

挂面、经带面、托掌面

挂面，顾名思义是用"挂架"制作的面食。其发明年代不明，至少可以追溯到元朝。在当时食谱中，又称之为"索面"，做法是：和面亦如水滑面，但要添加双倍油料，等揉好面剂，将之搓成筷子般粗的圆条（搓制期间抹油），且每条长短粗细一致，再拿油纸密盖面条，待醒面完毕，"上箸杆缠展细"——参考今天的手工挂面，是将长面条缠绕在两端各有木杆的面架子上，通过固定一端并拉扯另一端木杆，最终将整架面条拉扯得十分匀细，然后晾干收贮，想吃的时候拿出来水煮。书中还建议，若不用油来搓面，可以用米粉代替，同样也能防止面丝粘连。

《饮膳正要》中有一道用挂面制作的羊肉面。锅里倒入羊肉清汤，下羊肉丁、切碎的蘑菇和挂面烩煮，以较多胡椒粉和适量盐、醋调成可口滋味，再加入煎鸡蛋皮、糟姜片和酱瓜丁作为配菜即成。

当时又有一种特别的面条，名为"经带面"。经带，指包裹经书的带子，从元杂剧《破苻坚蒋神灵应》的"经带阔面轮五碗"之句，可知此为一种阔面。和面时，在面粉中加入碱面和盐，以凉水来和（面剂微软为好），再用拗棒使劲按压两百余下，为的是增加面团的延展性和韧性。接着，需将面团擀至极薄，再切如经带样阔，即为又薄又阔的面条（可能类似于裤带面）。人们通常将之下滚水锅里煮熟，再捞入凉水盆中拔凉，才添加汁料、菜码食用，如此口感爽滑弹牙。在元朝宫廷，膳食官煮经带面的方式如挂面，都是加羊肉清汤烩煮，汤里有蘑菇丁和炒得焦香的羊肉臊子。

名字很奇怪的"托掌面"，其实是一款凉面片。也用碱、盐和凉水和面，分摘面剂，各搓成小圆球，再用骨卢槌（特种擀面杖，中间呈鼓形，可擀烧卖皮）碾开如杯盏口大。将这些极薄的圆面片略煮，用冷肉汤浸至凉透然后捞入面碗，再浇入新的冷肉汤，且见面上的菜码堪称丰富——熟鸡丝、黄瓜丝、抹肉、瓜齑丝、鸡蛋皮丝、乳饼、蘑菇和笋，最后淋一大勺蒜酪，便食之。

【 秃秃麻食 】

面粉 / 一百六十克
羊肉 / 一百五十克
羊汤 / 两大碗
无糖酸奶 / 两百克
蒜 / 两瓣
小葱 / 三根（或用大葱一段）
芫荽或罗勒叶 / 酌量
油 / 二十克
盐 / 酌量

附另外两个版本

《居家必用事类全集》秃秃麻失：

"如水滑面，和圆小弹剂，冷水浸，手掌按作小薄饼儿，下锅煮熟，捞出过汁。煎炒酸肉，任意食之。"（此版应是抄自《事林广记》，然摘抄过于简略，缺失了不少重要细节。）

《饮膳正要》秃秃麻食：

"白面六斤，作秃秃麻食；羊肉一脚子，炒焦乞马。右件，用好肉汤，下炒葱调和匀，下蒜酪、香菜末。"

制法

① 面粉加一克盐，慢慢倒入十五克油和七十克常温水，搅拌成面絮，然后揉面。若面粉太干，其间再慢慢洒些水，直至揉成一个硬面团。摘成小块，用手蘸些油水（五克油和五克水混合），洒在小面团上，打湿表面。然后重新揉成一大团，用拳头捣上一二百遍。这步重复三四次。静置醒面二十分钟，再次用拳揉几百下就好。揉好的面团略软。

② 将面团擀成约一厘米厚的面饼，用刀切成约一厘米宽的条，再均匀切成小面丁。

③ 每个面丁揉成面球。

④ 投入冷水中，浸泡一个小时。

⑤ 葱切碎。锅里放少许油，烧热后，下葱花煸炒香。

⑥ 羊肉切作小丁片。用油炒至焦香，加盐调好味。

⑦ 半锅水烧滚。面球放在左手掌心，用右手拇指头按压一下，按成圆片即可。（原方使用双掌心按压，更为费时，可根据个人习惯进行调整。）

⑧ 做好立即投入沸水中煮，待面片浮起，再煮上两分钟，笊篱捞出，用冷水拔凉，盛碗。

⑨ 加炒葱，浇入调好味的羊肉汤，码羊肉臊子片，再搁一大勺蒜酪，缀芫荽叶，吃时拌匀。蒜酪：酸奶中加蒜蓉和少许盐，搅拌。（此处我参考《饮膳正要》版，使用羊肉汤打底。如果你喜欢酸甜口，可用原方所说的酸甜汤。）也可像"托掌面"那样多加一些美味的面码。

● 注意事项

酸奶：要选浓稠的纯酸奶，无糖及其他添加物。

白面一斤，调如稠糊。以肥牛肉或羊肉半斤，碎切如豆，入糊搅匀。用匙拨入滚汤，面见汤开，肉见汤缩，候熟，面浮肉沉，如玲珑状。下盐、酱、椒、醋，调和，食之极有味。

——元·无名氏《居家必用事类全集》

玲珑拨鱼

面浮肉沉，状若玲珑

如今西北流行的三大特色面食——饸饹、棋子、拨鱼，在元朝其实都能找得到。

饸饹

饸饹最早见载于元朝文献，通常写为"河漏""合酪""合落儿"，如元杂剧《河南府张鼎勘头巾》有这样一句对白："你这厮不中用，既没了合酪，就是馒头烧饼，也买几个来，可也好那。"这些发音相近的名词显然并非源自汉语，有学者考证它们源自蒙古语族下的达斡尔语"蒿勒"（即荞麦）的音译，早期可能代表用荞麦面制作的某类食物。

王祯所著《农书》提到，当时北部山区地带多种植荞麦——因其能适应那些稻麦难以生存的贫瘠、寒旱环境——当地人喜欢把荞麦磨成粉，加水调成稠糊，再摊为煎饼，配以生蒜而食（究竟是嚼饼啃蒜瓣，还是用烂蒜泥拌饼条子，则无从判断）；有时候也会制成汤面，谓之"河漏"。

为什么多将荞麦面摊煎饼？应知这种灰褐色面粉的筋性很差，若用小麦面粉那套擀切法来加工面条，很容易断裂。至今人们想出各种办法，比如，往荞麦面中掺入适量白面，加碱面，再浇沸水烫面，或者打个鸡蛋以增加筋度，如此才能做出成形而带有弹性的手擀面。当然，也可另辟蹊径，"碗饦"的做法类似于酿皮，将荞麦面调成稀面糊，倒入小碗，置笼屉蒸二十分钟，使之结成一块糕，切条、浇醋、蒜泥等拌食。

其中的绝妙发明，无疑是饸饹床子。这种专用轧面工具十分适合对付荞麦面及其他低筋杂面。锅水烧沸，饸饹床子架在锅台上，拿一大团荞麦面剂，塞入底部密凿圆形小网眼的腔膛里，将饸饹杆使劲往下压，借由杠杆压力来挤压面团，圆面条儿就从网眼里漏出来，落入沸腾的锅中，一会儿就熟了。用饸饹床子轧的荞麦面美极了，又细又长又匀称。

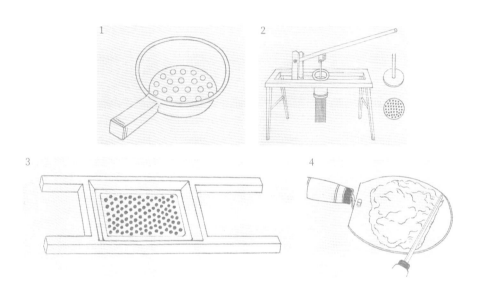

1. 漏瓢

在葫芦瓢的底部钻数排圆孔，或用陶、金属制，这是传统漏粉工具。人们用漏瓢制作红薯粉，漏出的粉条又匀又长，还以其加工蝌蚪粉，比如"漏鱼子"（甘肃陇南）、"滴溜"（山西应县）。通常用豌豆淀粉、红薯粉，加水搅成粉浆，倒进热水锅里边煮边搅动，熬成熟粉糊，之后用漏瓢舀起，熟粉糊便从圆孔漏到凉水中定型，胖短、头大尾尖似蝌蚪。

2. 饸饹床子

腔膛底部有密集的小圆网眼，把面团塞进去，压下杠杆（手压、坐压或液压），细长的圆面条就从网眼里挤出来，落到沸腾的锅里，煮熟。

3. 抿床

抿床的主体是一块长方形金属板，钻了多排小孔。把杂粮面和得稀软，扣在抿床上，用掌心或抿推子使劲压，软面即从小孔挤下锅。这种只有一寸长的短面形似蝌蚪，也叫抿圪斗、抿疙蚪儿。

4. 剔尖工具

用匙拨鱼，面鱼较短，中间鼓两头尖，像胖鱼。用筷子拨鱼，由于面鱼两端细长，一般也称"剔尖"。

近年改进了剔尖工具，用一块像乒乓球拍的平板盛面团，再用筷子粗的三棱金属棒拨面，操作轻松，可使面鱼粗细易控、大小匀称。

此工具的发明时间已经漫无可考，其文字记录极少且较晚（在民国高润生撰《尔雅谷名考》中，有一段用饸饹床子轧荞麦河漏的详细描述，但也不能说明其诞生仅百余年）。而从元朝人许有壬的诗句"银丝出漏长"，可知当时是使用"漏制法"来做荞麦汤面，且面条细长。这样看来，元朝可能已经有饸饹床子，当然了，其他更简易的工具，如漏床亦能担当此任。

至于调味料，《河南府张鼎勘头巾》提到的合酪，是要多着些"葱油儿""花椒葱油儿"才够美味，而在元代作家杨景贤的《西游记》杂剧中，那份"合落儿"，则是撒了切碎的"葱薤"。

如今饸饹的定义已发生改变，它代表着一种制作方法——人们将用饸饹床子轧的面条统称为饸饹，不论是用荞麦面还是其他面粉，有人用精细的白面轧，筋性更低的莜面也能轧。在河北、河南一带乡村流行一种奇特的饸饹，叫榆树面饸饹。这是在白面、玉米面或小米面里，掺了榆皮面——将榆树皮剥下，刮掉粗糙的外皮，只要内部那层嫩皮，将之晒干，碾成粉末来用（元朝人也会制作榆皮面，以备荒年煮食）。加了榆皮面的饸饹呈灰红色，据说口感特滑溜。以上饸饹，煮好便用笊篱捞起（可拔凉水），通常放点醋、蒜汁、葱油汁、辣椒红油等一拌就可以吃了；也可浇牛羊肉清汤做汤面，点缀几块水煮牛羊肉；或浇臊子汤。

顺便提一下，元朝还流行一类漏制的粉，名为"科斗粉"（即蝌蚪粉）。杭州城的饮食市场有售"七宝科头"，浇了什锦卤；元大都每至六月酷暑，有小贩下街兜售"麻泥科斗粉"，浇的是芝麻酱。做科斗粉，多用绿豆淀粉或杂面，据清代《乡言解颐》所述燕京及周边地区的科斗粉：取白面和豆面对半，和面，"用木床铁漏按入沸汤中"，煮熟，拌卤汤，工艺与今天山西的"抿圪斗"相同。另外，陕甘地区习惯将用漏瓢制作的粉面食品，称作"漏鱼子"，其头圆身胖、带小尾巴，也颇似蝌蚪。

棋子

没有人确知棋子面起源于何时，最早得名，应是因形状如同游戏所用的棋子。《齐民要术》记载了一种古老的名为"切面粥"的棋子面，十分符合棋子形象：把面团搓成筷子头粗的长条，拿刀切作鼓形面丁。

及至宋元，棋子面的花样更多，杭州素面店所售"百花棋子"，也许是用花卉形模具印取，像《山家清供》提到的"梅花汤饼"，就是形似白梅的五瓣花片棋子面。属于素斋的"七宝棋子"，浇头多半由面筋、菌菇和笋做成；三鲜棋子、虾臊棋子、虾鱼棋子、丝鸡棋子均加了荤卤。

元大都午门外食肆中有店铺供应"象眼棋子"和"柳叶棋子"，前者即状如大象眼睛的菱形片，后者为柳叶样菱形片。元朝皇帝享用的一道羊肉丸子汤饭中，放了"钱眼棋子"，估计是铜钱方孔大小的面片或面丁；在另一碗添加磨碎的鹰嘴豆一同炖煮的羊肉汤中，则有"雀舌棋子"，雀舌意指雀鸟的舌头，今天雀舌棋子在北方很多城镇还能吃到，是斜度较大的菱形薄片。

最迷你的棋子要数"米心棋子"。先将面团擀成宽大薄面皮，用刀横竖来回切上千百次，切极碎，然后用网筛隔一遍，将过于粗大者筛出后继续切，直至符合"极细如米粒"的标准。为了避免粘成一坨，煮七八分熟之后，要将棋子连面汤一同倒入大盆，再掺新打的井水淘洗数次，使面粒打散，颗粒分明，笊篱捞起来，浇卤。简单点的，可加碎肉、糟姜米、酱瓜米、黄瓜米和香菜等，浇以芝麻酱，搅拌就开吃；也可用肉汤和芝麻酱、姜汁调制浇汁，面码有肉丁、鲍螺、鸭子（鸭蛋饼）、乳饼、蘑菇、木耳，堪称丰盛。宫廷亦有此面食，如《饮膳正要》的"苦豆汤"食谱，在羊肉苦豆汤中加入米心棋子做成汤饭，用来温脾补肾。

在十三世纪、十四世纪，棋子的食用范围比现在还广，而如今，这种面食多在西北地区流行。新疆昌吉的传统汤饭"扁豆面旗子"，所谓"旗子"，即为菱形小薄片，人们认为叫"旗子"更符合其形。甘肃张掖

新疆的扁豆面旗子

以"牛肉小饭"闻名，这是一种方粒棋子面，做法是将厚面片切作如绿豆粒大小的小面丁，以慢熬的牛肉清汤打底，拨拉入口就像吃米饭，口感紧致劲道。

拨鱼

拨鱼的记载亦始于元朝，其中有两款拨鱼十分特别，值得细说。

"山药拨鱼"：四份面粉，掺一份绿豆淀粉，再加适量熟山药泥拌匀，做成稠面糊。左手端着盛面糊的碗，右手执匙，将面糊飞快拨入沸水锅中，一条条面糊遇热定型，呈两头尖、中间稍粗的形状，像小鱼儿，故得名拨鱼。待面鱼煮熟，笊篱捞起控水，浇上臊子汤拌食。

"玲珑拨鱼"：在调好的面糊内，放豆粒大小的肥牛肉或肥羊肉，搅匀。如法拨入沸水中，随着面糊定型，嵌在面中的肉粒遇热收缩，其中某些从面身中脱落，留下孔洞。古人将如湖石般具有很多洞孔的造型称为玲珑，故名。俟面鱼煮熟，在面汤中加盐、酱、椒、醋调和，汤清味鲜。

玲珑手法也被运用到面条中——加锉烂的羊肾脂肪来和面团，擀作薄面皮，切宽面。下锅煮好之后，面条中的油脂紧缩脱落，留下凹洞，元朝人称之为"玲珑馎饦"。在明代《宋氏养生部》中，也转录了这道玲珑面，作者还建议用切碎的鲜乳饼来代替羊肾脂肪，也能取得类似效果。

今天做拨鱼，有人用汤勺，更多人是拿单根筷子，把碗边的稠面糊拨拉进锅。用勺拨的面鱼胖圆一些，用筷子拨的就细长一些，人们将这些拨制的面段统称为"鱼鱼子""面鱼儿"；手搓的称为"搓鱼子"，如莜面鱼鱼。由于用筷子拨拉的面段细长，在山西一带又多俗称为"剔尖"（据说近五六十年才流行），并改进了工具，有人将筷子稍作加工，用刀削成三角棱形，方便剔面；还有人发明了一套特制的工具——剔面板子（像乒乓球拍的金属平板，带手把）和剔棍（三棱铁签），如此剔拨的面鱼，身细而尖长，大小匀称，操作效率更高。

〔玲珑拨鱼〕

面粉 / 一百六十克
嫩牛肉或羊肉（最好带肥）/ 八十克
胡椒粉 / 酌量
醋 / 酌量
酱（酱油或豆酱汁）/ 酌量
盐 / 酌量
拨鱼工具 / 边缘比较薄的炒勺和匙

制法

①

②

③

④

⑤

⑥
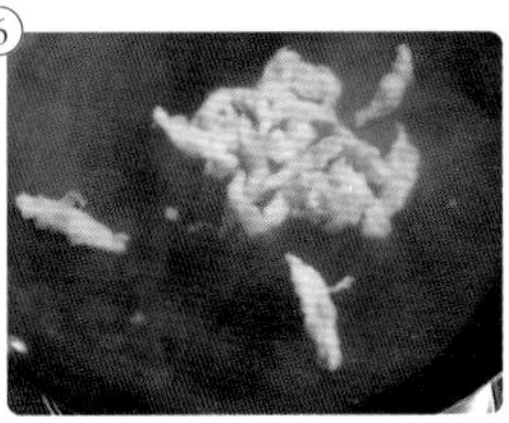
⑦
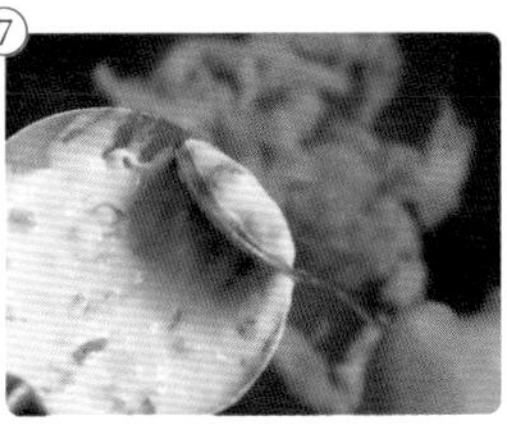
⑧
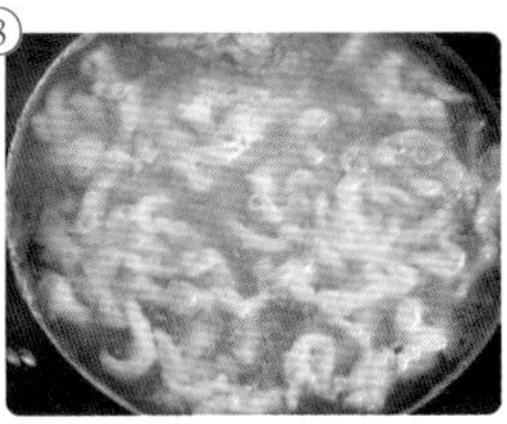

① 面粉舀入大碗，放一克盐，添加一百四十克凉水，边倒边搅拌，顺时针搅成稠面糊。

② 加盖醒面二十分钟，之后再次搅拌，使之更匀。

③ 将牛肉或羊肉切成豆粒大小的肉丁。

④ 将肉丁投入面糊中，充分搅拌。

⑤ 使肉丁尽量分布均匀。

⑥ 坐半锅水，大火烧滚，就可开始拨鱼。其间保持中火，使面鱼迅速烫熟定型，否则容易煳成一锅。

⑦ 拨鱼要点。准备一小碗清水，炒勺舀起面糊，左手持炒勺，右手拿匙，先用匙蘸下清水（要经常蘸，防粘），将一条面糊推到勺边缘，稍用力撇甩，动作要果断，面鱼便飞进沸水中。整个拨鱼过程需连贯而迅速。注意，每条面鱼需含肉丁数个。

⑧ 等全部拨好，再煮上五分钟，至面鱼浮起来。放盐、酱、胡椒粉和醋，将面汤调至和味，即可盛出享用。

● 注意事项

通过增减用水量，可使面鱼呈现不同口感。原方加水较多，拌成“稠糊”，故吃起来似疙瘩汤，口感较软；今天也有将之和如面团的，煮好的面鱼紧实弹牙，人们还会将这类熟面鱼加辣椒、蒜段和羊肉片等下锅烩炒。

鸡清、豆粉、酪搅匀，摊煎饼。一层白糖末、松仁、胡桃仁，一层饼。如此三四层，上用回回油调蜜，浇食之。
——元·无名氏《居家必用事类全集》

古剌赤

西来之果仁蜜饼

《居家必用事类全集》记载了一道新奇的清真甜食：古剌赤。据学者考证，其名译自波斯语，意为"果仁蜜饼"。

鸡蛋清、豆粉（绿豆淀粉）、酪（酸奶）或牛奶拌成粉糊，摊作小煎饼；煎饼上铺一层由研碎的松子、核桃与砂糖混合的糖馅，盖一张煎饼，再铺糖馅，如此码三四层，最后淋上由小油与蜂蜜特调的蜜浆便可品尝。

显然，古剌赤随着穆斯林的脚步东传到元朝，它被某位中国作者关注到，并记载在《居家必用事类全集》这本坊间出版物的"回回食品"条目下。事实上，蜂蜜、果仁、小油正是中亚和西亚人民向来钟爱的食材，"夹果仁糖馅""淋蜜浆"这两个基本要素，还让我联想到一种土耳其传统甜点baklava（中译名巴克拉瓦，俗称果仁蜜饼、蜜糖果仁千层酥）。在多层用面粉与黄油来和成的薄酥皮中，间隔铺上磨碎的核桃或开心果，经过烤炉烘制之后，趁热淋上一层糖浆。此外，另一种古老的土耳其斋月甜点古拉克（Güllaç），则更让人浮想联翩。话说，其读音较为接近古剌赤，而且这道甜点需要用到一种以淀粉来制作的洁白透薄的煎饼，煎饼浸泡甜牛奶之后层层叠起，中间亦铺撒坚果碎。如此看来，上述食物与古剌赤之间或许存在着某些渊源。

而运用鸡蛋制作糕饼，在当时中国颇不常见，宋元糕点方子（据今天可见文献而言）较少添加鸡蛋。或许由于口味差异，尽管通过图书而被更多人知晓，然古剌赤却并未被普遍接受，它仅在元朝文献中昙花一现，后世食谱均未收录这道甜食。

古剌赤与今天我们熟知的西式"松饼"（pancake）亦颇有些相似之处。松饼的配方不一，常见版面糊中含有低筋面粉、牛奶、鸡蛋、砂糖和玉米油，做成一个个杯口大小的松软煎饼，香甜可口；若做酸奶松饼，则用酸奶代替牛奶，使饼微微透着一股酸奶香味。由于打入整个鸡蛋，松饼呈现诱人的褐黄色而非雪白色。人们喜欢在早餐盘中叠几张小松饼，然后浇一勺枫糖浆或蜂蜜与黄油的混合酱，后者在许多国家都能找到，例如摩洛哥的著名小吃法式多孔煎饼（beghrir），就会涂抹上美味的蜂蜜黄油酱。

清真食品

在元朝时期，很多来自中亚和西亚信奉伊斯兰教的人被招募到朝廷担任重要职务，再加上蒙古人对于商业贸易的鼓励与支持，也吸引了不少异域商人前来"掘金"，其足迹遍踏中国西北至东南。

他们对蜜糖、果仁的热爱，在这份七百年前的食谱中体现得淋漓尽致——所谓"设克儿疋剌"，其实是核桃甜馅酥饼，用核桃碎、蜂蜜和曲吕车烧饼（一种烤饼。可能是用油水和面所制酥烧饼）末拌馅，再用曲吕车烧饼的面剂来包馅，捏成"糁孛撒"饼形，贴在炉壁烤成。"古剌赤"，相当于果仁夹心软饼，夹心由砂糖与碎坚果组成，最后在整个饼上淋一大勺特调糖浆。他们还吃一种油炸的卷饼（名为"卷煎饼"），内裹什锦碎果仁糖馅，亦需淋上闪亮的蜜糖浆，口味十分甜腻。就连凉粉也注入了甜蜜：用浓蜜糖水与绿豆淀粉糊搅煮至熟，倒进模具里，面上浇以酥油，待冷却固块后改刀，这道呈浅茶色、味道清甜的凉粉名为"八耳搭"。再来介绍一道"糕糜"吧——在这锅用羊头肉与鹰嘴豆炖煮软烂并调入糯米粉来增稠的糕糜中，要加酥油、蜜糖、松仁与核桃仁和匀了，才算完成。

若将《居家必用事类全集》中的"回回食品"，跟今天欧亚之路上的传统甜点进行对照，你会发现，以下这三种食物，不仅做法，甚至连名字都未曾发生改变，至今仍旧广受欢迎。

哈里撒

阿拉伯传统美食哈里斯在元代译为"哈里撒"。用四五斤羊肉或牛肉切大块，加一碗小麦仁同入锅，经文火长时间炖煮，直到变成极为糜烂的粥糊状。食用时，舀入浅碗中平摊开来，再淋上一勺羊尾子油（从肥羊尾巴中提取的油脂）、羊头油或酥油，最好再撒点松子、核桃碎粒。在当时，哈里撒会配着几张黄烧饼同食，就是一顿好饭。

如今，这种传统肉麦粥在伊朗和阿拉伯国家中仍然深受欢迎。迪拜人烹煮哈里斯的方法，竟与元朝食谱所载相差无几：人们将羊肉或鸡肉切碎，加碾碎的小麦和适量水，炖煮七八个小时，最后在这盘融合了肉和谷物的粥糊上淋点酥油。由于哈里斯做起来十分耗时，人们通常在开斋节、婚庆和其他特殊场合中才会享用，不但美味顶饱，还营养丰富。

即你疋牙

甜点 zulbia 在元代译为"即你疋牙"（或即你必鸦、济哩必牙），是一种油炸面果。将稠面糊（面粉加绿豆淀粉、蜜糖，或只用面粉加蜜糖）慢慢浇入滚油中炸成，且可能边浇边做造型。

据美国学者加里·保罗·纳卜汉所著《香料漂流记》介绍，这种古老的波斯甜点曾用名"zoolbiya"，现存可见最早的记载，是在阿拔斯王朝（750—1258）出版的一本《波斯人与突厥人最爱的食谱》中，而后流传范围甚广。如今，即你疋牙的现代版遍布亚非多个国家，在北非马格里布又称"zlabia"，伊朗则将这种油炸甜面圈称为"zulbia"，是斋月期间最受欢迎的甜食，原料包含面粉、糖、酸奶或酥油、发酵粉等。印度一般写作"jalebi"，俗称糖耳朵。

今天在印度街头还能看到摊贩如何制作这种下午茶点。首先，把面糊用塑料袋装着（袋子一角剪个小洞），然后如同给蛋糕裱花那样，往浅油平底煎锅中挤入细条状面糊，边挤边打圆圈，像是在作连笔画，有的简单画成四圈螺旋同心环，有的是精巧繁复的菊花形，待炸透出锅，还要将其浸入糖浆中裹糖。糖耳朵看起来金黄透亮，十分诱人，入口咔嚓脆，味道是极致的甜。

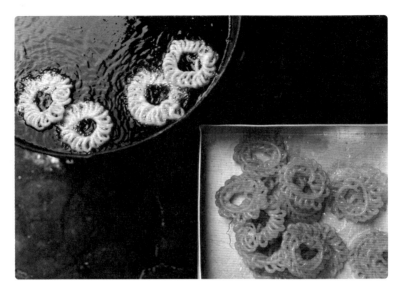

糖耳朵是印度最受欢迎的甜点之一。

哈耳尾

　　甜糕 halva 在元代译为"哈耳尾"（或哈哩凹），在元杂剧《十探子大闹延安府》第二折中，官人招待八府宰相的宴会上就有"哈哩凹甜食"。今天中文译名一般为"哈尔瓦"，这种甜糕在印度、巴基斯坦、伊朗、土耳其乃至埃及至今仍深受欢迎。在十四世纪出版的《居家必用事类全集》中所介绍的哈耳尾，已然具有当代土耳其人所熟悉的模样：先将干面炒熟，添加适量蜜和水充分搅拌，压实如砖块，再用刀裁成片，质地像绿豆糕那样细腻、松软。

　　另外，在明代《竹屿山房杂部》提及的清真食品"蜜酥饼"与"回回哈哩哇"，则多了加热这一步，似乎是土耳其"哈尔瓦酥糕"的前身。制作这种土耳其酥糕的要点在于，面糊（添加了黄油）需要在平底锅中小火加热十几分钟，并不停地搅拌，自然冷却后，因此形成十分酥脆的口感。

　　通常来说，哈尔瓦的基础食材为面粉加糖水，点缀之物则按需求另添，常用各式坚果和干果。前面所提"蜜酥饼"，以剁碎的松子仁来丰富口感；"回回哈哩哇"中则掺入胡桃、松仁碎杂置其间。今天到哈尔瓦的流行地区，更能品尝到除此之外的许多不同口味。

比如，埃及和希腊有一款芝麻哈尔瓦，原料里含有许多芝麻酱；土耳其人在哈尔瓦杏仁甜糕中，调入了芝麻酱和杏仁粉；印度人的哈尔瓦里混入了杏仁、核桃、红枣、葡萄干等物；伊朗传统生姜哈尔瓦（ginger halva）则除了核桃，还添加了香气浓郁的小豆蔻粉，风味颇佳。

【古剌赤】

鸡蛋 /（三四个）取蛋清一百二十毫升

绿豆淀粉 / 八十克

无糖酸奶 / 一百二十毫升

松子仁 / 三十克

核桃仁 / 三十克

细砂糖或白糖粉 / 二十五克

熟油 / 一勺

蜂蜜 / 两勺

● 注意事项

《事林广记》回回古剌赤："用鸡清、豆粉、牛奶子为糊，摊
成煎饼，一重砂糖、松子、胡桃仁，一重饼，如此三四重叠了，
上用回回油调蜜浇食之，或用酥油调蜜浇，亦可。"

《事林广记》方与《居家必用事类全集》方有两个不同之处：
一是，以牛奶子代替酪调制粉糊；二是，除了"回回油"调蜜，
还建议用酥油调蜜。

制 法

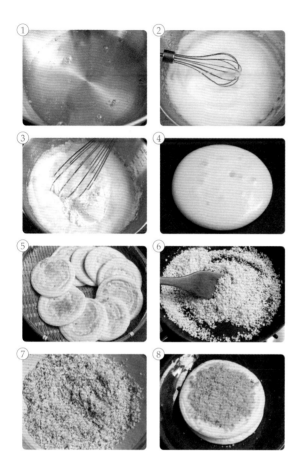

① 磕开鸡蛋，分离蛋清和蛋黄，只取蛋清使用。

② 用打蛋器顺同一方向搅打蛋清，打至光滑雪白的蓬松状。这一步建议使用电动打蛋器。原方并未说明需打发蛋清，若不经打发，做好的饼口感稍硬，而经打发后所制饼更为绵软。

③ 先将酸奶倒入蛋清中，搅至均匀，再添加绿豆淀粉来拌。"酩"，亦即酸奶，这里选无糖稠酸奶。由于酸奶产品的稀稠度不一，可按实际情况增减。若粉糊略稀，加些豆粉，太稠了则补点酸奶。搅拌好的稠粉糊，以稠而能顺畅流动为佳。

④ 选平底不粘锅，烧热后转小火，舀起面糊（约四十毫升）浇入锅中，面糊会自行铺开成圆形。随着加热，饼面形成小气泡，不要翻动，等待饼面看起来完全凝结。原文未提及煎饼的厚薄，也可将面糊旋开为薄饼，口感更脆。

⑤ 然后翻个面，可见饼底已烙出一些焦黄色。耐心等待饼面也烙好，就夹出放起。刚煎好的饼外皮略脆、内部绵软，口感很特别。此方可做约十四个饼。

⑥ 烙饼前做好糖馅。取等量净松仁和核桃仁，用刀切作细末。倒入锅中，微火炒至发香。

⑦ 盛出，加入细砂糖拌匀。此方甜度适中，你也可按照个人口味增减砂糖。

⑧ 在饼上铺一层果仁糖馅，再用一只饼覆盖，可做三四层。最后将蜂蜜与植物油拌匀，浇在饼上。由于叠放不方便进食，建议可拿刚出锅的热饼，包上一勺果仁糖馅，再蘸点蜂蜜来吃，会很美味。此饼放凉后口感较硬，如有必要可回锅加热。

● 注意事项

当时的"回回油"是指植物油，比如生芝麻油。在今天甘肃某些地方，人们会把清油和蜂蜜用锅加热搅拌，并用这种酱汁来蘸馒头和饼子吃。

原方并未给出各料用量，经试验后发现，绿豆淀粉若是过多，其口感会韧硬，若是少了，糕饼难以成形，故选定此配方。

摊薄煎饼。以胡桃仁、松仁、桃仁、榛仁、嫩莲肉、干柿、熟藕、银杏、熟栗、芭揽仁。已上，除栗黄片切，外皆细切，用蜜、糖霜和，加碎羊肉、姜末、盐、葱，调和作馅，卷入煎饼①，油炸焦。

——元·无名氏《居家必用事类全集》

卷煎饼

饼卷杂果煎焦脆

用薄煎饼裹卷着馅料，再经油煎或油炸得表皮焦脆，称为"卷煎饼"。这种点心似乎是在元朝才突然冒出来，当时食谱记载了五款卷煎饼。

"卷煎饼"是果仁馅，用到胡桃仁、松子仁、桃仁、榛仁、芭榄仁、嫩莲子、银杏、柿干、熟栗子及熟藕，将此十种果料切碎，掺蜜和糖霜调甜，再加一点碎羊肉拌匀作馅。饼子卷好后，可入宽油中炸，也可以少油来煎。人们通常整根摆盘，趁热淋上一勺蜂蜜，或切成寸段，蘸蜜而食，入口甜而酥脆，洋溢着果仁甘香。

在当时的中国，这款诱人的甜点似乎接受度颇高，其配方被详细地记载在两部生活指南中。《事林广记》（元至顺年间刊本）对这道"卷煎饼"还有两个改造建议：一是，可将羊肉去掉，做纯素馅尤妙，堪用于斋戒；二是，可随意添加诸色"茶果"，像红枣、桃脯等果干，及蜜煎珑缠果子、油炸的馓子之类，代替那些手边空缺的食材。

毫无疑问，果仁馅卷煎饼来自亚洲中西部，从"大量使用坚果""蜂蜜"来看，中亚与西亚民族的饮食文化多有这类口味偏好，比如土耳其传统甜点巴克拉瓦就带着上述两点关键元素——在烘烤的千层酥饼里，夹着核桃仁或开心果、杏仁等坚果碎粒，表面浇以蜜糖浆——但究竟具体来自哪个国家，至今依然成谜。此外，北京传统清真小吃"糖卷果"，也具有相似的元素：包裹果料、油炸并浇糖汁。

七宝，通常指佛经中的七种宝物（如金、银、琉璃、珍珠、珊瑚、玛瑙、砗磲），而在素食界，这个名词则意味着七种或多种食材组

① 煎饼制法，参考同书"七宝卷煎饼"："白面二斤半，冷水和成硬剂，旋旋添水调作糊，铫盘上用油摊薄。煎饼包馅子如卷饼样。再煎供。馅用羊肉炒臊子、蘑菇、熟虾、肉松仁、胡桃仁、白糖末、姜米，入炒葱、干姜末、盐醋各少许，调和滋味得所用。"

《南都繁会图》（局部）
明　佚名
中国国家博物馆藏
——
可见两只用于烘烤糕饼的小烤炉。

合，南宋杭州人用什锦菜果熬煮的腊八粥称为"七宝素粥"，元朝人在做"七宝素馅"馒头时，用了栗仁、松仁、胡桃仁、面筋、姜米、熟菠菜、杏麻泥这七种。但也有例外，"七宝卷煎饼"并非走净素路线，此"七宝"仅表示食材之丰富，因加了荤肉拌馅。咬破焦脆的面皮，便可品尝到焦炒羊肉臊子、弹牙的熟虾肉、一些鲜美的蘑菇粒，也少不了松仁和核桃肉。

人们还用平日蒸制羊肉馒头或烘烤肉馅饼的馅料配方，来充当卷煎饼的馅。《事林广记》所载"卷煎饼"，其肉馅由羊肉、番脂、生姜、陈皮和炒葱打拌，即为当时常见的肉馒头馅。食用时，需要淋上一种少见的酱，这是由姜汁、醋汁和松子、核桃泥拌成的酸辣果仁酱。值得玩味的是，江南风味食谱《易牙遗意》也介绍了一张类似的配方，作者在文中建议，如无羊肉，可用猪肉代替，最好尽量多加些葱白或笋干，浇汁是专用于冷荤盘的"五辣醋"，这显然更为本土化。

"金银卷煎饼"的特色之处在饼皮。用鸡蛋或鸭蛋，打破蛋壳，蛋黄和蛋清用两只碗分开装，添加适量清水、绿豆淀粉，调成稠糊，分别摊成薄饼。含有蛋黄的黄色煎饼代表金，含有蛋清的白色煎饼代表银。馅料并无细述，只强调需用炒制的熟馅，故卷好稍微一煎即可上碟。若作为筵席菜上桌，每只菜碟需同时摆上金银两色卷饼各一枚，凑成一对儿，以寓聚财之意。

卷煎饼看起来和我们认知中的春卷颇为相似，都是薄面皮卷馅、油煎炸。只是，两者存在着某些明显的区别，比如：卷煎饼的皮是以凉水来和，且调作面糊，将面糊摊开为薄煎饼（或要放些油来煎）；而春卷皮是用开水烫面，和成面团，然后擀成薄饼再烙熟，故皮子具有韧劲、更为薄透。还有一点值得注意，人们直接食用春卷，但会给卷煎饼搭配浇汁。

在明清食谱中，虽说名为"卷煎饼"的食物相对较少，但其实还能看到一些类似的菜品。先来看明代《宋氏养生部》一书中的"油烙卷"，用薄煎饼（或春饼），卷起切成条的熟腌肥猪肉、肥鸡鸭肉，以及白萝卜、酱瓜、茄子、瓠子、青蒜、胡荽和姜，以少油煎烙，这是一款咸味的卷煎饼。清代《调鼎集》亦载两三款这类点心，如做"油煎卷"，馅用猪肉或鸡肉一斤、肥脂二斤，加切碎的火腿、香菇、木耳和笋，卷成长条后，可油煎也可烤炙，食时蘸五辣醋。在此书"西人面食"一节，也有记载一款"卷煎饼"，内卷韭菜猪肉馅，油煎而成，不可油炸。

元朝的饼

烤烙的饼，谓之"烧饼"，南北均有，有厚有薄，有大有小，有的硬实，有的酥脆，有甜有咸，有无馅的和裹馅的，不能一一尽列，某些品种至今仍在流传。在十四世纪的元大都，人们可到午门外的饭店，购买芝麻烧饼、黄烧饼、酥烧饼、硬面烧饼之类。

芝麻烧饼，通常是在饼面敷满了芝麻，刚出炉一股扑鼻的坚果香气。黄烧饼，或因色泽较黄而得名，也许是用黄米面制成，或类似今天山西灵丘县所产黄烧饼，是通过添加胡麻油来使面团呈现金黄色。酥烧饼，使用油脂开酥，元朝人习惯添加清油、酥油、猪油、羊油，或者剁碎的猪羊板油、羊骨髓，这类烧饼内部分层，酥脆可口。硬面烧饼，估计和面水放得少些，面团只发五成，因涨发小，故口感硬。比如，老北京硬面儿饽饽、陕西的锅盔、内蒙古的焙子、山东杠子头火烧都属于此类，特有嚼劲。当时，人们还会将烧饼坯先在鏊盘上烤硬，之后搁在火塘边烘烤到位，如此方能"极脆美"。

"肉油饼"是带馅烧饼。饼皮以熟油、剁碎的猪羊板油和酒入面粉和成，里头包羊肉生馅，然后用模子脱印花饼，入炉烤熟。此饼外皮酥松脆，咬时掉渣，满嘴油脂甘香，十分美味。若做素油饼，即换为蜜瓤馅、枣瓤馅（似枣泥酥）。可做大、小两种尺寸，若上筵席，大者每碟放两个，小者摆四个。

《易牙遗意》所载"椒盐饼"，是椒盐味的夹馅烧饼。取三分之二面粉，用香油和水来和作饼皮；剩下三分之一面粉，则纯用香油、花椒末、茴香末、盐和芝麻粗屑拌作瓤馅。每一张饼皮，夹瓤一块捏作薄饼，入炉烘熟。那味儿可根据椒盐牛舌饼进行想象，咸香酥脆，花椒味香浓。

在元朝宫廷的厨房中，能看到"黑子儿烧饼"（加了马蕲籽）和"牛奶子烧饼"（加茴香籽），特别之处在于，都用鲜牛奶和酥油来和面，如此烤制的饼口感酥松、奶香浓郁，颇似黄油曲奇，只不

过并非甜口，而是添加了盐。然而，用牛奶制饼，在中国古代食谱中并不常见。

"酥蜜饼"是一款精致花饼，用融开的羊脂油（或酥油）、猪油、蜂蜜来拌和面粉，分剂，再用木质饼模磕印出一只只小花饼。烤制的秘诀是微火慢烘，直至焙燥，如此能使模印花纹保持清晰，且须用纸衬底垫着花饼，以免饼底焦黑。出炉的酥蜜饼色泽淡黄，气味香甜，质地硬而不坚，入口咀嚼松脆酥散，能久放不坏。

"面枣"类似于河南济源市特色小吃土馍（山西叫炒棋）。将少水和制的硬面剂捏似枣形，大锅装满白土，灶火烧热，把面枣埋入土里，炕至干燥。成品十分硬实耐存，咀嚼需要费点牙力，可作行旅干粮或军粮。

"糖榧"属于油炸面果。滚水和面，切成香榧子形（似橄榄）小面剂，下油锅里炸得蓬松发胀，随后入糖面（砂糖与炒熟面混合，或要煮溶）里滚过使沾上糖粉。其表面一层白霜，看来有点像京果。

〔 卷 煎 饼 〕

面粉 / 二百四十克

核桃仁 / 三十克

松子仁 / 二十克

榛子仁 / 二十克

巴旦木仁 / 四十克

桃仁或杏仁 / 二十克

柿饼 / 一百克

干莲子 / 二十五克

莲藕 / 四十克

去壳栗子 / 一百克

蜂蜜 / 酌量

砂糖 / 十五克

精羊肉 / 五十克

生姜 / 少许

葱 / 一根

盐 / 少许

植物油 / 油煎的量

桃仁：桃或山桃果核里的种仁，类似苦杏仁，杏仁是心脏形，桃仁则是长卵形。由于苦味重，桃仁多用作中药。可用更可口的甜杏仁代替。

银杏：俗称白果，剥开，取淡黄色的果仁使用。白果含有毒素，不能生食，一定要彻底煮熟。桃仁和银杏都有股苦味，按个人口味添加，或可不放。

巴旦木仁：中文学名扁桃仁，原产于中亚，今新疆、甘肃、陕西多有种植，新疆称之为"巴旦木"。虽为西北物产，但在十二世纪杭州地区已经是常见的干果，曾作为茶果出现在南宋皇帝的餐桌上，宋元时期多称之为"巴揽子"。世界上另一大巴旦木产地在美国加州，以商品名"美国大杏仁"行销各地。

制法

① 栗子剥壳，加水煮十分钟至熟，切片。莲子浸泡一小时，去莲心，煮四分钟，切碎粒。莲藕去皮，切成藕条，先烫煮一分钟，再切碎粒。

② 核桃、榛子、巴旦木分别去壳及褐衣，切碎，可用热水浸泡一会儿，这样能轻松撕净褐衣。剥出松仁，可切碎或保持原粒。

③ 羊肉批薄片，焯水至变白，切碎，加入葱末、姜末和少许盐拌匀。

④ 柿饼去蒂，切为细丁。桃仁亦切碎。果料不要切成屑，大颗粒的口感会更有层次。

⑤ 将果料倒入大碗，加适量蜂蜜、砂糖拌匀，糖度按个人口味增减。然后放羊肉末同拌，即成馅料。

⑥ 提前准备面糊。面粉加两克盐、三百一十毫升水，拌匀成稠面糊。用保鲜膜覆盖，醒面一小时。（原方做法较为麻烦，先将面粉加少许水拌成面团，再慢慢添水调成糊。）

⑦ 可选煎饼铛或平底不粘锅。将锅烧热，转小火，舀一团面糊到锅边，迅速用刮板摊开面糊，旋成一个薄饼。待饼边翘起，翻面，再烙一会儿。亦可按原方，用油煎成薄煎饼。可做十张饼。

⑧ 煎饼平摊，在一侧码好馅料。先卷一下，再将两边折起，卷好。收边处涂上面糊，防止散开。

⑨ 锅中倒入一层厚油，放卷饼，煎至皮脆焦红，或下宽油中炸制。切成段装盘，浇蜜。趁热享用，入口焦脆香甜。

● 注意事项

《事林广记》亦有载此菜，且描述更详细，可供参考：
"头面摊作煎饼。以胡桃仁汤泡去皮，松子仁去皮，榛子仁去皮，嫩莲子、干柿、熟藕、银杏、熟栗、芭榄仁。已上，除栗黄作片子块外，皆切作细骰子块，以蜜、糖霜和微润，勿多用蜜。少加碎羊肉拌和匀，以盐、椒和其味，作卷煎饼馅。入油铛内炸焦，或不炸亦可，向煎盘上煎焦。用刀子割断，蘸蜜食之；不割断，只浇蜜亦可。去其肉，作素馅者妙，若加之茶果等，尤佳。"

糯米一斗，大干柿五十个，同捣为粉；加干煮枣泥拌捣，马尾罗罗过，上甑蒸熟。入松仁、胡桃仁再杵成团，蜜浇食。

——元·无名氏《居家必用事类全集》

像今天理发店门面必定会安装一根红白蓝旋转灯柱那样，幌子（行业标识）在元大都已然初具规模，不少商铺以此来招徕顾客。其优点在于足够直观，无论是只字不识的文盲，还是语言不通的少数民族和外国人，只消一望便知是卖什么东西的。

门首挂一双用竹篾编骨架、外糊上红纸的大鞋，表示这里有经验丰富的"稳婆"，专事产前安胎、接生、产后护理，相当于妇产科诊所。倘若小儿患病，便要寻找此类标识——木板刻作一个小儿，小儿打扮如"方相"（驱疫辟邪的神祇）坐在锦棚中——在这儿能请到可靠的儿科医生。在兽医诊疗所，门首安置一件凿刻成壶瓶形状的巨型木雕，甚至可长达一丈，并在表面涂上赭红色。由于医治对象为马匹，故在灌药疗养的院落门前，涂绘一匹大马为指引标记。在官大街上那些挂着一幅彩绘牙齿图的摊位，实则并非牙科，而是专营剃头理发。酒糟坊善用图画来宣告身份，其门面彩绘十分抢眼：门首有战国四公子（春申君、孟尝君、平原君、信陵君）的画像（原因不明，四人并未以嗜酒闻名于世）；门额上间绘汉钟离、吕洞宾两位道教八仙人物（二人在民间故事中倒是好酒）；就连门脸左右两侧的墙壁上，也画了一支车马、驺从、伞仗俱全的威严仪仗队。

至于蒸造铺，则会在店门口斜挑一根长木杆，杆头吊着一挂用花馒头穿成的幌子。花馒头，即通过模具或捏塑做成花巧形状的馒头，诸如寿桃、龟、荷花、葵花之类。幌子所用多半是模型，由经久耐用的材料所制，但究竟是纸糊、布缝还是竹木雕，不得而知。在当时，蒸造铺除了制售蒸饼（馒头），还兼卖一些美味的蒸糕，且往往既开门零售，也是批发的作坊。流动贩子就到相熟的铺里赊

卖切糕

—

• 1926年北京的卖切糕摊。这种糕用泡软的黄米或糯米，
  夹杂大枣蒸熟。整团糕平摊在独轮车上，切小块零卖，
  故称切糕，吃时蘸白糖。

点货，他们将点心用蒲盒（蒲叶编织的食盒）装好，然后顶在头上沿街兜售，据说很少扯嗓子吆喝，而是笃笃地敲木鱼。

华北土地适宜种植麦子和粟类谷物，枣树更是遍地生长，因此不难理解，元大都居民习惯食用的蒸糕，往往围绕着黄米、面粉和大枣进行创作。

每份，用黄米二三升，加水泡软后，将其控尽水分，装入甑内，加枣——可能内布大颗去核红枣，或在糕面上密密摊上一层红枣，又或一层枣泥一层黄米地叠上三五层——此糕大如脸盆，整坨蒸熟。这种曾现身元大都街头、黄澄澄又香甜黏糯的"枣糕"，按顾客说要多少斤两，便从边缘下刀现切称卖。每逢正月新年，元大都的食摊多有发卖这类黄米枣糕（若把黄米碾粉来蒸，就是黄米面枣糕），人们还会用黄米所蒸糕糍来馈赠亲族。直到今日，无论是在华北、东北还是西北地区，此类黏货仍然广为流行，又俗称"切糕"，可趁热大啖、可油煎或油炸后撒上白糖。虽说几乎一年四季都有切糕供应，但因其极"黏"又别称"年糕"，是春节贺年食品。另有拿白糯米代替黄米蒸糕，黄白两色分别象征一金一银，颇具喜庆寓意。

元末明初　杨茂款雕漆朱面剔犀剑环纹盒
纽约大都会艺术博物馆藏
—

此类以木为胎骨、外罩红漆的带盖食盒，大能防蔽沙尘，具有轻便、牢固、经久不坏等优点。当时无论官员士庶，都喜用漆盒盛装糕果，作为酬酢往来之礼。

枣面糕被视为元宵节庆食品之一。所谓"枣面糕"者,面粉加酵发起,辅料用红枣,多半是中铺红枣数层,或者在糕内嵌红枣,蒸成蓬松的面糕,后世又常将这类以枣点缀的面糕称为"花糕"。还有其他枣糕,比如元大都人在端午节享用的蜜枣糕、香枣糕。

在当时,江南糕点以粳米与糯米为主料发展出丰富的花样,北方糕点虽说也会使用糯米,然而品种较为单调,或常用于制作凉糕。在元大都,凉糕是与香粽同等重要的端午节食品——皇家太庙神位前摆放的端午供品,除了糯米粽、香枣糕,还少不了凉糕;即便远在上都避夏,皇室贵族们也会享用宫里进呈的凉糕和香粽;朝中要员则收到一份包含画扇、彩索、拂子与凉糕的端午贺礼;市头支起了不少卖凉糕的芦苇棚(若对比当时杭州地区,向来只重视香粽,并不食凉糕)。

元代史料没有记载凉糕的具体做法,不妨参考后世史料。同样反映北京食俗的《酌中志》载,明宫内所供"凉饼"其实是一种糍粑,例用糯米粉拌水蒸熟,沾裹糖末、碎芝麻做饼糍,凉食。清末北京风土杂记《天咫偶闻》亦记载"凉糕",这种北方特色点心是拿熟糯米饭按平为糕片,叠上下两层,中间夹芝麻糖馅。有意思的是,此书还提及,若将一团糯米饭包上芝麻糖馅后搓成丸,即名"窝窝",如今呼为"艾窝窝"。事实上,艾窝窝的历史至少可追溯到明隆庆至万历年间(1567—1619),当时出版的世情小说《金瓶梅》中有这样一段剧情:孟三儿给薛媒婆安排酒饭,正吃着,小厮安童奉命送来一盒子点心,里面有"几十个艾窝窝"。

蒸造铺可能还会售卖一些小众产品,如女真柿糕、高丽栗糕。柿糕的关键成分是干柿。将新鲜柿子制成柿饼,这在元朝十分普遍,元杂剧《逞风流王焕百花亭》里的王焕扮作小贩吆喝:"也有松阳县软柔柔、白璞璞、蜜煎煎、带粉儿压匾的凝霜柿饼。"由于柿子具有产量大、未熟透的鲜果涩舌难咽、熟果水软易碰坏的特性,故将之趁硬实摘下,削去皮,晒干再压成饼,既浓缩了甜蜜香气又能整年保存。做柿糕,将柿饼、枣泥与糯米粉拌作糕坯,蒸熟后,再掺松子、核桃仁捣匀,让甜糕嵌着星星点点的果仁碎粒,最后还要淋蜂蜜。此糕咬起来软糯且微有韧劲,如同软糖,柿枣带来足够的甜腻,适合充当茶食。

柿糕收录在《居家必用事类全集》"女真食品"条目下，这款甜点源自女真民族。女真人所创建的金朝，统辖中国淮河以北包括山东、河南、河北、山西等，以及东北大片地区，曾设中都于燕京，仅存一百余年（1115—1234）就被元朝灭亡并纳入版图，元大都曾经生活着许多女真人（经过数百年的融合变迁，女真民族成为后来满族的核心组成部分）。金朝人很看重茶食，他们在宴会行酒之前或后穿插"茶筵"，通常每人设茶食一盘，再进茶一盏，目的在于品茗，因好茶需与宋朝交易获取。在十二世纪初，金朝流行的茶食有"大软脂""小软脂"，如同"寒具"，即馓子；有"蜜糕"，此甜食使用松子、核桃肉、蜂蜜与糯米粉制作，印成方的、圆的或柿蒂花形，类似浙中的"宝阶糕"。另外，他们还用蜜水和面，捏成各式精巧形状，如瓦垄、桂皮、鸡肠、银铤、金刚镯、西施舌，然后用油煎炸酥脆，相当于今日之油炸巧果；有时出锅后还会淋上蜂蜜，以备招待贵宾。

高丽栗糕亦载于《居家必用事类全集》一书中，透露了高丽人曾在中国生活的痕迹。当时元大都的高丽女子为数众多，尤其在后宫和高官显贵的府邸中，以致高丽服饰竟然成为一种风靡京城甚至远播江南的流行元素；民间亦多有高丽商队结伴来华，进行土产买卖等贸易活动。高丽栗糕做法与当时常见蒸米糕差不多，但需要将新收的生栗子阴干、剥壳、碾成栗子粉；按两份栗子粉配一份糯米粉，混合，加蜜水拌润为粉状糕坯，入甑蒸熟即成，其口感松软，微黏，仔细一尝有栗子的香甜。

现代北京艾窝窝、东北黄米年糕

原料

〔柿糕〕

柿干 / 三百二十克
大红枣 / 八十克
糯米粉 / 约二百三十克
松子仁 / 三十克
核桃肉 / 三十克
蜂蜜 / 酌量

市面上柿干有大有小，有传统压扁的柿饼，
有呈鸡心形的吊柿，不拘选哪种。建议不
要选太过干硬和带流心的那类，前者不容
易搓粉，后者湿度高会导致风味不足。

原方并未给出枣泥的分量，可按个人口味
定夺。添加枣泥是为了降低糕体的硬度，
如加太多会掩盖柿干的味道。

● 注意事项

1. 元朝一升接近九百五十毫升，十升合一斗。原方用料为"糯米一斗，大干柿五十个"，
若按原方粗算，即每个大干柿（八十克至一百克）配一百九十毫升糯米。这里我调低了
糯米的比重，从口感而言，糯米的比重越低，糕越软，相反则糕体越发硬实。

2. 清代《调鼎集》亦有类似食谱。

制柿："糯米一斗，大柿一百个捣烂，同蒸为糕。或加枣，去皮煮烂拌之，则不干硬。"
此方无拌果仁与浇蜜这两步。同书还有一道命名为"琥珀糕"的柿糕，将柿干浸软，去皮
磨粉，加冰糖水、熟糯米粉拌成团，用模子磕印，是无须加热的即食点心。

制法

① 柿干撕开，用小勺刮下柿肉，尽量刮净，若有核即去掉。

② 将糯米粉倒入柿泥中。用双掌把柿泥和糯米粉用力搓捻在一起。搓不动的柿肉疙瘩，就用捣杵将之和粉用力捣一捣，使之融合，然后搓细。

③ 大红枣洗净，放入小锅中加水浸没，开火煮沸后，用中小火煮约半小时，以微火收水，直至水分收干为止。盛出，待散热，去皮核，取净肉碾成枣泥。

④ 将枣泥放入柿糕粉中，如上将枣泥与糕粉搓匀。由于每款柿饼的干湿度不等，若糕粉太潮可酌量添加糯米粉。糕粉以手感微润、一攥成团、一搓散开为宜。将糕粉密封，静置半小时。

⑤ 蒸笼内铺一块笼布，用粗孔面粉筛将糕粉过筛，筛入笼内。余下粉疙瘩再次搓细、过筛。

⑥ 拿筷子在糕上扎些洞，这样容易蒸透。盖上笼盖，开火烧沸，再转中火蒸三十分钟。

⑦ 其间准备果仁。铁锅烧热，将剥净的松仁和核桃肉倒入锅中，小火烘香，盛出，切成碎粒，亦可留下三分之一松仁不切。待柿糕蒸熟出笼，趁热加入果仁，将两者拌匀。如有石舂，可像舂年糕那样将柿糕与果仁舂匀。

⑧ 柿糕分成两三团，放案板上，搓成粗细匀称的长条。（或可擀作一块平整的方糕，然后切作小方块、菱形块之类。）

⑨ 放置一小时，俟糕体降温，用刀切段（糕体热时较软，刀口不齐）。将柿糕码放碟中，淋上蜂蜜。由于此糕本身足够甜腻，若不嗜重甜，不必浇蜜。最佳赏味期是在半天内，过一夜便会失水变硬。

杨梅不计多少，揉①捣取自然汁，滤至十分净。入砂石器内，慢火熬浓，滴入水不散为度，若熬不到，则生白醭，贮以净器。用时，每一斤梅汁，入熟蜜三斤，脑、麝少许，冷热任用。如无蜜，球糖四斤入水熬过，亦可。

——元·无名氏《居家必用事类全集》

杨梅渴水

杨梅甘露浆，烹作赤龙髓

在十四世纪的中国，有一道名字新奇的甜饮，称为"杨梅渴水"。做法如下：鲜杨梅榨出果汁，滤清，在砂铫中熬成浓缩果浆。饮用时，按一斤杨梅浆，兑入三斤熟蜜或四斤球糖（球状的蔗糖块），再调入些许龙脑、麝香，加水稀释为一杯饮料，香甜可口。

渴水，意为解渴之水，是元朝时流行的饮料名，民间又俗称之"煎"（因使用煎熬法），番名译作"摄里白""舍儿别""舍利别"等近音词，目前学界普遍认为其源自波斯语 şerbet（意为糖浆、果子露），最早发源于古阿拉伯与波斯地区。由于伊斯兰教禁酒，人们便将目光投向以水果、香花和香料调理的果子露，以及其他可口的饮品。果子露既在十三世纪阿拉伯阿拔斯王朝上流社会举办的夏日欢宴中现身（当时此饮由糖水加紫地丁露、香蕉露、蔷薇露或桑葚露等调制），也曾摆放在十五世纪奥斯曼帝国托普卡帕宫的豪华餐桌上。

这种西亚饮料跨越千里进入中国，尽管面临不小的物产差异，但最终顺利与本土食材结合，诞生了若干中国风味。其中杨梅渴水显然就是国内新创意，因杨梅在世界范围内的产区极窄，主要集中在中国长江流域以南。

元朝文献记录在案的渴水类饮料将近二十种，而且，多半拥有显而易见的共同点，那就是——选择果子（包括水果与药果）作为原料，尤其偏好带酸味的果子。

杨梅渴水：往时杨梅相对较酸，且未成熟时极酸。

葡萄渴水：须选生葡萄，不可用酿酒的熟葡萄。

林檎渴水：林檎即小型绵苹果。须选微生、味酸甜的。

① 原字为"梀"，据《事林广记》"杨梅渴水"修订。

木瓜渴水：中国原产的木瓜，是蔷薇科之皱皮木瓜、毛叶木瓜等"酸木瓜"，果肉无比酸涩，不能充当水果。

里木舍儿别：里木，当时又称宜蒙子，即柠檬。

香橙舍儿别：香橙的特点是橙皮厚而芳香，但果肉很酸，一般做供果、蜜煎、药材等。

赤赤哈纳舍儿别：赤赤哈纳即酸刺、沙棘，生长于西北戈壁沙漠中，黄色的小果子既酸且涩。

五味渴水：晒干的北五味子酸度似干山楂，带木质香，略涩，常用于入药。

金樱煎：金樱子，一种入药的野果，灯笼形的红色果子上满布尖刺，味酸甜。

石榴浆：有甜石榴和酸石榴之分，煎药用酸石榴。

此外，"樱桃煎""桃煎""桑葚煎""荔枝浆"等，也可划归渴水之列。（从加工方式来看，果子类渴水与荔枝膏实属同一路数——都经长时间煎熬至稠，都是即冲型甜饮。双方背后的历史关联性很可能错综复杂，一时难以厘清。）

甜度，通常由蜂蜜或蔗糖、松糖（松树分泌的白色含糖物）带来，添加的方式有两种：一种是像杨梅渴水，在调饮时才兑入；另一种像木瓜渴水，与果浆同熬如膏。这样做的原因不明，也许仅是

二都杨梅 / 东魁杨梅
—
二都杨梅个头小，熟果是鲜红色的；东魁杨梅大如肉丸，果色深红发紫。杨梅的果肉，其实是其"外果皮"，此特殊构造导

致杨梅极易碰坏，再加上半熟时极酸、熟透才转甜、离枝后快速酒化败坏的麻烦特质，使得杨梅的保鲜期比荔枝还要短，其在古代的鲜食范围并不广。

习惯差异，但无论先放还是后放，最终呈现的味道区别不大。在这里，蜜糖的比例总是高得有点儿离谱——比如用一斤杨梅浓浆配置三斤熟蜜，十斤石榴籽榨出的果汁配置十斤熟蜜，三五斤蜜配一斤木瓜肉——它使原本酸倒牙的木瓜浆变成甜得发腻。

其中，有一张与上述工艺截然不同的"轻发酵型"渴水配方，很值得拿出来讨论。

御方渴水（意为宫廷御用配方）：加藤花熬煮的熟水四十斤，新汲井水四十斤，用绢袋装好的药末（官桂、丁香、桂花、白豆蔻仁、缩砂仁，酿酒使用的细曲和麦蘖，均研细末），以及熟蜜十斤，四者都装进小口瓮里，搅匀，封瓮口。静置酝酿，通常夏五日、春秋七日、冬十日可完成发酵，无须加以稀释，是即饮型渴水。

假如你曾喝过新疆特产"比瓦尔"——一种蜂蜜发酵饮料——大概就能据此想象御方渴水的工艺。晒干的啤酒花、半碗大麦粒和清水入锅，煮出浅棕色的汤，过滤渣滓放凉，加很多勺蜜和糖搅匀，然后密封起来发酵。每天要揭开盖子追加一点糖，几天后就能饮用。若发酵时间加长，酒精度则越高。这是一种淡黄色的具有些许啤酒风味的饮品，口感清甜微带酸，冰镇后更为爽口。

不妨推测这一种可能性。首先，御方渴水所用的"藤花"身份不明，当时习惯将好几种爬藤类植物的花，如金银花、紫藤花均俗称藤花，而啤酒花亦属蔓性植物。宋代酿酒专著《北山酒经》已有使用啤酒花的记载，因花纹似蛇皮，本草专著多称之为"蛇麻花"，这是较正式的通用名，民间是否会将啤酒花俗称为藤花呢？有也并不奇怪。其二，御方渴水中的穬麦蘖，是一种大麦芽，而比瓦尔也使用了大麦粒。其三，两者都加入较多蜜糖。其四，都是密封发酵数天后饮用，且都能产生微量酒精。由于御方渴水含有香料末，喝起来可能像香药味的比瓦尔。

对于元朝宫廷来说，渴水不仅是解渴之物，还是治病的良药，明初翻译出版的《回回药方》就收录了多款舍儿别方子，也可佐证这一点。据闻元太祖成吉思汗最初接触和信任舍儿别，亦是由于其神奇的药效。在他攻占薛迷思贤城（即今撒马尔罕）期间，幼子拖雷不幸染疾，一位名叫撒必的医生用"舍里八"治愈了拖雷的病。自此，舍儿别成功打入蒙古上流社会，撒必被任命为"舍儿别赤"——负责督造舍儿别。元朝建立后，自元世祖忽必烈起，至末代元顺帝止，均设舍儿别赤一职。

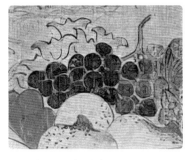

《秋景戏婴图》（局部）
元　佚名
台北故宫博物院藏

——

当时西北地区多植葡萄，除了紫葡萄，还有青葡萄。

《果熟来禽图》（局部）
南宋　林椿
北京故宫博物院藏

——

林檎是一种小型苹果。

《富贵公子》
奥斯曼画家绘于 1793 年

——

• 玻璃瓶中粉红色的液体是玫瑰摄里白（gül şerbeti）。出自《奥斯曼美食五百年》。

为了满足皇室对舍儿别的需求，一方面，他们利用当地易获原料，在宫廷煎造石榴煎、五味子舍儿别、酸刺舍儿别等品种；另一方面，由于远方水果运送起来既耗费人力又不易保鲜，不如直接在当地煎造，再定期呈送入宫。总而言之，渴水的生产线分布在国内各个角落，督造官有时需要到处出差，比如马薛里吉思（撒必的外孙）在至元九年（1272）被遣往云南，至元十二年（1275）则到闽、浙去督造舍儿别，至元十五年（1278）出任镇江府路总管府副达鲁花赤，离职后仍留在镇江，每年煎造葡萄、木瓜和香橙味舍儿别共四十瓶入贡。

里木渴水就曾有两处供应地：在广州路番禺县城东厢的莲塘和南海县的荔枝湾，都有为皇家提供柠檬的"御果园"，园内栽植了里木树八百株〔大德七年（1303）停贡〕。另一处在福建泉州路，此地除了用里木榨汁煎造舍儿别上贡，同时还贡"金樱煎"。由于上述地区同时也是蔗糖产地，简直就是完美的加工场所。

当然，渴水并非唯供宫廷享用，民间类书《居家必用事类全集》中亦载多份渴水配方。此饮料的影响力，从北往南似乎呈减弱趋势，元大都蒙古人和色目人数量众多，对渴水的喜爱度比较高。比如，每逢农历三月二十八日，朝廷遣官"迎御香"（将御制香品迎入庙庭），沿道挤满了看热闹的民众，其间能看到一些手持窑炉，或捧茶、酒、渴水的妇人——可见渴水已属寻常饮品。而在江南，渴水似乎没引起文人的兴趣，他们甚少提及这种香甜的饮料；当时浙江知名医学家朱丹溪对渴水的评价也并不高，认为味虽甘美，但长期饮用会引起"缩小便、发胃火"等湿热症状，不宜多喝。

随着朝代更迭，渴水逐渐被人遗忘。有趣的是，研究古代文化的孟晖女士在《托普卡比宫的摄里白》一文中提到，当她来到位于土耳其伊斯坦布尔的托普卡比宫，在这个奥斯曼帝国昔日皇宫的纪念品摊位以及科尼亚勒餐厅内，竟然喝到了仿照古法制作，一种"甜中带酸，洋溢着玫瑰独有的郁香"的玫瑰摄里白——用"二百克食用玫瑰花瓣、一公斤糖、一升水以及一只柠檬的挤汁"兑在一起，装入瓶中，密封静置两周后滤掉花瓣，即为芬芳的甜浆，饮用时另加冰块和饮用水调稀。尽管土耳其被视为嗜蜜的国度，但如今，香甜的摄里白也早已不复流传，它仅仅是在仿古饮食领域中重现昔日荣光。

〔 杨 梅 渴 水 〕

杨梅 / 五斤
蜂蜜或砂糖 / 酌量

近半个世纪以来，因经品种改良，目前市面上
的杨梅以个头大、色泽紫红、甜度较高的品种
为主，比如浙江的东魁杨梅、荸荠种杨梅、丁
岙杨梅等，其个头大、果肉厚，成熟时较甜，不
像旧时很多杨梅那样又小又酸，总担心酸倒牙。
建议选不够熟的杨梅，带些酸香更美味。

（制）（法）

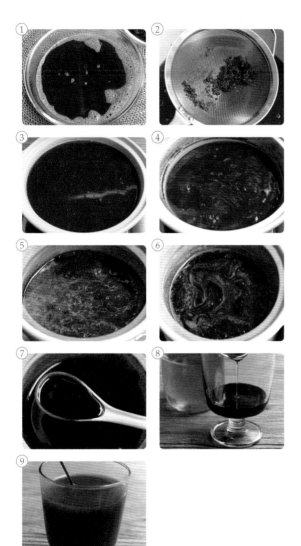

① 将杨梅稍加清洗，沥干水，榨出果汁。

② 用细滤网过滤干净，并撇净表面泡沫。

③ 杨梅汁倒入大锅中，开中大火烧煮。

④ 煮开后，捻中小火，无须加锅盖，让水分蒸发，大约熬煮六十分钟至九十分钟，剩余约四分之一。

⑤ 把杨梅汁倒入一只小锅里，继续小火熬煮。

⑥ 其间不时搅动，检查是否粘底。约煮二十分钟。

⑦ 熬至杨梅汁像稠米汤，关火离灶，待降温后，会像川贝枇杷膏那样稠。若熬至浓稠才关火，冷却后将会比麦芽糖还硬，既不容易舀取，泡溶也更费劲。

⑧ 用密封罐子将杨梅膏装好。使用时，舀一勺杨梅膏，加三勺蜂蜜。

⑨ 加开水或冷水，搅溶饮用。热饮好喝，冰镇饮用更佳。冷水冲泡不容易搅匀，可先用温水冲泡，建议调得较浓，冰镇后再加冰块享用。

● 注意事项

1. 原方杨梅膏与蜂蜜的重量比是一比三，调配出的饮品甜度很高，若喜欢酸甜口味，则酌量减少蜂蜜。

2. 原方在冲泡时，建议加脑、麝少许。片脑即为冰片，气味似樟脑；麝香则有一股浓烈的芳香。因不容易买到，此处可不添加。檀、脑、麝三种珍贵香料入口均有清凉之味，在多数渴水中均有使用。当时添加这些香料并非为了提升风味，而是取其"解热毒"之功效。

参考文献

[1] 倪瓒 . 云林堂饮食制度集 [M]. 邱庞同，注释 . 北京：中国商业出版社，1984.

[2] 韩奕 . 易牙遗意 [M]. 邱庞同，注释 . 北京：中国商业出版社，1984.

[3] 北京图书馆古籍珍本丛刊 61 子部 · 杂家类 [M]. 北京：书目文献出版社，1988：居家必用事类全集 266-285，344-358；雅尚斋遵生八笺 330-365.

[4] 陈元靓 . 新编纂图增类群书类要事林广记 [M]. 元至顺年间西园精舍刊本：别集卷之九 · 饮馔类，卷之十 · 面食类 .

[5] 忽思慧 . 饮膳正要 [M]. 张秉伦，方晓阳，译注 . 上海：上海古籍出版社，2018.

[6] 忽思慧 .《饮膳正要》注释 [M]. 尚衍斌，孙立慧，林欢，注释 . 北京：中央民族大学出版社，2009.

[7] 浦江吴氏，等 . 吴氏中馈录 本心斋蔬食谱（外四种）[M]. 北京：中国商业出版社，1987.

[8] 宋诩 . 宋氏养生部 [M]. 陶文台，注释 . 北京：中国商业出版社，1989.

[9] 王祯 . 王祯农书 [M]. 王毓瑚，校 . 北京：农业出版社，1981：77-147.

[10] 陶宗仪 . 南村辍耕录 [M]. 李梦生，校点 . 上海：上海古籍出版社，2012.

[11] 熊梦祥 . 析津志辑佚 [M]. 北京图书馆善本组，辑 . 北京：北京古籍出版社，1983.

[12] 叶子奇 . 草木子 [M]. 北京：中华书局，1997.

[13] 孔齐 . 至正直记 [M]. 庄敏，顾新，点校 . 上海：上海古籍出版社，1987.

[14] 郑光 . 原本老乞大 [M]. 北京：外语教学与研究出版社，2002.

[15] 汪维辉 . 朝鲜时代汉语教科书十种汇辑 [M]. 上海：上海教育出版社，2022.

[16] 许全胜 . 黑鞑事略校注 [M]. 兰州：兰州大学出版社，2014.

[17] 沙海昂 . 马可波罗行纪 [M]. 冯承钧，译 . 上海：上海古籍出版社，2017.

[18] 柏朗嘉宾蒙古行纪 鲁布鲁克东行纪 [M]. 耿昇，何高济，译 . 北京：中华书局，2013.

[19] 海屯行纪 鄂多立克东游录 沙哈鲁遣史中国记 [M]. 何高济，译 . 北京：中华书局，2019.

[20] 傅乐淑 . 元宫词百章笺注 [M]. 北京：书目文献出版社，1995.

[21] 陈高华，史卫民 . 元代大都上都研究 [M]. 北京：中国人民大学出版社，2010.

[22] 史卫民 . 元代社会生活史 [M]. 北京：中国社会科学出版社，1996.

[23] 纳卜汉 . 香料漂流记 [M]. 吕奕欣，译 . 成都：天地出版社，2019.

[24] A. Dalby. 危险的味道：香料的历史 [M]. 李蔚虹，赵凤军，姜竹青，译 . 天津：百花文艺出版社，2004.

[25] 陈旭霞 . 元曲与民俗 [M]. 北京：人民出版社，2013.

[26] 沙日娜 . 蒙古族饮食文化 [M]. 呼和浩特：内蒙古人民出版社，2013.

[27] 吴杰 . 东北名菜精华 [M]. 北京：金盾出版社，1999.

[28] 拉姆瓦耶 . 土耳其味道：自制伊斯坦布尔风情美食 [M]. 李芳原，译 . 武汉：华中科技大学出版社，2018.

[29] 曹雨 . 中国食辣史 [M]. 北京：北京联合出版公司，2019.

[30] 青木正儿，内田道夫 . 北京风俗图谱 [M]. 张小钢，译注 . 北京：东方出版社，2019：148-173.

[31] 陈新增 . 天子脚下的百姓吃食 [M]. 北京：学苑出版社，2001.

[32] 陈杰.土耳其味儿 [M].西安:陕西人民出版社,2017.

[33] 刘厚生,关克笑,等.简明满汉辞典 [M].郑州:河南大学出版社,1988:356.

[34] 阿米娜·阿布里米提,热依拉·木合甫力,等.鹰嘴豆引种初探 [J].新疆农业科学,1997(4):161-162.

[35] 陈一鸣,13—14 世纪蒙古宫廷饮食方式的变化 [J].蒙古学信息,1995(1):35-42.

[36] 陈高华.元大都的酒和社会生活探究 [J].中央民族学院学报,1990(4):27-31.

[37] 陈高华.舍儿别与舍儿别赤的再探讨 [J].历史研究,1989(2):151-160.

[38] 陈静,陈铭阳,孙宇峰,等.六神曲中辣蓼的本草考证 [J].中国现代中药,2017(1):116-119.

[39] 陈伟明.元代饮料的消费与生产 [J].史学集刊,1994(2):67-70.

[40] 陈晓伟.海青擒天鹅:北族行国政治的图像学研究 [J].美术研究,2015(3):45-55.

[41] 崔广彬.金代女真人饮食习俗考 [J].学习与探索,2001(2):130-135.

[42] 冯立军.认知、市场与贸易——明清时期中国与东南亚的海参贸易 [J].厦门大学学报（哲学社会科学版）,2012(6):49-56.

[43] 冯立军.论 18—19 世纪东南亚海参燕窝贸易中的华商 [J].厦门大学学报（哲学社会科学版）,2015(4):78-88.

[44] 冯立军.清代中国与东南亚的鱼翅贸易 [J].厦门大学学报（哲学社会科学版）,2017(2):84-95.

[45] 高启安.中国古代的方便食品:棋子面 [J].南宁职业技术学院学报,2015(3):1-4.

[46] 高启安.丝路名馔"驼蹄羹"杂考 [J].西域研究,2011(3):111-117.

[47] 好斯巴特,布日额.蒙古族马奶酒技术的历史考证 [J].中国校外教育,2012(30):36-37

[48] 黄时鉴.元代的对外政策与中外文化交流 [J].中外关系史论丛（第三辑）,1987:27-49.

[49] 蓝勇.中国古代辛辣用料的嬗变、流布与农业社会发展 [J].中国社会经济史研究,2000(4):13-22.

[50] 李嵩岩.鳇鱼考——兼谈赫哲族人捕鳇 [J].黑龙江民族丛刊,1986(4):56-60.

[51] 李昕升,丁晓蕾.再谈《金瓶梅》、《红楼梦》之瓜子 [J].云南农业大学学报（社会科学版）,2014(4):117-122.

[52] 林岩,黄燕生.中国店铺幌子研究 [J].中国历史博物馆馆刊,1995(2):72-88.

[53] 刘敦愿.中国古代的鹿类资源及其利用 [J].中国农史,1987(4):78-90.

[54] 刘双.中国古代乳制品考述 [J].饮食文化研究,2007(3):57-63.

[55] 刘文锁.关于马奶酒的历史考证 [J].人民论坛,2011(5):194-196.

[56] 罗桂环.大白菜产生时间和地点的史料分析 [J].自然科学史研究,1992(2):171-176.

[57] 芦笛."天花蕈"名实考证 [J].扬州大学烹饪学报,2011(3):22-25.

[58] 马刚,王宝卿.葵菜的起源发展变迁及其影响研究 [J].中国农史,2016(1):18-28.

[59] 马兴仁.回回食品秃秃麻失 [J].回族研究,1995(2):63-69.

[60] 孟凡人.元大都的城建规划与元大都和明北京城的中轴线问题 [J].故宫学刊,2006:96-121.

[61] 孟晖.托普卡比宫的摄里白 [J].读书,2017(3):132-139.

[62] 彭卫.《水浒》食物、食肆考 [J]. 中原文化研究, 2015(3)：36-45.

[63] 邱庞同.中国汤类菜肴源流考述 [J].四川烹饪高等专科学校学报, 2013(4)：4-12.

[64] 尚衍斌.忽思慧《饮膳正要》不明名物再考释 [J]. 中央民族大学学报（人文社会科学版）, 2001 (2)：57-61.

[65] 尚衍斌, 桂栖鹏.元代西域葡萄和葡萄酒的生产及其输入内地述论 [J]. 农业考古, 1996(3)：213-221.

[66] 史华娜.元末词人韩奕生卒年考 [J].文献, 2009(2)：187-187.

[67] 孙立慧.《饮膳正要》中几种稀见名物考释 [J].黑龙江民族丛刊, 2007 (4)：107-111.

[68] 王恩建."水饭"释义献疑 [J].山西财经大学学报, 2011.33 (4)：233-234.

[69] 王海滨.海东青到底是哪种鸟？ [J].大自然, 2018(2)：74-75.

[70] 王猛, 仪德刚.新疆维吾尔族传统面肺子制作技艺的调查研究 [J].美食研究, 2017(4)：19-22.

[71] 王赛时.中国古代鲟鳇鱼考察 [J].古今农业, 1999(1)：72-79.

[72] 王赛时.中国古代海产珍品的生产与食用 [J].古今农业, 2003(4)：78-89.

[73] 王赛时.古代海产品的加工与食用 [J].饮食文化研究, 2006. 20(4)：33-48.

[74] 王赛时.中国古代对野生动物的珍味选择 [J].饮食文化研究, 2005. 15(3)：43-57.

[75] 王赛时.古代西域的葡萄酒及其东传 [J].中国烹饪研究, 1996(4)：15-20.

[76] 王赛时, 杨恩业.中国古代食用野禽的史实考察 [J].中国烹饪研究, 1998(2)：31-37.

[77] 王至堂, 王冠英."河漏"探源 [J].中国科技史料, 1995 (4)：84-91.

[78] 魏文麟.葵菜的初步考证 [J].园艺学报, 1964 (2)：159-164.

[79] 魏正一.黑龙江的鲟鳇鱼 [J].大自然, 2011(1)：70-74.

[80] 吴正格.金代女真族食俗窥略 [J].满族研究, 1986(3)：77-78.

[81] 肖芳, 朱建军, 张红梅, 等.内蒙古锡盟地区传统奶皮子和奶豆腐的加工工艺调查 [J].中国乳品工业, 2016 (11)：35-37.

[82] 喜蕾.元朝宫廷中的高丽贡女 [J].内蒙古大学学报（人文社会科学版）, 2001(3)：37-42.

[83] 徐文玲, 何启伟, 王翠花, 等.大白菜起源与演化研究的进展 [J].中国果菜, 2009(9)：20-22.

[84] 徐仪明.忽思慧其人其书及其族属 [J].平顶山学院学报, 2012(4)：1-4.

[85] 闫艳."阿魏"多源考释与佛教戒食 [J].古籍整理研究学刊, 2014(3)：88-91.

[86] 杨建军.染料红花古名辨析兼及番红花名称考 [J].丝绸, 2017 (2)：73-81.

[87] 袁冀.元代宫廷大宴考 [J].蒙古史研究（第八辑）, 2005：116-132.

[88] 曾雄生.史学视野中的蔬菜与中国人的生活 [J].古今农业, 2011(3)：51-62.

[89] 张和平.中国古代的乳制品 [J].中国乳品工业, 1994 (4)：161-167.

[90] 张平真.洋葱引入考 [J].中国蔬菜, 2002(6)：56-57.

[91] 赵申升, 相飞, 汪立平, 等.辣蓼对酵母的影响及其在甜酒曲制作中的应用 [J].食品研究与开发, 2017 (2)：117-120.

[92] 周星, 惠萌.面食之路与"秃秃麻食"[J].青海民族大学学报, 2018(4)：136-151.

[93] 王猛.蒙古族传统饮食制作技艺研究 [D].内蒙古自治区：内蒙古师范大学, 2017.

图片来源

[1] 张光辉，赫志刚 . 山西朔州官地元代壁画墓发掘简报 [J]. 文物，2022(1).

[2] 徐光翼 . 中国出土壁画全集 10[M]. 北京：科学出版社，2012：45，90.

[3]《中国墓室壁画全集》编辑委员会 . 中国墓室壁画全集·宋辽金元 [M]. 石家庄：河北教育出版社，2011：24.

[4] 塔拉，陈永志，曹建恩 . 文物华章：内蒙古自治区文物考古研究所 60 年重要出土文物 [M]. 北京：文物出版社，2014：164.

[5] 张柏 . 中国出土瓷器全集 4[M]. 北京：科学出版社，2008.

[6] 孙建华 . 内蒙古辽代壁画 [M]. 北京：文物出版社，2009：105，120.

[7] 孟晖 . 托普卡比宫的摄里白 [J]. 读书，2017(3)：132-139.

[8] 青木正儿，内田道夫 . 北京风俗图谱 [M]. 张小钢，译注 . 北京：东方出版社，2019：148-173.

图书在版编目（CIP）数据

元宴 / 徐鲤著． -- 北京 ：中信出版社，2024. 8.
ISBN 978-7-5217-6668-4

Ⅰ. TS971.2-49

中国国家版本馆 CIP 数据核字第 2024B17F32 号

元宴

著　　者 : 徐鲤
出版发行 : 中信出版集团股份有限公司
　　　　　（北京市朝阳区东三环北路 27 号嘉铭中心 邮编 100020）
承 印 者 : 北京雅昌艺术印刷有限公司

开　　本 : 787mm×1092mm　1/16
印　　张 : 20.25
字　　数 : 301 千字
版　　次 : 2024 年 8 月第 1 版
印　　次 : 2024 年 8 月第 1 次印刷
书　　号 : ISBN 978-7-5217-6668-4
定　　价 : 188.00 元